Manuel Norbert Loos

Daten- und termingesteuerte Entscheidungsmethodik der Fabrikplanung unter Berücksichtigung der Produktentstehung

Reihe Informationsmanagement im Engineering Karlsruhe
Band 1 – 2013

Herausgeber
Karlsruher Institut für Technologie
Institut für Informationsmanagement im Ingenieurwesen (IMI)
o. Prof. Dr. Dr.-Ing. Dr. h.c. Jivka Ovtcharova

Eine Übersicht über alle bisher in dieser Schriftenreihe erschienenen Bände finden Sie am Ende des Buchs.

Daten- und termingesteuerte Entscheidungsmethodik der Fabrikplanung unter Berücksichtigung der Produktentstehung

von

Manuel Norbert Loos

Scientific Publishing

Dissertation, Karlsruher Institut für Technologie,
Fakultät für Maschinenbau
Tag der mündlichen Prüfung: 24.01.2013
Referenten: Prof. Dr. Dr.-Ing. Dr. h.c. Jivka Ovtcharova
Prof. Dr.-Ing. Karsten Körkemeyer

Impressum

Karlsruher Institut für Technologie (KIT)
KIT Scientific Publishing
Straße am Forum 2
D-76131 Karlsruhe
www.ksp.kit.edu

KIT – Universität des Landes Baden-Württemberg und nationales
Forschungszentrum in der Helmholtz-Gemeinschaft

KIT Scientific Publishing 2013
Print on Demand

ISSN: 1860-5990
ISBN: 978-3-86644-963-3

Daten- und termingesteuerte Entscheidungsmethodik der Fabrikplanung unter Berücksichtigung der Produktentstehung

Zur Erlangung des akademischen Grades eines
Doktors der Ingenieurwissenschaften

von der Fakultät für Maschinenbau des
Karlsruher Instituts für Technologie (KIT)

genehmigte
DISSERTATION
von

Manuel Norbert Loos, M.Sc.
geboren am 24. Januar 1987 in Ingolstadt

Hauptreferentin	Prof. Dr. Dr.-Ing. Dr. h.c. Jivka Ovtcharova
Korreferent	Prof. Dr.-Ing. Karsten Körkemeyer
Tag der Promotion	24. Januar 2013

Vorwort der Herausgeberin

Die deutsche Fertigungsindustrie ist heutzutage geprägt von Kostendruck, kürzeren Lebenszyklen (time-to-market) und Globalisierung, wobei die Produkte im In- und Ausland gleichermaßen eine wichtige Rolle spielen. Dies gilt für diverse Industriezweige, angefangen bei der Automobilindustrie über deren Zulieferer bis zum Sondermaschinenbau oder der chemischen Prozessindustrie.

Gemein ist allen industriellen Sektoren, dass üblicherweise in Fabriken produziert wird, in häufig interdisziplinären Fertigungsstätten zur Herstellung des jeweiligen Produkts. Dieser Ort der Wertschöpfung ist folglich essentiell für den Erfolg des produzierenden Gewerbes im nationalen und internationalen Umfeld. Damit kommt auch der Planung solcher Fabriken eine enorme Bedeutung zu. Dabei ist zu beobachten, dass häufig die Produktentwicklung als führende Institution in produzierenden Unternehmen überhandnimmt und die Baubarkeit des Produkts in der Fabrik oftmals außer Acht gelassen wird und erst in den letzten Zügen vor Produktionsbeginn berücksichtigt wird. Dies hat zur Folge, dass Entscheidungen in der Fabrikplanung meist sehr schnell gefällt werden müssen und die Reaktionszeiten für Änderungen kurz sind.

In dieser Arbeit wurden deshalb eine Entscheidungsmethodik und ein passender Planungsprozess für Fabrikstrukturen erstellt, welcher der Fabrikplanung eine neue Basis des Planens – nämlich die Entscheidung nach Durchlauf bestimmter Phasen – zur Verfügung stellt. Weiterhin leistet die Arbeit einen Beitrag zur Verknüpfung von Produktentwicklung und Fabrikplanung und stellt Vorgehensweisen zur Verfügung, mit Hilfe derer die Fabrikplaner die Abhängigkeiten zur führenden Produktentwicklung abbilden können und sich selbst in ein Raster des Produktlebenszyklusmanagement einordnen können.
Ausgehend von einer Validierung in der Automobil- und in der Pharmaindustrie sind in der Arbeit Handlungsleitlinien für die Umsetzung in Industrieunternehmen vorzufinden.

Karlsruhe, Januar 2013 Jivka Ovtcharova

Vorwort des Verfassers

Bei der Erstellung der vorliegenden Arbeit haben mich einige Menschen unterstützt, denen ich an dieser Stelle meinen Dank aussprechen will.

Zunächst möchte ich mich herzlichst bei meiner Erstgutachterin und Betreuerin Frau Prof. Dr. Dr.-Ing. Dr. h.c. Jivka Ovtcharova bedanken. Die Motivation, die sie bei jedem Treffen erzeugte, hat mich in der Zeit der Erstellung der Arbeit nie verlassen; es hat mir große Freude bereitet, mit ihr zusammenzuarbeiten. Des Weiteren möchte ich mich bei meinem Zweitgutachter Prof. Dr.-Ing. Karsten Körkemeyer von der TU Kaiserslautern herzlich bedanken. Sein Interesse an meiner Arbeit und auch an mir als Person war sehr groß, was mir ebenfalls in der Zusammenarbeit große Freude bereitet hat.

Der Forschungsbedarf und die Praxiseinblicke kamen von der AUDI AG in Ingolstadt. Für den Rahmen zur Erstellung dieser Arbeit danke ich Herrn Dipl.-Ing. (FH) Ingo Chladek sowie bei meinem Betreuer Dipl.-Ing. (FH) Jürgen Hoffmann, MBA. Außerdem gelten Herrn Dr.-Ing. Arno Filter Dankesworte für den Anstoß und die Wegbereitung im Unternehmen sowie sein Lektorat.

Darüber hinaus bedanke ich mich herzlich bei meinen Eltern Norbert und Belinda Loos wie bei meinem Bruder Christoph, die mir alle drei entweder durch Motivation oder durch das Lektorat sehr halfen. Außerdem bedanke ich mich bei Dipl.-Ing. Martin Osicja für seine motivierenden Worte bei Käsekuchen und Tchibo-Kaffee. Schließlich danke ich auch Alexander Bayerle für das Lesen der Arbeit. Die größten Dankesworte gelten meiner Freundin Pia, die mich stets ermutigt und mir die nötige Kraft gegeben hat. Ich bin stolz auf sie und widme ihr und meinem Heigl-Opa deshalb meine Dissertation. Beide wissen um den Zusammenhang, wieso das so sein muss.

Manuel Norbert Loos

Abstract

Die Fabrikplanung, die im engeren Sinne als Planung der strukturellen Elemente der Fabrik als örtlich-räumliches Gebilde zu verstehen ist, sieht sich heute mit diversen Trends und Herausforderungen konfrontiert: Die Megatrends der Globalisierung, der Nachhaltigkeit und der Wandlungsfähigkeit haben ebenso Einfluss auf die Fabrikplanung wie unternehmensinterne Strömungen der integralen virtuellen Planungs- und Entscheidungsunterstützung sowie des Product Lifecycle Managements (PLM), bei dem jedoch die Integration von Fabrik und Produkt noch Defizite aufweist. Aus diesen Rahmenbedingungen ergibt sich die Zielsetzung der vorliegenden Arbeit ausgehend vom Grundgedanken der Integration von Fabrik und Produkt: Es ist ein Planungs- und Entscheidungsprozess zu definieren, der die Methoden der virtuellen Fabrikplanung ganzheitlich integriert und dabei in ein definiertes Entscheidungsvorgehen mit Datensteuerung mündet. Zur Integration der Fabrikentstehung in die Produktentstehung ist eine Vorgehensweise zu definieren, welche die Einordnung der Fabrikmeilensteine in den Produktentstehungsprozess beschreibt und eine Terminsteuerung ermöglicht.

Nach Darstellung des Stands in Wissenschaft und Industrie, welche die Methoden der virtuellen Planung, des Projektmanagements sowie weitere einflussnehmende Tendenzen berücksichtigt, wird die Entscheidungsmethodik grundlegend definiert; dies geschieht durch die Festlegung von Entscheidungskriterien, einer passenden Planungsorganisation und dem Zusammenhang von Planung und Entscheidung. Diese Methodik wird dann in einen entscheidungsorientierten Planungsprozess unter Berücksichtigung von virtuellen Methoden implementiert. Für den Gesamtprozess mit der Entscheidungsmethodik und den Meilensteinen der Fabrikplanung wird die Einordnung in die Produktentstehung durch ein generisches Vorgehen beschrieben, welches den Zusammenhang von Fabrikstruktur und einem dort herzustellenden Produkt darstellt.

Die Entscheidungsmethodik, der entscheidungsorientierte Planungsprozess und die Einordnung der Fabrikentstehung in die Produktentstehung werden in zwei realen Beispielunternehmen aus der Automobil- und der Pharmaindustrie validiert, sodass die Anwendbarkeit für die Industrie im Allgemeinen aufgezeigt ist.

A Inhaltsverzeichnis

B Abbildungsverzeichnis

C Abkürzungen und Formelzeichen

0S	Null-Serie
3D	Dreidimensional
A_{Index}	Fläche
AG	Aktiengesellschaft
AVA	Ausschreibung – Vergabe – Abrechnung
BGF	Bruttogrundfläche
BIM	Building Information Modeling
BRI	Bruttorauminhalt
C_I	Anschaffungskosten (investition)
C_{LC}	Lebenszykluskosten (lifecycle)
C_O	Betriebskosten (ownership)
CA-	Computer Aided -
CAD	Computer Aided Design, Computer Aided Drafting
CAQ	Computer Aided Quality Management
CRM	Costumer Relationship Management
d_{Index}	Dauer
DE	Design-Entscheid
DIN	Deutsches Institut für Normung
DKM	Daten-Kontroll-Modell
DMU	Digital Mock-Up
DXF	Drawing Exchange Format
E*	Entscheidungsmeilenstein
EG	Europäische Gemeinschaft
EnEV	Energieeinsparverordnung
EOP	End of Production, Produktionsende
ERP	Enterprise Ressource Planning
EU	Europäische Union
ε	Gewählter tolerierter Fehler
η_{Indes}	Erfüllungsgrad
$f_{HS,HI,j}$	Umrechnungsfaktor zur Berücksichtigung des Verhältnisses von Heizwert zu Brennwert
$f_{p,j}$	Primärenergiefaktor
FEM	Finite-Element-Methode
FEP	Fabrikentstehungsprozess

FIM	Factory Information Modeling
GE	Geldeinheiten
HOAI	Honorarordnung für Architekten und Ingenieure
ICH	International Conference on Harmonisation
IT	Informationstechnologie
l	Anzahl aller Entscheidungsteile
LF	Launch-Freigabe
LH	Lastenheft
m	Anzahl verabschiedeter Entscheidungsteile
ME	Markteinführung
N	Grundgesamtheit
N_{Index}	Überschreitungstage
n	Minimale Stichprobengröße
n_{Index}	Anzahl
P	Produktivitätssteigerung
P_{Index}	Planungsphase
p	prozentualer Anteilswert an der Grundgesamtheit
P*.*	Prozess
PD	Projektdefinition
PDF	Portable Document Format
PDP	Product Development Process
PE	Projektentscheid
PEP	Produktentstehungsprozess
PLM	Product Lifecycle Management
PKM*.*	Prozesskettenmeilenstein
PKMS	Projektkommunikationsmanagementsystem
PP	Produktprozess
PPS	Projektplanungsstart
PVS	Produktions-Versuchs-Serie
$Q_{f,j}$	Energieanteil eines zu berücksichtigenden Teilbereichs
Q_p	Primärenergiebedarf
R_{Index}	Risiko
SCM	Supply Chain Management
SE	Simultaneous Engineering
Sim	Simulation
SOP	Start of Production, Produktionsbeginn
SP	Strategischer Projektbeginn
t	Zeit
TGA	Technische Gebäudeausrüstung

V1PT	Virtueller 1. Prototyp
VDA	Verband der deutschen Automobilindustrie
VDI	Verein Deutscher Ingenieure
VDMA	Verband deutschter Maschinen- und Anlagenbauer
VMU	Virtual Mock-Up
VOB	Vergabe- und Vertragsordnung für Bauleistungen
VR	Virtual Reality, virtuelle Realität
VSI	Voraussichtliches Ist
z	Sicherheitswahrscheinlichkeit

D Formelverzeichnis

1 Einführung

In der Einführung zu dieser Arbeit werden Grundlagen zur Thematik erläutert. Des Weiteren werden ausgehend von den Trends und Herausforderungen der Fabrikplanung die Zielsetzung und der Aufbau der Arbeit dargelegt; hierbei ist eine stufenweise Sicht der globalen Produktionswirtschaft, des Standorts Deutschland und schließlich des Unternehmens und des Umfelds vom Product Lifecycle Management (PLM) berücksichtigt.

1.1 Die Fabrikstruktur – Rückgrat der Produktion

Eine Fabrik ist nach *Helbing* definiert als „materiell-technisches, technologisch-organisatorisches und örtlich-räumliches Systemgebilde der -industriellen- Produktion mit bestimmter Aufgabe (Produktionsaufgabe), Dimension, Struktur und Gestalt, in der die zur Neuherstellung, Wiederherstellung oder Verwertung von Produkten erforderlichen Prozesse in Systemen realisiert, durch ausgebildete Menschen organisiert und durch energieinanspruchnehmende Technik unterstützt werden“ [Helb-10, S. 16]. Die Bestandteile des Systems der Fabrik sind in *Abbildung 1-1* dargestellt.

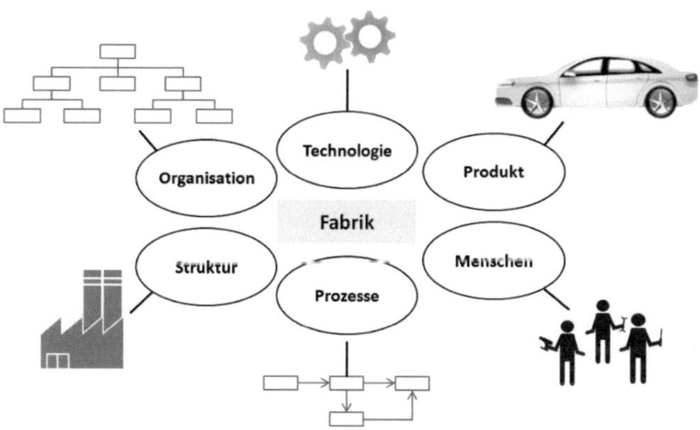

Abbildung 1-1: Bestandteile einer Fabrik

Etymologisch betrachtet leitet sich die Fabrik vom lateinischen Begriff „fabrica“ bzw. auch „faber“ ab; „fabrica“ steht im Deutschen für Werkstätte, wiederum abgeleitet von „faber“, was zu Deutsch für Arbeiter oder Handwerker steht [StPS-03; S. 199]. Der wörtliche Ursprung der Fabrik ist demzufolge im traditionellen Handwerksbetrieb zu sehen und die heutige Bedeutung im industriellen Sinne wurde erst mit der Übernahme als deutsches Fremdwort geprägt.

Die Abgrenzung der Fabrik als ganzheitliches Element und der Fabrikstruktur als Teilelement einer Fabrik ist in der Literatur wenig diskutiert, weshalb eine eigene Abgrenzung durchgeführt werden soll. Die Fabrikstruktur beschreibt im Sinne des örtlich-räumlichen Gebildes nach *Helbing* die baulich-strukturellen Elemente einer Fabrik, die über den Lebenszyklus einer Fabrik nahezu gleich bleiben oder meist in der Gänze verändert werden. Deshalb ist die Fabrikstruktur mit Weitblick und hoher inhärenter Flexibilität zu planen, um der Produktion stets geeignete Flächen zur Verfügung stellen zu können.

Die Fabrikstruktur besteht aus folgenden wesentlichen Elementen:

- Tragwerke, wobei es sich beispielsweise um Stahlbetonskelette, Raumtragwerke oder Leimholzbinderkonstruktionen handeln kann.

- Gebäudehülle, wobei hier nicht nur die Fassaden- und Dachbekleidung als sichtbares Element gemeint ist, sondern auch die dahinterliegenden Ausfachungselemente.

- Technische Gebäudeausrüstung (TGA), wobei sowohl die hausinterne Ausrüstung als auch die Verbindungen (Trassen und Kanäle) zwischen Fabrikelementen eingeschlossen sind.

- Interne Einbauten: Innenausbau für Büro- und Sozialräume sowie Ausbau für Produktionsanlagen wie Rammschutz und anlagenübergreifende Stahlbauten.

- Förder- und Materialflusstechnik, wobei zur Fabrikstruktur nur anlagen- und hallenübergreifende Bauten zählen, die durch die Fabrik- und Hallenlayouts weitgehend festgelegt sind. Die Fördertechnik innerhalb einer Anlage zählt zu derselben.

- Verkehrswege und zugehörige Verkehrsbauwerke (Brücken, Tunnel, Dämme, Häfen, Weichen etc.) sowohl in Gebäuden als auch zwischen Gebäuden und zur Anbindung an öffentliche Verkehrswege.

- Außenanlagen zur Gestaltung der Fabrik und für den Aufenthalt von Mitarbeitern und Besuchern sowie für die gestalterische Außenwirkung.

An die Strukturelemente einer Fabrik werden eine Vielzahl von Anforderungen gestellt, die in *Abbildung 1-2* dargestellt sind.

Strukturelement \ Anforderungen an	Statik / Konstruktion	Versorgungs-technik	Bauphysik	Ästhetik / Architektur	Logistik / Materialfluss	Anlagenbau / Prozess	Verkehrs-technik
Tragwerk	X						
Gebäudehülle	X		X	X			
Technische Gebäudeausrüstung		X	X				
Interne Einbauten	X				X	X	
Förder- und Materialflusstechnik	X				X	X	
Verkehrswege und Verkehrsbauwerke					X		X
Außenanlagen				X			X

Abbildung 1-2: Anforderungen an Fabrikstrukturelemente

Ausgehend von diesen vielfältigen, diversifizierten Anforderungen ergibt sich die interdisziplinäre Arbeitsweise bei der Planung von Fabrikstrukturen, da sie bei der Planung erst zu berücksichtigen und bei der Umsetzung dann zu überwachen sind.

1.2 Die Fabrik als Produkt der Fabrikentwicklung

Vereinfachend kann Produktentwicklung als jener Prozess definiert werden, bei dem Entwickler als Individuen oder in Teams Konzepte und Entwürfe für innovative Produkte generieren [PoLi-08, S. 7].

In Anlehnung an die Produktentwicklung soll auch die Fabrik als Produkt der Fabrikentwicklung im Rahmen eines Fabrikentstehungsprozesses (FEP) erzeugt werden. Dabei hat diese Betrachtung folgende drei Ziele:

- Fokussierung auf die Fabrik neben dem hohen Produktbezug im Produktentstehungsprozess

- Explizite Berücksichtigung der Fabrikplanung (und auch der Produktionsplanung) neben der Produktentwicklung

- Vernetzung beider Prozesse zur Gewährleistung der bestmöglichen Produktion des bestmöglichen Produkts in der bestmöglichen Fabrik

Eine Fabrikentwicklung teilt sich, auch unter Vergleich mit der Produktentwicklung, in drei Grundrichtungen auf: Die Neuplanung einer Fabrik ist immer eine Fabrikentwicklung, welche zum Anlaufzeitpunkt dem Stand in Wissenschaft und Technik genügen sollte; sie ist mit einer Produktneuentwicklung vergleichbar. Die zweite Richtung zielt auf die ständige Verbesserung sowie auf eine Technologie- und Bestandssicherung einer im Betrieb befindlichen Fabrik ab. Ziele sind neben anderen die Durchsatzerhöhung oder Potentialnutzung. Eine Produktaufwertung kann mit dieser Variante verglichen werden. Schließlich kann die Fabrikentwicklung als zukunftsbezogene Umsetzung von Ergebnissen der

Forschung aus den einschlägigen Bereichen bezeichnet werden, wie es für Produkte bei serientauglichen Forschungsergebnissen ist. [Helb-10, S. 11]

Der bezeichnende Unterschied zwischen einer Produkt- und einer Fabrikentwicklung ist die Unikatfertigung bei Fabriken. Wenngleich heute üblicherweise standardisierte Fabriklayouts auf mehrere Standorte angewandt werden, führen die lokalen Standortfaktoren und Rahmenbedingungen zu einer stets neuen Fabrikplanungsaufgabe. Allerdings ist aufgrund der hohen Bedeutung einer Fabrik für den Unternehmenserfolg und aufgrund der hohen Komplexität eine detaillierte Planung trotz Unikatcharakter unbedingt erforderlich.

Viele Prinzipien aus der Produktentwicklung sind auch in der Fabrikplanung anzuwenden und beeinflussen beide Bereiche. Ein Beispiel hierfür ist das Frontloading, mit dem das Ziel verfolgt wird, möglichst früh viel Wissen und viele Daten zu einem Produkt bereitzustellen und sie aus der Entwicklung heraus in die nachgelagerten Bereiche zu übertragen [Ovtc-10a, S.23]. Das Frontloading der Entwicklung begünstigt demnach eine frühe Detailplanung in der Fabrikplanung. Wiederum erfolgt durch ein Frontloading in der Fabrikplanung eine Informationsverdichtung in der frühen Phase einer Fabrikentwicklung, was zur frühzeitigen Abstellung von Fehlern führt und zu einer frühen Integration der am späteren Fabrikbetrieb Beteiligten. Dies kann beispielsweise Anlaufkosten durch hohe Transparenz in Bezug auf die Ausplanung der Fabrik reduzieren [Ovtc-10a, S. 33].

1.3 Trends in der Fabrikplanung und Problemstellung

Im Rahmen der Strukturplanung von Fabriken sind heute vielerlei Einflüsse planerisch zu berücksichtigen. In diesem Zusammenhang spielen vor allem folgende vom VDI-Fachausschuss „Fabrikplanung“ verifizierten Megatrends eine besondere Rolle [HeEt-10, S. 407]:

- Megatrend Wandlungsfähigkeit: Sowohl die Wandlungsfähigkeit innerhalb der Fabrikgrenzen als auch die im Produktionsnetzwerk mit verschiedenen Standorten ist von großer Bedeutung.

- Megatrend Nachhaltigkeit: Die Berücksichtigung der wesentlichen Dimensionen der Nachhaltigkeit (ökonomisch, ökologisch, sozial, energetisch) stellen ein Aufgabengebiet der Fabrikplanung dar.

- Megatrend Globalisierung: Die Planung und Einbindung globaler Produktionsnetzwerke sowie die Standardisierung im internationalen Umfeld spielen eine wichtige Rolle [ShGa-08; S. 37]. Dabei ist insbesondere das Erstarken der „Emerging Markets“ von Bedeutung, für deren Marktdurchdringung Fabrikstandorte mit „Local Content-Fertigungen“ von Bedeutung sind [Shrö-09] [Spie-11; S. 10; 21].

Diese übergeordneten Megatrends des VDI-Fachausschusses sowie andere Trends und Herausforderungen können entlang verschiedener Detaillierungsstufen betrachtet werden; so erschließt sich die Problemstellung der vorliegenden Arbeit mit zunehmender Detaillierung der Betrachtungsgegenstände, wie es in *Abbildung 1-3* dargestellt ist.

Abbildung 1-3: Trends mit Einfluss auf die Aufgabenstellung der vorliegenden Arbeit

Globale Trends der Produktionswirtschaft

Globale Trends der Produktionswirtschaft sind die drei oben aufgeführten Megatrends, die vom VDI-Fachausschuss identifiziert wurden. In diesem Zusammenhang ist vor allem die Globalisierung hervorzuheben, welche sich unternehmensintern in Form von globalen Produktionsnetzwerken darstellt. Solche Produktionsnetzwerke mit Fabriken auf der ganzen Welt stellen eine große Herausforderung für oftmals zentralisierte Fabrikplanungen am Hauptsitz eines Unternehmens dar. Dieser Trend, von einem zentralisierten Produktionsunternehmen zu geographisch vereinzelten kleineren Fabriken, wurde bereits von *Miles und Snow* im Jahr 1984 festgestellt und hat sich seitdem fortgesetzt, um technologisches Wissen in anderen Ländern zu akquirieren, aber auch, um Marktpräsenz zwecks Durchdringung desselbigen zu erreichen. [MiSn-84; S. 11-28] [HeVo 03; S. 255-271] [Dekk-09; S. 3]

Infolge der globalisierten Produktion entsteht einerseits Kostendruck durch den Wettbewerb verschiedener Länder, Regionen und Standorte, ausgehend von regionalen Lohnkostenunterschieden, zum anderen entscheidet dieser Kostendruck auch über die Verlagerung von Produktionskapazitäten innerhalb des Produktionsnetzwerks eines Unternehmens [AbEt-08; S. 9f.]. Wissenschaftliche Grundlagen zu globalen Wettbewerbsstrategien liefert beispielsweise *Porter* [Port-08] [Port-03].

Mit Kostenvorteilen durch Verlagerung von Produktionsstandorten steigt durch Auf- oder Ausbau eines Produktionsnetzwerks gleichzeitig die Komplexität des Systems. Dies betrifft sowohl das Produktionssystem selbst wie auch die Versorgungskette (supply chain)

innerhalb des Systems, was sowohl für die Versorgung durch externe Zulieferer als auch für die interne Zulieferung mit Teilen gilt [MiUK-08; S. 20]. Als Beispiele aus der Automobilindustrie sind die getrennte Fertigung von Getrieben und Motoren zu nennen, die dann an andere Standorte geliefert werden.

Trends und Herausforderungen für den Standort Deutschland

Diese globalen Trends der produzierenden Industrie wirken sich gleichermaßen auf den Produktionsstandort Deutschland aus, der sich mit Kostendruck und den Anforderungen an ein globalisiertes Produktionsnetzwerk konfrontiert sieht.

Als Reaktion auf diese Trends müssen deutsche Unternehmen angemessen auf die Globalisierung reagieren, was Fabrikplanungen erforderlich macht, die international funktionieren. Für die Standorte im Inland muss die Attraktivität gesteigert werden, was durch schlanke Prozesse oder die Generierung eines Mehrwerts für den Kunden geschehen kann. Außerdem muss die Reaktionsfähigkeit der Fabrikplanung erhöht werden, um den schwankenden Nachfragen aller Märkte gerecht zu werden.

Zusammenfassend können für den Fabrikstandort Deutschland und für die internationale Fabrikplanung deutscher Unternehmen im Ausland die folgenden drei Punkte herausgegriffen werden:

- Schlanke Fabrik und Wertstromdesign: Durch die Einbindung einer Wertstromanalyse im Vorfeld einer Fabrikplanung kann eine wertstromorientierte Layoutplanung zur Umsetzung einer schlanken Fabrik führen [Erla-07]. Diese Prinzipien werden im Moment nur unzureichend bei der Planung in Betracht gezogen [ReGS-10, S. 294]. Die Fabrikstruktur mit dem gesamten Fabriklayout ist Grundlage für die schlanke Gesamtfabrik und schlanke Anlagenlayouts.

- Agilität und Reaktionsfähigkeit der Fabrikplanung: Zur Verkürzung von Reaktionszeiten auf volatile Märkte sind Fabriken so zu gestalten, dass eine schnelle Umsetzung neuer Anforderungen ermöglicht wird. Des Weiteren müssen die Instrumente der Planung eine schnelle Reaktion begünstigen bis hin zum Rapid Plant Planning [HeEt-10, S. 407], was jedoch als eine eigenständige Entwicklungsrichtung der Fabrikplanung zu betrachten ist. Somit müssen durch valide Instrumente kürzere Planungszeiten bei verbesserter Ergebnisqualität und schnelleren, abgesicherten Entscheidungen erreicht werden [ReGS-10; S. 294].

- Ästhetik und neue Funktionen der Fabrik: Fabriken und Werkstandorte werden zunehmend als Objekt der Vermarktung und für kulturelle [BMW-11] sowie sportliche [AUDI-11a] Veranstaltungen genutzt. Auch die Bindung des Kunden an die Marke soll durch die Architektur und Gestaltung von Fabriken unterstützt werden, wie es beispielsweise in der Gläsernen Manufaktur in Dresden der Fall ist; diverse weitere Beispiele wurden bereits von *Schönbeck* auf ihre Wirkung hin analysiert [Shön-09; S. 60-86]. Dies dient einerseits zur Begeisterung der Kunden durch Besichtigung des Orts der Entstehung des gekauften Produkts, andererseits dient dies der Erzeugung einer intensivierten Markenwahrnehmung. Diese Anforderung an die Fabrik ist zukünftig in die Planung zu integrieren.

Trends in Unternehmen: Integration von Fabrik und Produkt

Noch eine Ebene weiter im Detail lassen sich Trends und Herausforderungen für das einzelne Unternehmen identifizieren, wobei der Fokus auf der Integration von Fabrik und Produkt im Zusammenhang dieser Arbeit liegt. Im Speziellen soll hier die Integration von Fabrikstruktur und Produkt im Vordergrund stehen. Die Zusammenarbeit und Integration von Produktentwicklung und Produktionsprozessplanung ist weit fortgeschritten, was sich im wechselseitigen Simultaneous Engineering und den Möglichkeiten zum Informationsaustausch äußert [WaKi-11; S. 208-210], hingegen trifft dies für die Produktentwicklung und die Fabrikplanung im engeren Sinne nicht zu.

Im Rahmen des Product Lifecycle Management (PLM), dem Management des gesamten Produktlebenszykluses, der als theoretisch-abstraktes Konzept zur zeitlichen Entwicklung von Produkten zu verstehen ist [Ovtc-10a; S. 17], werden diverse Phasen unterschieden; unter anderem spielt die Fertigungsplanung und spätere Produktion des vorgesehenen Produkts eine wichtige Rolle im Phasenmodell. Jedoch wird auch in diesem Modell die Planung der Fabrikstruktur mit ihren einzelnen Komponenten nicht berücksichtigt und die Zusammenhänge dieser mit dem Produkt ausgeklammert. Dieser Sachverhalt ist in *Abbildung 1-4* ersichtlich. Diese Feststellung gilt dabei nicht nur für Produkte und Fabriken der Fertigungsindustrie, sondern auch für die Prozessindustrie [BaLW-02; S. 896], obwohl hier der Fertigungsprozess im Vergleich zum eigentlichen Produkt im Vordergrund steht.

Ausgehend von diesen Herausforderungen wird deutlich, dass die besagte Verknüpfung von Fabrik als baulich-strukturelles Element einer Fertigungsstätte mit dem dort zu produzierenden Produkt nicht oder nur ungenügend besteht. *Alavudeen und Venkateshwaran* zeigen im Rahmen der Entwurfsphase der Produktionsplanung auf, dass infolge der Festlegung von Produkten die Kapazität der Produktion und damit auch des Produktionsgebäudes zu prüfen ist, stellen jedoch auch keinen direkten Zusammenhang dar [AlVe-08; S. 84]. Des Weiteren zeigen die Herausforderungen mit den projekttypischen Abhängigkeiten zwischen Kosten, Zeit und Qualität, dass beim Aufbau eines solchen Zusammenhangs eine Vielzahl an Schnittstellen zu berücksichtigen ist und Interdependenzen bestehen, die durch geeignete Methoden und operationalisierte Werkzeuge zu handhaben sind [Shac-08; S. 39].

Aus diesen Herausforderungen im unternehmensinternen Umgang mit Produkt und Fabrik wird nun die Problemstellung der vorliegenden Arbeit aus Sicht der Fabrikplanung abgeleitet. Aus Sicht der Produktentwicklung ist ein Lösungsvorschlag nicht zielführend, da die Produktentwicklung eben für das Produkt zuständig ist und nicht für die Fabrik.

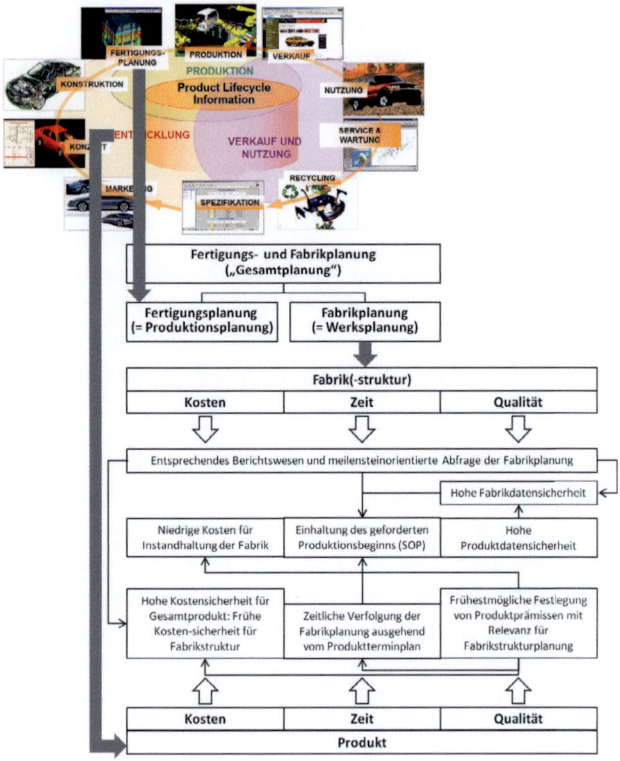

Abbildung 1-4: Zusammenhang zwischen PLM und Fabrikstruktur mit Herausforderungen [teilweise nach Ovtc-10h; S. 17]

Problemstellung aus Sicht der Fabrikplanung

Die Problemstellung wird in fünf Hauptaspekte unterteilt, welche im Rahmen der Arbeit sukzessive und teilweise auch verschmelzend in der Methodik abgearbeitet werden. Diese Aspekte sind in *Abbildung 1-5* zusammengefasst.

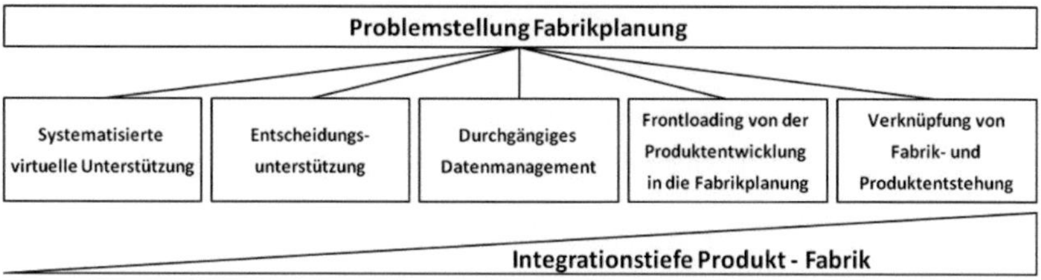

Abbildung 1-5: Aspekte der Problemstellung der Arbeit

Die Integrationstiefe von Produktentwicklung und Fabrikplanung nimmt dabei von links nach rechts zu. Nachfolgend sind die Aspekte ausformuliert:

- Systematisierte virtuelle Unterstützung: Aktuell werden in der Fabrikplanung bereits erfolgreich diverse virtuelle Methoden zur Planung eingesetzt. Eine systematische Abfolge des Methodeneinsatzes als eine Methodik der Digitalen Fabrik ist jedoch häufig nicht implementiert; vielmehr werden ad-hoc-Anwendungen praktiziert. Dieser Sachverhalt liegt nicht zuletzt am Schwerpunkt der Digitalen Fabrik in der Produktionsplanung. [Shac-08; S. 39ff.]

- Entscheidungsunterstützung: Aufbauend auf den Ergebnissen der virtuellen Planung einer Fabrikstruktur müssen entsprechende Entscheidungen durch das Management getroffen werden, die heute weniger gesteuert und als vielmehr getrieben vom Zeitdruck eines Projekts erfolgen. Entscheidungen anhand eines Meilensteinplans mit abgegrenzten Inhalten fehlen, obwohl gleichzeitig Prozessmodelle für die Planung selbst vorhanden sind. Diese Meilensteine können auch nur dann erreicht werden, wenn im Vorfeld Ergebnisdefinitionen vorhanden sind bzw. erstellt werden, die gemäß einer Studie des VDMA mit dem Beratungsunternehmen Management Engineers häufig fehlen [VDMA-09; S. 10].

- Durchgängiges Datenmanagement: Zur Beschleunigung von Planungsprozessen sowie zur Verbesserung der Datenbasis voneinander abhängiger Planungsergebnisse ist es eine große Herausforderung, im Rahmen verschiedener Systeme und Methoden ein durchgängiges qualitätssicherndes Datenmanagement einzuführen [VDA-09, S. 6]. Dies führt zu einer Erhöhung der Entscheidungsqualität, weshalb die Umsetzung eines durchgängigen Datenmanagements notwendig ist, um die aktuelle hohe Anzahl an Medienbrüchen und nicht definierten Schnittstellen zu verhindern [KaEt-11, S. 111]. Gleichzeitig sind Entscheidungsvorlagen und -ergebnisse transparent abzulegen; hierbei ist auch die Lieferantenanbindung zu berücksichtigen [VDMA-09; S. 10].

- Frontloading von der Produktentwicklung in die Fabrikplanung: Zur idealen Einbindung der Prämissen aus der Produktentwicklung in die Fabrikplanung ist ein konsequenter Einsatz von Frontloading in die Planungsprozesse erforderlich. Heute werden Eingangsgrößen häufig zu spät eingesteuert, sodass die Fabrikplanung nur reaktiv handeln kann. Einflüsse des Produkts auf die Fabrikstruktur, wie beispielsweise der Zusammenhang von Schweißpunkten und erforderlicher Fertigungsfläche, sind frühzeitig einzusteuern. Eine konsequente Prozessverknüpfung kann dabei unterstützen.

- Verknüpfung von Fabrik- und Produktentstehung: Das Aufzeigen von klaren, verfolgbaren Abhängigkeiten zwischen der Entstehung des Produkts und der herstellenden Fabrik wird als Folge verkürzter Produktlebenszyklen wichtiger [Shac-08; S.39]. Die Beurteilung von Planungsständen und Reifegraden erfolgt durch geforderte Ergebnisse zu bestimmten Meilensteinen (auch „Quality Gates"), was zu einer Reduzierung von Anlauf- und Hochlaufproblemen führt und die Multi-Projekt-Landschaft von produzierenden Unternehmen systematisch entspannt. Derzeit sind Verknüpfungen von Produktentstehung und Fertigungsplanung oftmals definiert, die Schnittstelle zur Fabrikplanung fehlt jedoch.

Diese Trends und die damit verbundenen Herausforderungen sind bei neuen Lösungsansätzen und der zu entwickelnden Methodik der Fabrikplanung zu berücksichtigen. Bereits bekannte Ansätze eines Referenzmodells mit Meilensteinen in der Fabrikplanung (z.B. nach *Zürn*) geben die Anwendung und Vernetzung von virtuellen Techniken in der Fabrikstrukturplanung, wie sie im Moment in der Industrie in Erscheinung treten, wenig wieder; zudem steht die Entscheidungsorientierung und -unterstützung nicht im Fokus [Zürn-10; S. 20-23].

1.4 Zielsetzung der Arbeit

In den obigen Ausführungen wurden Bestandteile der Fabrikstruktur sowie Einflüsse und Tendenzen in der Fabrikplanung dargestellt. Die Problemstellungen, die mit diesen Umständen einhergehen, sind ebenfalls bekannt, sodass das Hauptziel dieser Arbeit folgendermaßen formuliert werden kann:

Die ausgewählten ingenieurmäßigen, informationstechnologischen und geschäftsprozessualen Werkzeuge der virtuellen Fabrikplanung sowie des Projektmanagements sind zur Unterstützung von meilensteinorientierten Entscheidungen mit zugehörigem Datenmanagement zu verbinden und abzustimmen, damit die Planung das Ziel einer schnellstmöglich baubaren, schlanken, funktionsfähigen und in ihrer baulichen Struktur flexiblen Fabrik erreicht. Im Vordergrund stehen die Orientierung auf Entscheidungen durch geprüfte Planungsergebnisse mit frühzeitiger Reife infolge eines konsequenten Frontloadings von der Produktentwicklung in die Fabrikplanung. Die inhärenten Prozesse der Fabrikentstehung werden mit der Produktentstehung verknüpft.

Dieses Gesamtziel lässt sich durch folgende sechs Unterziele operationalisieren, die in *Abbildung 1-6* im Zusammenhang der vorher erläuterten Problemstellung dargestellt sind:

1. Es sind die virtuellen Methoden der Fabrikplanung so miteinander zu vernetzen, dass ein systematisierter Planungs- und Prüfungsprozess entsteht, dessen Ergebnisse zur Entscheidungsunterstützung verwendet werden können. Der Planungs- und Prüfungsprozess läuft dabei meilensteinbezogen in den Teilprozessen der Fabrikplanung ab, sodass ein Gesamtprozess entsteht.

2. Zur Entscheidungsunterstützung werden die Planungsergebnisse für die Entscheidungsfindung aufbereitet; dies geschieht immer nach einer Planungsphase zu einem Meilenstein. Die Planungsphasen enden mit einem Ergebnis derartiger Qualität, dass über eine Fortführung einer Fabrikstrukturplanung zu diesen Stufenmeilensteinen entschieden werden kann.

3. Ein entsprechender Vorschlag für ein Datenmanagement wird zur Verfügung gestellt. Darin ist einerseits die Datenbasis für die Entscheidungsfindung und zum anderen die Dokumentation der Entscheidungsfindung selbst abzulegen.

4. Die frühe Einsteuerung von Produktprämissen aus der Produktentwicklung und von Produktionsprämissen aus der Produktionsplanung als Frontloading ist zu berücksichtigen, sodass ein Simultaneous Engineering (SE) dieser Teildisziplinen möglich ist.

5. Schließlich muss die Vernetzung des Fabrikplanungsprozesses einschließlich der Planungs- und Entscheidungsmethodik mit dem Produktentstehungsprozess erfolgen. Dies stellt die höchste Integration der Fabrikstruktur mit einem Produkt dar. Die zuvor definierten Meilensteine der Fabrikplanung dienen hierbei zur Einordnung entlang der Meilensteine der Produktentwicklung.

6. Übergreifend über alle Umfänge der Arbeit bzw. der genannten fünf Unterziele erfolgt die Validierung in der Industriepraxis durch Implementierung in Produktentstehungsprozesse aus der Praxis. So wird die Funktionsfähigkeit der Methodik transparent. Außerdem wird dadurch deutlich, dass sie unabhängig von länderspezifischen baurechtlichen sowie allgemein-rechtlichen Rahmenbedingungen weltweit eingesetzt werden kann.

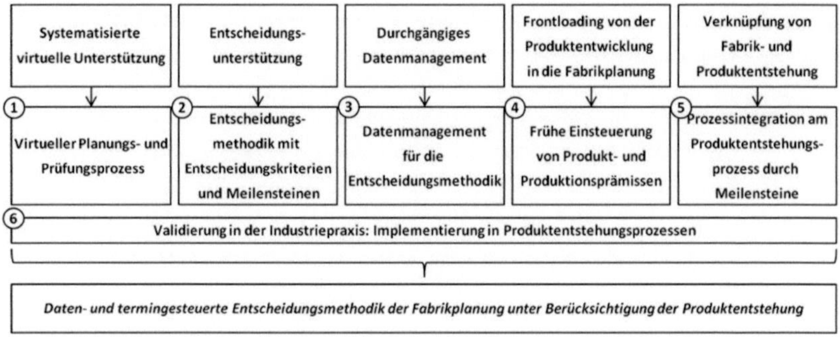

Abbildung 1-6: Problemstellung und Ableitung der Ziele der Arbeit

1.5 Aufbau der Arbeit

Die Umsetzung der Ziele wird maßgeblich durch den Aufbau der Arbeit unterstützt. In *Abbildung 1-7* ist der schematisierte Aufbau dargestellt, wobei die Unterziele jeweils den Kapiteln der Arbeit zugeordnet wurden.

Abbildung 1-7: Aufbau der Arbeit

Zunächst wird der aktuelle Stand in Wissenschaft und Industrie auf dem Gebiet der virtuellen Fabrikplanung und in den relevanten Methoden des Projektmanagements aufgezeigt. Weiterhin wird auf Building Information Modeling, die Standardisierung von Fabrikbauten und Produktentstehungsprozesse eingegangen. Diese Ausführungen stellen das Fundament für die weiterführenden Untersuchungen dar.

Danach wird die neue Methodik der Fabrikplanung erläutert und ausgestaltet. Der Fokus liegt dabei in erster Linie auf funktionsfähigen Prozessen innerhalb des jeweiligen Methodenbausteins. Die Methodik wird direkt als Prozesskette mit den Bausteinen ausgeplant. In der Methodik und dem Gesamtprozess werden die ersten vier Unterziele berücksichtigt.

Im weiteren Verlauf der Arbeit wird beschrieben, wie die Einordnung der Fabrikentstehung in die Produktentstehung erfolgt. Dies erfolgt generisch mit Hilfe eines Produktentstehungsprozesses des jeweiligen Produkts.

Unterstützt wird dieses Vorgehen durch die nachfolgende Validierung in der Industriepraxis. Die Erkenntnisse aus der Anwendung der Methodik können so direkt in die Integration von Fabrik- und Produktentstehung einfließen, sodass ein praktisch verfolgbarer Gesamtprozess entsteht.

Abschließend erfolgt eine zusammenfassende Betrachtung sowie ein Ausblick auf mögliche Folgearbeiten in diesem Kontext.

1.6 Zusammenfassung

Das erste Kapitel zeigt zunächst eine Definition des Fabrikbegriffs auf und stellt dessen Bestandteile dar. Die Bestandteile der Fabrikstruktur werden ebenso aufgeführt. Weiterhin wird die Fabrikentwicklung mit der Produktentwicklung verglichen. Danach erfolgt eine Darstellung der wesentlichen Trends, Tendenzen und Herausforderungen im Bereich der Fabrikplanung, woraus dann die Zielsetzung der Arbeit abgeleitet wird. Hierbei wird in der Betrachtung mit einer zunehmenden Detaillierung von globalen Trends bis zu Trends im individuellen Unternehmen gearbeitet. Ausgehend von den Zielen wird der Aufbau der Arbeit erläutert.

2 Stand in Wissenschaft und Industrie

Im nachfolgenden Kapitel wird der aktuelle Stand in Wissenschaft und Industrie dargestellt. Dabei sollen folgende Aspekte berücksichtigt werden, wie es auch in *Abbildung 2-1* zusammenfassend dargestellt ist:

- *Abschnitt 2.1* klärt die wesentlichen Begriffe im Gesamtkontext der vorliegenden Arbeit.
- Die Planungsdisziplinen werden in *Abschnitt 2.2* vorgestellt.
- Im *Abschnitt 2.3* werden die heute üblichen Methoden der Planung von Fabrikstrukturen knapp dargestellt.
- Im *Abschnitt 2.4* werden die Methoden der Steuerung von Fabrikprojekten erläutert. Als methodische Ausgangsbasis dient hierzu das Projektmanagement.
- Die integrale Methode des Building Information Modeling wird in *Abschnitt 2.5* erläutert.
- Die Standardisierung von Fabriken mit ihrem Einfluss auf die Planung wird in *Abschnitt 2.6* beschrieben.
- Diverse Produktentstehungsprozesse und für die Arbeit ausschlaggebende Referenzprozesse werden in *Abschnitt 2.7* vorgestellt.
- *Abschnitt 2.8* fasst dieses Kapitel zusammen.

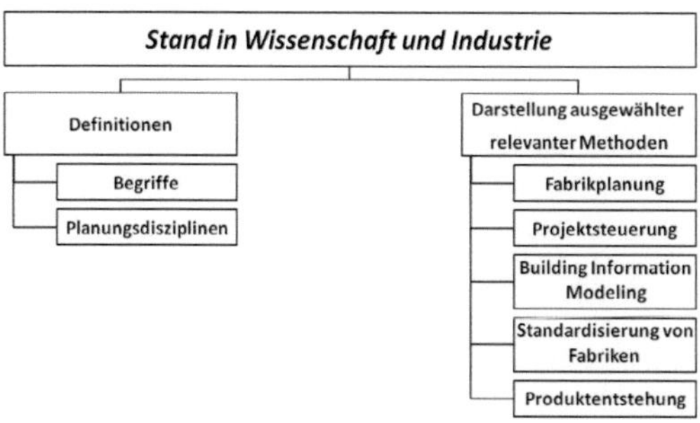

Abbildung 2-1: Aufbau des Stands in Wissenschaft und Industrie

2.1 Begriffsdefinitionen

2.1.1 Fabrikplanung und -entwicklung

Im Rahmen der Unternehmensführung spielt die Planung eine wesentliche Rolle; sie dient zur Vorbereitung von Entscheidungen, die in die Zukunft und auf festgelegte Ziele gerichtet sind. Die Bildung von Zielen, die Ausplanung und schließlich die Herbeiführung von Entscheidungen stehen demnach in einem engen Zusammenhang. [Wöhe-02, S. 103]

Fabrikplanung

Die Fabrikplanung wird als Spezialgebiet der Planung in die langfristige Produktionsplanung eingeordnet, welche ausgehend von den Zielen der strategischen Absatzplanung die Produktion festgelegter Produkte mit Hilfe bestimmter Produktionsverfahren plant [Wöhe-02, S. 399f.]. Im Rahmen der Planung von Produktionsverfahren sind entsprechende Strukturen (vgl. *Kapitel 1.1*) zu entwerfen, was in den Aufgabenbereich der Fabrikplanung fällt. Unter Fabrikplanung wird ein „systematischer, zielorientierter, in aufeinander aufbauende Phasen strukturierter und unter Zuhilfenahme von Methoden und Werkzeugen durchgeführter Prozess zur Planung einer Fabrik von der Zielfestlegung bis zum Hochlauf der Produktion“ verstanden [VDI-11, S. 3]. Die Fabrik wird im hiesigen Zusammenhang als Ort der Wertschöpfung gesehen. Weiterreichende Definitionen erklären die Fabrikplanung im weitesten Sinne als Planung aller Elemente (z.B. auch Personal und Organisation) einer Fabrik, sodass hier von Fabrikplanung im engeren Sinne gesprochen werden kann.

Häufig wird auch der Begriff der Strukturplanung als Synonym für die Fabrikplanung verwendet; die Strukturplanung wird als vollständige und umfassende planerische Tätigkeit zur langfristigen Gestaltung einer Fabrik als Struktur (Anordnung von Funktionsbereichen der Fabrik) definiert [Pawe-08, S. 115]. Somit besteht auch semantisch eine Übereinstimmung zwischen den beiden Begriffen, die weiterhin auch mit der Werksplanung gleichbedeutend benutzt werden.

Eine Fabrikplanung wird in vier wesentliche Planungsfälle [VDI-11, S. 4] unterschieden:

- Neuplanung: Planung einer Fabrik auf einem unbebauten Gelände („Greenfield“)
- Umplanung: Verändernde Planung einer bestehenden Fabrik („Brownfield“)
- Revitalisierung: Planung einer Fabrik auf einer industriellen Brachfläche
- Rückbauplanung: Planung der Demontage einer bestehenden Fabrik

Die in *Abbildung 2-2* hervorgehobenen Planungsfälle kommen in der Praxis am häufigsten vor und werden im Vorfeld der Umsetzung auch intensiv geplant. Die Revitalisierung von Brachen ist in Industrienationen unüblich, der Rückbau wird schwerpunktmäßig bei verfahrenstechnischen Anlagen der Prozessindustrie detailliert im Vorfeld projektiert.

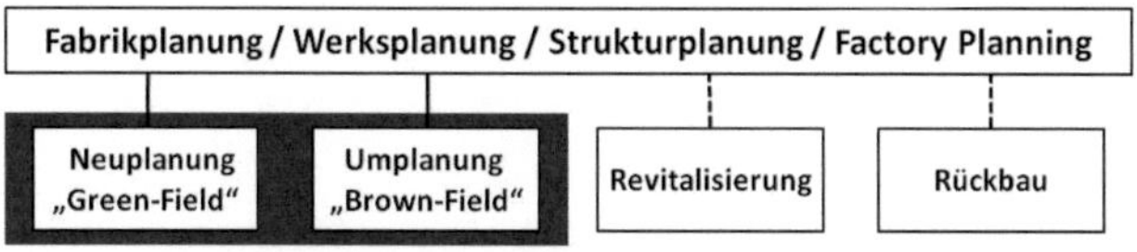

Abbildung 2-2: Planungsfälle in der Fabrikplanung

In der englischsprachigen Literatur wird als Synonym für Fabrikplanung von „factory planning" gesprochen; im Vordergrund steht auch hier die Planung der „production facilities", sodass sich die gleiche Bedeutung ergibt [ShWM-10; S. 1]. Jedoch finden sich auch hier Unschärfen in der Abgrenzung des Planungsgegenstands zwischen Fabrikstruktur und anderen Komponenten.

Fabrikentwicklung

Wie oben dargestellt wurde, wird Fabrikplanung vor allem als Prozess mit vielen Teilprozessen verstanden; daneben beschreibt Fabrikplanung auch die Institution innerhalb eines Unternehmens, welche die Projektierung neuer Produktionsstätten übernimmt.

Von einer Fabrikentwicklung hingegen wird gesprochen, wenn die Darstellung des Entstehungsprozesses einer Fabrik im Fokus steht; demzufolge wird damit nur die prozessuale Komponente beschrieben [Helb-10; S. 11]. Vergleichbar ist der Begriff mit der Produktentstehung, mit dem allein der Vorgang beschrieben wird. Die Varianten einer Fabrikentwicklung sind folglich auch *Abbildung 2-2* zu entnehmen.

Fabrikplanungsphasen nach VDI-Richtlinie 5200

Wie in *Abbildung 2-3* zu sehen ist, besteht der Fabrikplanungsprozess gemäß der einschlägigen VDI-Norm aus sieben Phasen. Für jede Phase ist Vorgehen und ein eindeutiges Ergebnis formuliert [VDI-11; S. 8-22]. Parallel zu allen Phasen läuft das begleitende Projektmanagement und am Ende der Fabrikplanung der Projektabschluss.

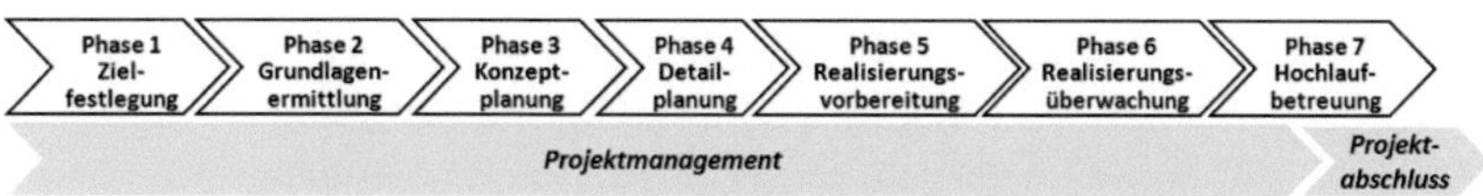

Abbildung 2-3: Fabrikplanungsphasen [nach VDI-11; S. 8]

Die einzelnen Phasen werden in *Kapitel 3.2* im Rahmen der phasenorientierten Entscheidungsmethodik näher erläutert, sodass der Zusammenhang zwischen planerischem Vorgehen mit nachfolgendem Ergebnis und der jeweiligen Entscheidungsmethode klar ist.

2.1.2 Digitale Fabrik

Der Begriff der Digitalen Fabrik steht gemäß der gleichnamigen *VDI-Richtlinie 4499* für ein umfassendes Netzwerk digitaler Methoden und der zugehörigen Werkzeuge, die im Rahmen eines integrierten Datenmanagements agieren. Besonders hervorzuheben sind die Methoden der Simulation und der dreidimensionalen Visualisierung. [VDI-08; S. 3]

Neben dieser Definition existierten im Vorfeld der Veröffentlichung der Richtlinie diverse andere Erklärungen, die zur Generierung eines einheitlichen Verständnisses nicht mehr verwendet werden sollen [BrGW-11; S. 11].

Im Vordergrund der Anwendung steht die datenmäßige Abbildung der realen Fabrik. Im Idealfall also ist die Digitale Fabrik ein stets aktuelles Bild der realen Fabrik, um damit eine möglichst wirklichkeitsgetreue Planung der Fabrik zu ermöglichen. Demzufolge liegt der Fokus, wie in *Abbildung 2-4* dargestellt, in den Geschäftsprozessen der Produktionsplanung, wobei Synergien mit der Produktion, der Auftragssteuerung und dem Vertrieb identifiziert wurden. Die Entwicklung und Konstruktion ist vor allem hinsichtlich der gemeinsam genutzten Daten zu berücksichtigen.

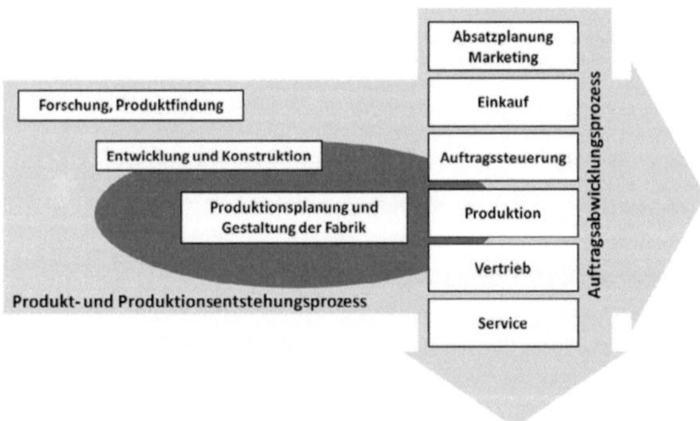

Abbildung 2-4: Die Digitale Fabrik in Unternehmensprozessen [nach VDI-08; S.3]

Die wesentlichen Anwendungen der Digitalen Fabrik im Zusammenhang dieser Arbeit liegen im Teilbereich der Digitalen Fabrikplanung, die mitunter auch als virtuelle Fabrikplanung bezeichnet wird. In diesem Zusammenhang bedient sich der Anwender nur bestimmter Methoden des Gesamtbaukastens, die für die Fabrikplanung von Bedeutung sind. Das sind, wie in *Abbildung 2-5* dargestellt, in erster Linie alle Methoden der virtuellen Planung (CAD), der Baubarkeits- und Kollisionsprüfung, der dreidimensionalen Visualisierung und Simulationen, die beim Entwurf von Fabrikbauwerken eine Rolle spielen, z.B. bauphysikalische Simulationen oder Material- und Personenflusssimulationen.

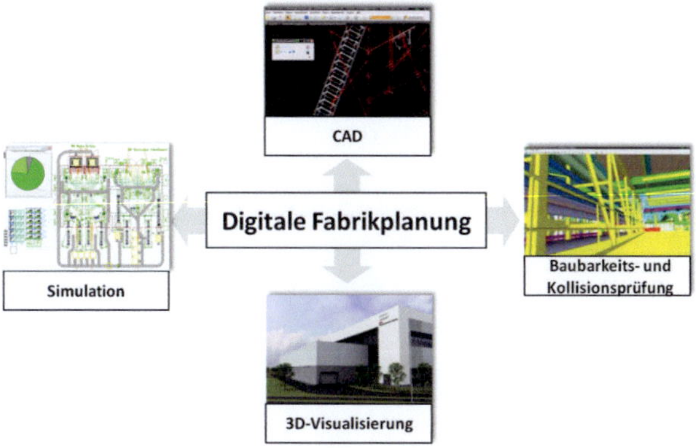

Abbildung 2-5: Methoden der Digitalen Fabrikplanung

Neben virtuellen Methoden und den zugehörigen Prozessen zur Gestaltung einer Fabrik wird oftmals die Gesamtheit aller vorhandenen Daten über eine Fabrik als Digitale Fabrik bezeichnet. Außerdem werden mitunter Organisationseinheiten von Unternehmen, die sich mit diesen Daten und den Methoden beschäftigen, derartig bezeichnet; dies gilt auch für Projekte zur Einführung der Methodik.

2.1.3 Projekte und Projektmanagement

Bei einem Projekt handelt es sich um ein Vorhaben, welches im Wesentlichen durch die Einmaligkeit seiner Bedingungen gekennzeichnet ist. Die konkreten Kennzeichen sind eine Zielvorgabe, Begrenzung in der Ausführung hinsichtlich Zeit, finanziellen Mitteln, projektbeteiligten Personen und anderen Ressourcen sowie eine projektspezifische Organisation. [DIN-69901-5]

Werden diese Eigenschaften auf eine Fabrikplanung gespiegelt, so wird deutlich, dass es sich bei Fabrikplanungsvorhaben immer um Projekte handelt:

- Die Zielvorgabe ist definiert als Planung und Errichtung einer Fabrik.

- Im Vorfeld der Planung werden die Bauzeit, die monetären Mittel, die beteiligten Personen aus den verschiedenen Fachbereichen sowie weitere Ressourcen, beispielsweise Computer, festgelegt. Vor allem die Kosten und die Zeitvorgaben sind über die

Projektlaufzeit zu überwachen; diese drei wesentlichen Stellgrößen korrelieren miteinander, wie in *Abbildung 2-6* über die Dreiecksbeziehung aufgezeichnet ist.

- Zu Beginn der Fabrikplanung wird eine Projektorganisation aus den projektbeteiligten Personen festgesetzt, die üblicherweise über ein Organigramm beschrieben ist (vgl. *Abbildung 2-7*).

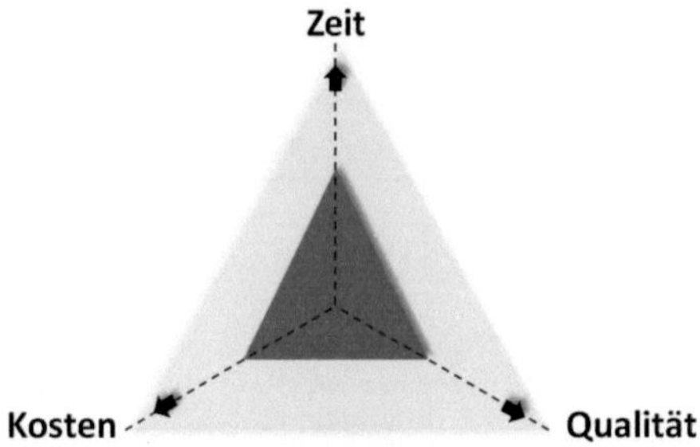

Abbildung 2-6: Dreieck der Projektgrößen [in Anlehnung an BeSH-08; S. 7]

Zur Durchführung eines Projekts bedarf es, wie in *Abbildung 2-7* als Projektleitung dargestellt, einer Führungsfunktion. Die Gesamtheit von Führungsaufgaben, -organisation, -techniken und -mitteln für Beginn, Definition, Planung, Steuerung sowie Abschluss eines Projekts wird gemäß DIN 69901-5 als Projektmanagement bezeichnet [DIN-69901-5]. Der Projektleiter nimmt innerhalb der Organisation die Rolle des Entscheiders ein und berichtet an die Interessengruppen innerhalb der Linienorganisation im Unternehmen. Die übrigen Projektbeteiligten berichten ausgehend von einer Projektstruktur an den Projektleiter oder auch an Fachprojektleiter. In der Organisation aus *Abbildung 2-7* werden die Fachprojektleitungen anhand der jeweiligen Planungsdisziplinen der Fabrikplanung aufgeteilt.

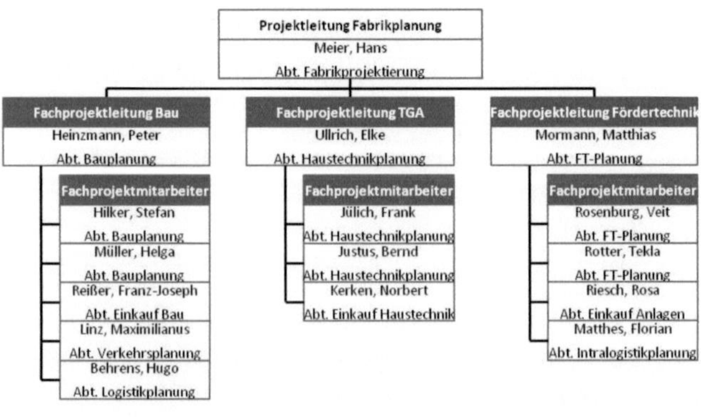

Abbildung 2-7: Beispielhaftes Organigramm einer Projektorganisation

Neben der dargestellten Projektorganisation ist auch eine Aufteilung in Fachprojektleitungen nach den späteren Fabrikfunktionen üblich, sodass beispielsweise je ein Planer für Bau, Versorgungstechnik und Förderanlagen für die Fabrikeinheiten Presswerk, Karosseriebau und Teilelager zu einem Fachprojekt gehören können.

Um die Durchführung eines Projekts zu überwachen und die Aufgaben des Projektmanagements wahrnehmen zu können, werden verschiedene Methoden eingesetzt, die je nach Art des Projektziels und der Größe des Projekts variieren. Eine im Regelfall immer eingesetzte Methode ist das Projektcontrolling bzw. die Projektsteuerung mit diversen Werkzeugen, die im *Abschnitt 2.4* definiert und dargestellt werden.

2.2 Planungsdisziplinen

Nachdem die für die Arbeit wesentlichen Begriffe definiert worden sind, sollen nun die Planungsdisziplinen in der Fabrikplanung vorgestellt werden: Diese leiten sich von der klassischen Bauplanungswissenschaft ab, müssen jedoch auf den Sonderfall der Fabrikplanung operationalisiert werden. Die Bauplanung allgemein umfasst die Planung des Bauinhalts (Was wird gebaut?) und der Bauumstände (Wie wird gebaut?) [LaSh-05; S. 3].

Ausgehend von der *Honorarordnung für Architekten und Ingenieure 2009* (*HOAI 2009*) ergeben sich Planungsdisziplinen und Leistungsbilder, die für den öffentlichen Bereich verbindlich sind. Im Bereich der Privatwirtschaft kann die Verordnung angewandt werden, was sehr häufig der Fall ist. Deshalb orientieren sich die Planungsdisziplinen der Fabrikprojektierung weitgehend an der *HOAI*; sie teilt hierbei in die drei Bereiche der Flächenplanung, der Objektplanung und der Fachplanung ein, die nachfolgend zusammenfassend erläutert werden [LoEt-10; S.1].

Einteilung nach *HOAI*

Die Flächenplanung wird unterteilt in die Bauleitplanung sowie die Landschaftsplanung. Es handelt sich dabei um übergeordnete Verfahren der Raumordnung, die vor allem im *Baugesetzbuch* (*BauGB*) geregelt sind [LoEt-10; S. 11f.]. Für Fabrikstrukturen sind diese Vorhaben dann relevant, wenn ein Ausbau in einem Bereich erfolgt, wo noch keine raumordnenden Pläne wie Flächennutzungsplan und Bebauungsplan vorhanden sind. Wesentliches Merkmal ist das Zusammenspiel zwischen dem Unternehmen und der genehmigenden Behörde.

Die Objektplanung wird nach den zu planenden Objekten eingeteilt. Die Planungsleistung umfasst den Entwurf und die Gestaltung der jeweiligen Objekte. Die Unterscheidung der Objekte erfolgt in Gebäude sowie raumbildende Ausbauten, in Freianlagen, Ingenieurbauwerke und Verkehrsanlagen [LoEt-10; S. 2]:

- Gebäude sind „selbstständig benutzbare, überdeckte bauliche Anlagen“; raumbildende Ausbauten betreffen die innere Gestaltung von Gebäuden [LoEt-10; S. 4].

- Bei Freianlagen handelt es sich um Freiflächen und Freiräume, die auch in Verbindung mit Bauwerken planerisch gestaltet werden [LoEt-10; S. 4].

- Ingenieurbauwerke sind nach ihrer Nutzung klar definiert. Kennzeichnend für Ingenieurbauwerke ist, dass die planerische Leistung üblicherweise von Bauingenieuren erbracht wird und der architektonische Anspruch an den Entwurf sekundär ist. Es handelt sich um Bauwerke und Anlagen der Wasserversorgung und Abwasserentsorgung, des Wasserbaus, der Ver- und Entsorgung von Gasen und anderen gefährlichen Stoffen (ohne die Technische Gebäudeausrüstung in Gebäuden), der Abfallentsorgung sowie Ingenieurbauwerke für Verkehrsanlagen (vornehmlich Brücken und Tunnel) und weitere Einzelbauwerke, bei denen es sich nicht um ein Gebäude oder einen Freileitungsmast handelt [LoEt-10; S. 30].

- Unter Verkehrsanlagen werden das Wegenetz des Straßenverkehrs ohne Freianlagen sowie Anlagen des Schienen- und Flugverkehrs zusammengefasst [LoEt-10; S.33].

Die Fachplanung unterscheidet die Tragwerksplanung und die Planung der Technischen Ausrüstung [LoEt-10; S. 2]:

- Im Rahmen der Tragwerksplanung werden alle Teile der Baukonstruktion bemessen und konstruiert, welche die Eigen-, Verkehrs-, Wind- und Schneelasten sowie sonstige Lasten ableiten; der Baugrund zählt ebenfalls zum Tragwerk [LoEt-10; S. 929]. Üblicherweise erfolgt dies über statische Berechnungen.

- Die Fachplanung der Technischen Gebäudeausrüstung betrifft die Anlagengruppen für Abwasser, Wasser, Gas, Wärme- und Luftversorgung; weiterhin sind Starkstromanlagen, Fernmelde- und IT-Anlagen, Förderanlagen, Anlagen zur Gebäudeautomation sowie maschinen- und elektrotechnische Anlagen in Ingenieurbauwerken eingeschlossen [LoEt-10; S. 41]. In der Praxis werden entweder Generalplaner für alle Bereiche eingesetzt oder häufig zwischen den Planern für Heizung, Lüftung, Kälte, Sanitär und den elektrotechnischen Planern unterschieden.

Die Flächenplanung ist die Vorstufe zur Planung von Elementen der Fabrikstruktur und findet deshalb zeitlich vor der Objekt- und der Fachplanung statt. Danach setzt die Objektplanung ein und je nach Projekt ist die Fachplanung von Beginn an oder nach Vorlage erster Entwürfe involviert.

Abbildung 2-8 zeigt zusammenfassend die Gruppen und Planungsdisziplinen, wie sie in der *HOAI* festgeschrieben sind.

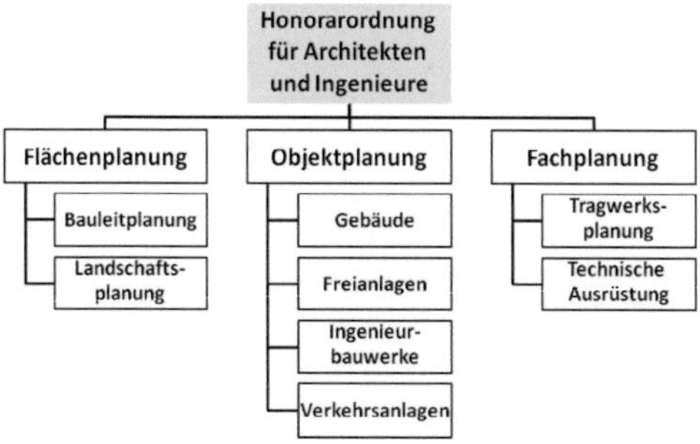

Abbildung 2-8: Planungsdisziplinen nach *HOAI* [LoOH-12; S. 258]

Einteilung in der Fabrikplanungswissenschaft und der Industriepraxis

Im Standardwerk der Fabrikplanung von *Aggteleky* wird selbige unterteilt in die Bereiche Materialflussplanung, Flächen- und Raumplanung, Layoutplanung, Generalbebauungsplanung sowie industrielle Bauplanung [Aggt-90; S. 529 - 661].

Die Materialflussplanung wird in vielen Unternehmen um die Komponente der technischen Planung der Förderanlagen erweitert, da die Bestimmung eines optimalen Materialflusses mit der Realisierung durch fördertechnische Anlagen einhergeht.

Die Flächen- und Raumplanung legt die Größe und Anordnung der verschiedenen Betriebsbereiche fest; aufbauend auf diesen Untersuchungen werden geforderte Grundstücksflächen ermittelt und die Grundlage für den Generalbebauungsplan gelegt [Aggt-90; S. 572]. Die Generalbebauungsplanung erstellt dann ein Gesamtlayout der Fabrik und befasst sich mit der mittel- und langfristigen Gestaltung derselben [Aggt-90; S. 617]. Aufgrund der engen Verzahnung beider Aufgabenbereiche werden sie häufig zusammengefasst und als Werksstrukturplanung bezeichnet.

Die industrielle Bauplanung setzt aufbauend auf den grundlegenden Planungsergebnissen der Werksstrukturplanung die operative Bauplanung und Bauausführung um. Dabei sind betriebliche, räumliche, bau- und haustechnische Aspekte gleichermaßen zu berücksichtigen wie ökonomische Aspekte [Aggt-90; S. 641]. Die Komplexität der Bautechnik einerseits und der Haustechnik bzw. der Technischen Gebäudeausrüstung andererseits machen eine Teilung der Aufgaben in ebendiese Komponenten erforderlich, sodass in vielen Unternehmen die Umsetzung mit Vertretern aus zwei getrennten Fachbereichen erfolgt. Vor allem im Bereich der bauphysikalischen und energetischen Bewertung von Produktionsgebäuden ist die Zusammenarbeit beider Fachdisziplinen gefragt, um die erheblichen Potenziale zur Energieeinsparung auszunutzen [HeWu-11; S. 502].

Die Layoutplanung setzt die wenig detaillierten Ergebnisse der Flächen- und Raumplanung in räumlich definierte Formen um. Diese Aufgabe stellt die wichtigste Verbindung zwischen Fabrikplanung und Fertigungsplanung (Produktionsplanung) dar; zur Planung von Fertigungslayouts sind die Fertigungsprozesse und -ressourcen einzubinden, sodass dieses Aufgabenspektrum aufgrund der zunehmenden Komplexität von Abläufen und Technologien nicht mehr in der Fabrikplanung stattfinden kann. Sie wird meist als Aufgabe der Fertigungsplanung definiert (siehe nachfolgender *Abschnitt Struktur- oder Layoutplanung innerhalb der Fertigungsplanung*).

Somit ergibt sich die Einteilung aus Sicht der Fabrikplanungswissenschaft und der industriellen Praxis, wie in *Abbildung 2-9* skizziert ist.

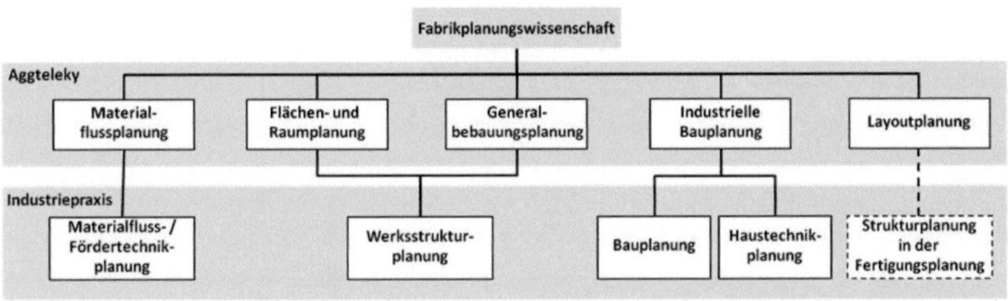

Abbildung 2-9: Planungsdisziplinen in der Fabrikplanung [LoOH-12; S. 258]

Auch *Grundig* unterteilt die Fabrikplanung nach der Standortauswahl in den Prozess der Generalbebauungsplanung, wo er sinngemäß auch die Raum- und Flächenplanung verortet, und die Fabrikstrukturplanung, wo die operative Planung ausgeführt wird, die nach obiger Unterteilung in bauliche und haustechnische Planung unterteilt wird [Grun-09; S. 11f.].

Schmigalla erklärt die verschiedenen Einteilungsmöglichkeiten der Fabrikplanung durch differierende betriebliche Erfordernisse und diverse Alternativen in der betrieblichen Aufgabenverteilung [Shmi-95; S. 77].

Struktur- oder Layoutplanung innerhalb der Fertigungsplanung

Der Begriff des Layouts wurde von der Druckindustrie übernommen und ist als Synonym für den Begriff der Aufstellungsanordnung zu gebrauchen. Gemeint ist im Speziellen die Anordnung von Anlagen und Maschinen [Helb-10; S. 1043].

Die Layoutplanung, die auch als Strukturplanung in der Fertigungsplanung bezeichnet wird, beschäftigt sich mit der flächenmäßigen Ausplanung und grafischen, konturhaften

Darstellung der Aufstellungsanordnung. Hierbei soll vor allem die Lösung einer bestimmten Anordnung von Elementen eines Systems auf einer Ebene fixiert werden. [Helb-10; S. 1043]

Weiterhin ist das Layout das Ergebnis aus einem Kompromiss zwischen der Fertigungsplanung und der Fabrikplanung. Im Layout treffen beide Aufgabenbereiche aufeinander, d.h. im Layout spiegeln sich einerseits die Anordnungen und Flächenbedarfe für die Fertigung wider, andererseits werden Restriktionen aus dem Gesamtfabriklayout, demzufolge auch dem Grundstück und den konstruktiven und rechtlichen Grenzen des Industriebaus berücksichtigt. Daraus folgt auch, dass es Layouts verschiedener Detaillierungsgrade gibt; von größter Bedeutung sind das Fabriklayout, das Hallen- oder auch das Raumlayout.

Oftmals werden auch zusammenhängende Fertigungssysteme in einem Layout dargestellt. Im Bereich der Automobilindustrie wird dies häufig anhand der Gewerkeaufteilung in Presswerk, Karosseriebau, Lackiererei und Montage durchgeführt, sodass jede spezifische Fraktion innerhalb der Fertigungsplanung auch Verantwortliche für die Ausplanung des Layouts hat. Da das Layout vor allem aus den Prozessen und Fertigungstechnologien abgeleitet wird (siehe *Abbildung 2-10*), ist die Ansiedlung in der Fertigungsplanung zweckmäßig, jedoch die Zusammenarbeit mit der Fabrikplanung in Form von Simultaneous Engineering unerlässlich. Dies kann auch eine Ansiedlung in der Fabrikplanung als verantwortliche Abteilung für alle Strukturthemen rechtfertigen (wie in *Abschnitt 3.1.2*).

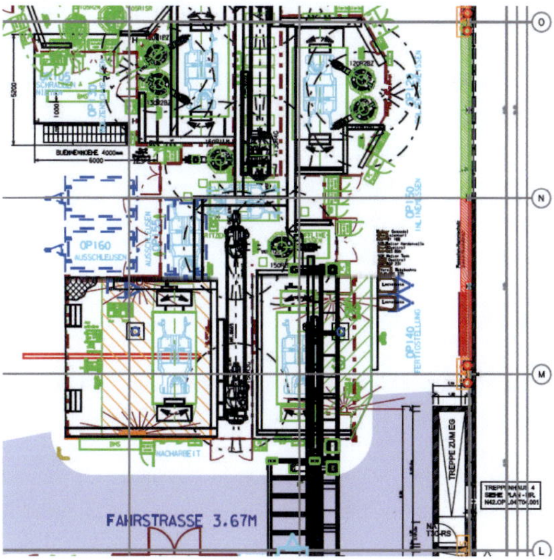

Abbildung 2-10: Ausschnitt aus einem Layout einer Karosseriebauanlage

Die Planungsobjekte der Strukturplanung werden meist nach ihrer Detaillierung unterschieden [ShWi-04; S. 124]:

- Arbeits- und Fertigungsplatzstruktur: In dieser höchst detaillierten Struktur werden Betriebsmittel, Produkt und andere Elemente genau aufgestellt und angeordnet.
- Bereichsstruktur: Über die Materialfluss- und Fördertechniksysteme innerhalb von Anlagenbereichen werden die Arbeits- und Fertigungsplätze verbunden, sodass eine Bereichsstruktur entsteht.
- Gebäudestruktur: Die Anordnung von mehreren Bereichen und die Verbindung über Materialflusssysteme ergibt eine Struktur innerhalb eines Gebäudes.

Diese drei Ebenen sind wesentliche Planungsobjekte der Layoutplanung. Aus der Gebäudestruktur werden dann Generalstrukturen eines Standorts abgeleitet, die daraufhin in eine Standortstruktur und evtl. auch eine Unternehmensnetzwerkstruktur überführt werden können [ShWi-04; S. 124], was nicht mehr Aufgabe der Strukturplanung der Fertigungsplanung ist.

2.3 Methoden der virtuellen Fabrikplanung

Im weiteren Verlauf werden die vier wichtigsten Methoden der Fabrikplanung, die im Zusammenhang dieser Arbeit zur Anwendung kommen, vorgestellt. Selbstverständlich sind weitere Methoden im Einsatz, werden jedoch oftmals nicht in produzierenden Unternehmen, sondern bei spezialisierten Dienstleistern eingesetzt. Beispiele hierfür sind spezielle Methoden der statischen Berechnung von Tragwerken oder der Strukturoptimierung. Die Fabrikplanung mit ihrem generalisierten Anspruch versucht jene Methoden verstärkt einzusetzen, die eine umfassende Planung, Absicherung und Entscheidungsfindung für das Gesamtkonstrukt einer Fabrik ermöglichen.

2.3.1 Fabrik-CAD

Das klassische Werkzeug für die Planung von Fabriken ist CAD; diese Abkürzung steht für zwei englische Wortkonglomerate [Ovtc-10b; S. 11]:

- Computer Aided Drafting: Diese Interpretation bedeutet im Deutschen „rechnerunterstütztes Zeichnen“ und beinhaltet als Werkzeuge nur einfache Zeichnungserstellungssysteme.
- Computer Aided Design: Dabei handelt es sich zu Deutsch um den rechnerunterstützten Entwurf mit leistungsfähigen Konstruktionssystemen.

Allgemein steht CAD für die Rechnerunterstützung in Entwicklung und Konstruktion; im engeren Sinne steht es für die grafisch interaktive Generierung und Manipulation einer Darstellung digitaler Objekte [Ovtc-10b; S. 11]. Bei der Semantik der Begriffe ist zu beachten, dass die Rechnerunterstützung betont wird. Die Systeme sind nicht rechnergestützt oder rechnergesteuert. Der Mensch wird bei der Problemlösung und Entscheidungsfindung unterstützt, jedoch kann der Rechner ganzheitliche Planungs-, Entwicklungs- oder Konstruktionsprobleme nicht selbst lösen und den Menschen nicht ersetzen. Teilprobleme, vor allem numerischer Art, wie beispielsweise Simulationen, kann ein Rechner durchaus selbständig lösen. [VaEt-09; S. 1]

Klassifizierung von CAD-Anwendungen

Der Einsatz von CAD ist vielfältig. Die Hauptanwendungsgebiete können unterschieden werden in die Produktentwicklung und -konstruktion sowie in die Produktionsplanung zur Konstruktion der Produktionsanlagen. Der Fokus der weiteren Ausführungen liegt auf der Anwendung in der Fabrikplanung als Teilgebiet der Produktionsplanung; hierbei wird von Fabrik-CAD gesprochen. Die Anwendungen des Fabrik-CAD, bei dem leistungsfähige Konstruktionssysteme (Computer Aided Design) zum Einsatz kommen, können in folgende Einsatzzwecke unterteilt werden, die stark mit den Teilaufgaben der Fabrikplanung bzw. der Fabrikstrukturplanung korrespondieren, jedoch auch Überschneidungen zur Produktions- oder Anlagenplanung haben:

- Anwendungen in der Architektur bzw. der Bauplanung: Planung und Gestaltung von Außen- und Innenarchitektur
- Anwendungen in der Raumplanung: Planung und Gestaltung von Infrastruktur und Umwelt
- Anwendungen in der Technischen Gebäudeausrüstung: Planung aller technischer Anlagen eines Gebäudes
- Anwendungen in der Fabrikplanung: Planung von Layouts und Fertigungsstrukturen, Materialfluss und Arbeitsplätzen ausgehend vom Fertigungsprozess
- Anwendungen im Anlagenbau: Planung von in erster Linie verfahrenstechnischen Anlagen mit Rohrleitungen, Kesseln und anderen Elementen [Ovtc-10c; S. 8-14]

Heute ist es üblich, dass die oben dargestellten einzelnen Anwendungen in einem CAD-System verwirklicht werden können mit Ausnahme von spezialisierten Werkzeugen (siehe *Abbildung 2-11*), deren Nutzerkreis nur klein ist. Die Planung in Großunternehmen wird weitestgehend dreidimensional durchgeführt. Vor allem für Planungen in mehreren Ebenen

(Produktionsebene, Fördertechnikebene, TGA-Ebene) zur optimalen räumlichen Ausnutzung sind Layouts nicht mehr in zwei Dimensionen sinnvoll darstellbar. Die Generierung von zweidimensionalen Darstellungen aus 3-D-Daten ist innerhalb der Anwendung möglich, was vor allem für Ausgabemedien wie Papierpläne von Bedeutung ist.

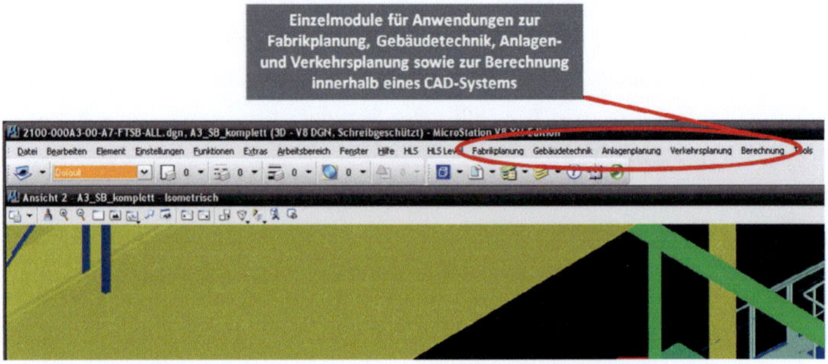

Abbildung 2-11: Benutzeroberfläche eines Fabrik-CAD-Systems

Um die Planung einer Gesamtfabrik zu strukturieren, werden Planmanagementsysteme eingesetzt, die CAD-Pläne meist nach Standorten, Gebäuden und Planarten aufteilen. Planarten dienen der Strukturierung innerhalb eines Planungsobjekts. Innerhalb einer Planart wird beispielsweise nur das Layout einer Fertigung gezeichnet, die bauliche Struktur, die für den Entwurf von Bedeutung ist, wird als Referenz angefügt, sodass Kollisionen ausgeschlossen bzw. erkannt werden können.

Verbesserungen durch den CAD-Einsatz in der Fabrikplanung

Bereits Ende der Achtziger Jahre wurde in CAD-Systemen ein erheblicher Produktivitätsgewinn gesehen, wobei dieser vor allem unter der Prämisse der automatisierten Zeichnung von wiederkehrenden Elementen, beispielsweise von Blöcken, galt. Auch der Einsatz von zentralen Zeichnungsverwaltungssystemen wurde als organisatorischer Vorteil bewertet [Inst-88; S. 102]. Viele internationale Veröffentlichungen aus dieser Zeit beschäftigen sich mit dieser Thematik. Hingegen wird CAD heute weitestgehend als ein selbstverständliches Werkzeug anerkannt, was sich auch in der geringen Anzahl an Veröffentlichungen zur Produktivitätsermittlung durch CAD-Einsatz zeigt. *Zeid und Sivasubramanian* erwähnen in diesem Zusammenhang, dass die Qualifizierung eines CAD-Anwenders einen erheblichen Einfluss auf die Produktivität der Anwendung hat, sodass sie Qualifizierungsmaßnahmen als wichtig einstufen, zudem aber vor allem die Phase nach der Qualifizierung deutlich hervorheben [ZeSi-09; S. 90].

Die Produktivitätssteigerung P in % wird anhand der nachfolgenden *Formel 2-1* ermittelt.

$$P[\%] = 100 - \left(\frac{Konstruktionszeit\ mit\ CAD\ [h]}{Konstruktionszeit\ ohne\ CAD\ [h]} \cdot 100\right)$$

Formel 2-1: Berechnung der Produktivitätssteigerung durch Einsatz eines CAD-Systems [in Anlehnung an HeGD-00; S. 457]

Typische Werte für eine quantifizierbare Produktivitätssteigerung liegen jedoch nicht vor; jedoch wurden im Rahmen einer Umfrage zum Einsatz von 3D-CAD in der Fabrikplanung folgende Punkte von deutschen Automobilherstellern genannt, die auf Produktivitätssteigerungen hinweisen [SpBR-09; S. 179]:

- Bessere Zusammenarbeit über alle Planungsgewerke
- Schnelleres Erkennen von Planungsfehlern
- Niedrigere Planungskosten

Durch die Standardisierung von Prozessen und die Einführung einheitlicher Datenmanagementsysteme im Gesamtumfeld der Digitalen Fabrik erwähnen *Spillner et al.* in ihrer einschlägigen Studie eine gemittelte Reduktion der Planungszeit bei den befragten Automobilherstellern von etwa 30%. Diese Reduktion werde jedoch nicht durchgängig genutzt und damit sichtbar, da sie meist durch die Ausplanung mehrerer Varianten verschwindet und damit zur Steigerung der Ergebnisqualität beiträgt. [SpBR-09; S. 180f.]

Insgesamt können die folgenden Verbesserungen durch CAD zusammengefasst werden, die speziell für die Anwendung in der Fabrikstrukturplanung gelten:

- Verkürzung der Reaktionszeit bei Produktänderungen: Produktänderungen mit Einfluss auf die Fabrikstruktur (beispielsweise die Anzahl der Schweißpunkte oder Änderung einer Fügetechnik) können schneller umgesetzt werden. Auch nachgeschaltete Änderungen der CAD-Planung, wie z.B. die Änderung der Mengenermittlung für das Leistungsverzeichnis, sind durch entsprechende Schnittstellen schneller umgesetzt. [Bush-09; S. 339]
- Grundlagenarbeit für Visualisierung: Der durchgängige Einsatz von CAD bei der Planung von Fabrikbauten stellt die Grundlage für die Entscheidungsunterstützung durch visualisierte Planungsergebnisse dar. Dieser Trend zur Visualisierung von echten Planungsdaten wird einerseits durch die Architekturplanung getrieben [LiZh-10; S. 358f.], aber auch durch die Produktentwicklung.
- Standardisierte Daten- und Planverwaltung: Die standardisierte Ablage erzeugter Daten und somit ganzer Pläne ist ein wesentlicher Bestandteil eines CAD-Systems, welches über den gesamten Gebäudelebenszyklus hinweg von Bedeutung ist. So wer-

den beispielsweise beim Automobilhersteller Audi die Pläne der baulichen Struktur eines Fabrikneubaus in einem entsprechenden Ordner abgelegt und gepflegt. Nach der Ausführung werden die Pläne auf Übereinstimmung mit den abgenommenen Bauwerken geprüft und damit entsprechende Pläne für das Fabrikgebäudemanagement abgeleitet; hierfür sind beispielsweise Flächenverwaltungspläne oder Wartungspläne für die Technische Gebäudeausrsütung von Relevanz.

- Lieferantenintegration und Kollaboration: Im Bereich des Bauingenieurwesens und somit auch der Fabrikplanung sind kollaborative Umgebungen der CAD-Anwendungen üblich. Dies erleichtert einerseits die Zusammenarbeit aller beteiligten Planer (Architekten, Tragwerksplaner, Bauphysiker etc.), andererseits bildet es dadurch auch die Grundlage für die Lieferantenintegration [Gree-07; S. 240]; im Allgemeinen sind Fabrikplaner des produzierenden Unternehmens ständig mit Spezialisten aus Ingenieurbüros und den ausführenden Firmen in Kontakt und verständigen sich über Pläne. Diese Vorgehensweise macht natürlich eine standardisierte Daten- und Planverwaltung, wie oben erwähnt, unbedingt erforderlich. Jedoch wurden bezüglich der systemtechnischen Integration von Lieferanten auf die entsprechenden Systeme der Hersteller in oben genannter Umfrage noch Potenziale hinsichtlich der Online-Nutzung für Externe geäußert [SpBR-09; S. 178].

2.3.2 Fabrik-DMU

Unter DMU (Digital Mock-Up), auch als VMU (Virtual Mock-Up) bekannt, wird eine weitere rechnerunterstützte Methode verstanden, bei der ein Modell (engl. mock-up) des Produkts aufgebaut wird, welches das Aussehen und die Funktionalitäten des zu entwickelnden Produkts widerspiegelt [KaBr-08; S. 66]. Demnach stammt diese Methode aus der Produktentwicklung, wo damit vor allem Kollisions- und Baubarkeitsprüfungen durchgeführt werden. Wichtiges Merkmale von DMU ist, dass die Daten in reduzierter Form direkt aus dem CAD-Modell übernommen werden können und zu jeder Zeit des Produktentstehungsprozesses verfügbar sind, um Prüfungen durchzuführen; dies ist infolge fortlaufender Änderungen im Rahmen von Simultaneous Engineering unabdingbar [Ovtc-10d; S. 14].

DMU in der Fabrikplanung

In den letzten Jahren fand eine Adaption der DMU-Methodik in der Fabrikplanung statt, was heute als Fabrik-DMU bezeichnet wird. Hierbei werden das Gebäude, die komplette Haustechnik, die Materialflusstechnik sowie alle Fertigungsanlagen in einem dreidimensionalen Gesamtmodell zusammengeführt; so können frühzeitig gewerkeübergreifend optimale Lösungen gefunden, Kollisionen entdeckt (siehe *Abbildung 2-12*) und damit verhindert sowie die Baubarkeit abgesichert werden [BrGW-11; S. 14]. Auch Aspekte rechtlicher Natur, die aus Gesetzen und Verordnungen hervorgehen, wie Mindest- oder Sicherheitsabstände können berücksichtigt werden [ShZi-12; S. 208]. Im Rahmen des Fabrik-DMU werden, wie *Sauer* beschreibt, die Geometriedaten der Fabrik gesammelt, wobei Simulationen zusätzliche Vorhersagen liefern können, die dann zu berücksichtigen sind [Saue-05 ; S. 150].

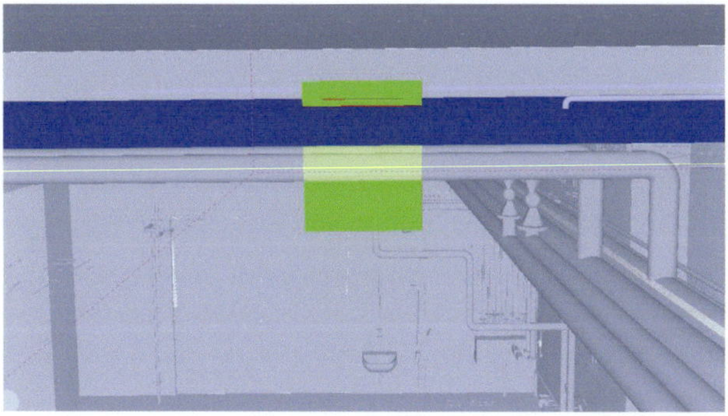

Abbildung 2-12: Kollisionsdarstellung in einem Fabrik-DMU-System

Um diese Ergebnisse, wie sie oben beschrieben sind, zu erzielen, werden im Rahmen von Fabrik-DMU-Untersuchungen folgende drei Integrationen nach *Wiendahl et al.* durchgeführt:

- Geometrische Integration: Sämtliche Anlagen sowie die Gebäudetechnik müssen in ein Gebäude mit seinen einzelnen Elementen (Säulen, Türen, Fenster etc.) integriert werden, wobei das Hauptaugenmerk auf den Flächen und Volumenverhältnissen liegt sowie der geometrischen Passung untereinander. Hier werden geometrische Kollisionen sichtbar.

- Funktionale Integration: Anlagen, Menschen und andere Komponenten müssen nach ihrer Funktion in die Flüsse (Material, Personen, Information) der Fabrik integriert werden. Diese Beurteilung kann bei statischen Modellen nicht durch Kollisionen erfolgen, sondern durch dynamische Modelle oder Beschreibung und Diskussion des Modells anhand der festgelegten Prozesse.

- Produktionstechnische Integration: Das Produkt muss in der Fabrikstruktur gefertigt werden, sodass die Integration desselben nicht vernachlässigt werden kann. Hier können geometrische oder prozessuale Kollisionen auftreten. Oftmals kann aber die produktionstechnische Integration zunächst innerhalb der Anlagen erfolgen und muss nur für die anlagenübergreifenden Bauteile (z.B. Fördertechnik) in der Gesamtfabrik erfolgen. [WiEt-05; S. 117]

Die aktuell vorhandene Fachliteratur zeigt nur wenige Hinweise auf die Integration des Fabrik-DMU in die Fachbereiche von Industrieunternehmen; die vorhandenen beschriebenen Integrationslösungen sind vor allem in der deutschen Automobilindustrie verortet, wobei die Daimler AG und die Volkswagen AG eine Vorreiterrolle innehaben [BrKS-12; S. 103f.].

Der Fokus des Fabrik-DMU als ein Methodenbaustein im virtuellen Fabrikstrukturplanungsprozess liegt neben der Kollisionsprüfung vor allem auch auf der Zusammenführung von Planungsergebnissen verschiedener Fachbereiche. Dies stärkt einerseits die Kommunikation der vielen Fachbereiche, die an einem Fabrikprojekt beteiligt sind, macht andererseits im Gegenzug eindeutige Regeln für die Zusammenarbeit erforderlich: Dies sind in erster Linie Ausführungsrichtlinien für die datenerzeugenden CAD-Systeme, aber auch Regeln für Datenbeziehungen und die Festlegung von immer gleich einzusetzenden IT-Systemen, um die Kompatibilität von Daten sicherzustellen. Eine umfassende Darstellung der systemtechnischen Komponente und der Umsetzung des Detailprozesses zum Fabrik-DMU liefern *Bracht et al.* [BrKS-12; S. 104-106]

Verbesserungen durch den Fabrik-DMU-Einsatz

Aufgrund der noch geringen Erfahrungen zum Einsatz von Fabrik-DMU im gesamten industriellen Umfeld sind die Nutzenbeispiele und Verbesserungen noch nicht in Gänze bekannt und auch in Publikationen nur teilweise erfasst. Dennoch wird ein Überblick über die wesentlichen Vorteile und Verbesserungen zusammengefasst:

- Gesamtlayoutplanung: Durch die technische Erfordernis, bei der Kollisionsprüfung alle Planungsergebnisse der Einzelgewerke zusammenzuführen und in einem Gesamtlayout darzustellen, ist diesbezüglich auch der größte Nutzen generierbar. Die Gesamtlayoutplanung, also das Gesamtergebnis einer Fabrikplanung, wird dadurch wesentlich erleichtert und überhaupt erst generiert. Dies zeigt auch die Umfrage zur Umsetzung der 3-D-Planung, in der der Nutzen des 3-D-Einsatzes vor allem in der Planung des gesamten Layouts gesehen wird. Dieser Nutzen kann auf die DMU-Methode in der Fabrikplanung direkt übertragen werden, da hier das Gesamtlayout im dreidimensionalen Raum zusätzlich noch automatisiert auf Kollisionen geprüft werden kann und so das Ergebnis per se durch Abarbeiten eben dieser Kollisionen optimiert wird. Die relative Bedeutung des 3-D-Einsatzes im CAD und damit auch im DMU für die Fabrikplanung ist in *Abbildung 2-13* ersichtlich.

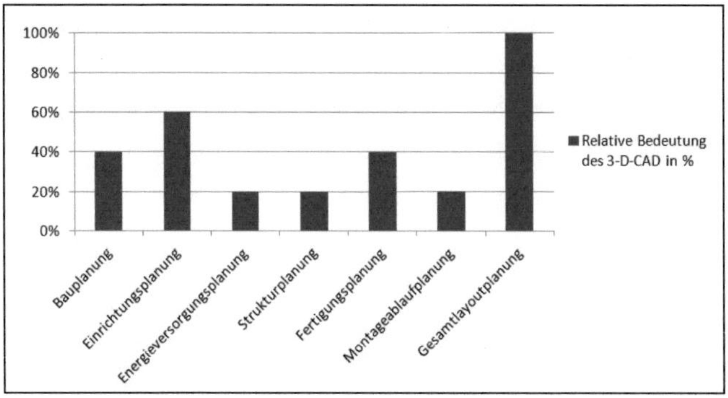

Abbildung 2-13: Relative Bedeutung des 3-D-CAD und 3-D-DMU für Fabrikplanungsgewerke [in Anlehnung an SpBR-09; S. 179f.]

- Planungsgespräche durch DMU-Runden: Durch die regelmäßige Aufbereitung des DMU-Gesamtmodells und der zugehörigen Kollisionsdetektion können im Rahmen von DMU-Runden die Problemstellen im Plan diskutiert und Maßnahmen zur Abstellung gemeinsam festgelegt werden, sofern für jedes Gewerk ein Vertreter zugegen ist. Auch in der Umfrage zur Digitalen Fabrikplanung des VDA wurde deutlich, dass Fehler zumeist durch das direkte Gespräch rückgemeldet werden, wobei diese Vorgehensweise eben durch den Fabrik-DMU unterstützt werden kann [BrSp-09; S. 30].

- Iterative Optimierung und früher Reifegrad von Planungsdaten: Außerdem wird durch die regelmäßigen Kollisionsprüfungen und den zugehörigen Runden die iterative Optimierung des Modells gefördert; hierbei erlangen die Planungsergebnisse jedoch schon im Vergleich zur unabhängigen Planung der Gewerke und unregelmäßigen Datenaustauschen sehr früh einen hohen Reifegrad, da die Fehler ab dem ersten DMU-Einsatz erkannt werden, abgearbeitet werden können und so auch eine Kontrolle der Fehlerbearbeitung stattfindet.

2.3.3 Fabrik-Visualisierung

Nach der Konstruktion von Fabrikstrukturen mittels CAD und der Absicherung der Planung durch DMU werden Planungsalternativen häufig mit Hilfe von Visualisierungssystemen den Entscheidungsträgern präsentiert, um Entscheidungen über die weitere Vorgehensweise herbeizuführen. Unter Visualisierung wird gemäß *VDI-Richtlinie 3633 Blatt 11* „die Erzeugung der grafischen Veranschaulichung von Daten und Sachverhalten durch Transformation von Daten in symbolische und geometrische Information“ [VDI-09; S. 3] verstanden.

Für die Vorbereitung dieser Fabrik-Visualisierung ist es das Ziel, die originären Konstruktionsdaten über das Fabrik-DMU und der damit verbundenen Prüfung in ein System zur Visualisierung zu laden. Je nach Wertigkeit der Präsentation sind Aufbereitungen von Elementen oder von Szenen, die präsentiert werden sollen, notwendig.

Ziele und Potenziale der Fabrik-Visualisierung

Mit einer Visualisierung werden dreierlei Ziele verfolgt:

- Optimierung der Planung: Das Fabrik-DMU als Zwischenschritt von Konstruktion zur Visualisierung führt zu einer zwangsläufigen Optimierung der Planungsalternativen und damit zu einer Verbesserung der Ergebnisse.

- Entscheidungsfindung unter Berücksichtigung aller Anspruchsgruppen eines Fabrikstrukturprojekts: Aufgrund der dreidimensionalen, realitätsnahen Darstellung des Projekts können alle oder vorher vereinbarte Facetten des Projekts diskutiert und entschieden werden. Sowohl für Planer und das Management der Planung, die mit dem Projekt sehr eng vertraut sind, als auch für spätere Nutzer und andere Entscheidungsträger ist die Darstellung so aufbereitet, dass schnell Verständnis über das Projekt erreicht werden kann.

- Ästhetische Beurteilung: Aufgrund der realitätsgetreuen Darstellung ist es möglich, ästhetische Funktionen von Fabrikarchitektur und Landschaftsplanung auf einem Fabrikgelände intensiv zu beurteilen. Die Qualität der Architektur sowohl geometrischer als auch ästhetischer Art sind im realitätsnahen Modell leicht ersichtlich.

Technik zur Steigerung der Immersivität

Die Fabrik-Visualisierung ist eine Anwendung der virtuellen Realität (VR), also der dreidimensionalen immersiven Darstellung einer echten oder künstlichen Umgebung [Ovtc-10e; S. 3]. Höchstes Ziel ist es, eine künstliche Welt zu schaffen, die im Idealfall von der realen Welt nicht unterscheidbar ist [ShEt-06; S. 135]. Erreicht wird der möglichst hohe Realismus einerseits durch das Raytracing-Verfahren und andererseits durch die Ausgabe auf einer Powerwall (eine Kopie eines durch Raytracing erzeugten Bilds zeigt *Abbildung 2-14*). Raytracing bezeichnet ein Verfahren der Beleuchtungsberechnung, bei welchem ein Strahl vom Augpunkt zu den Objekten und Lichtquellen zurückverfolgt wird; infolge von Wechselwirkungen nach den Gesetzen der Optik wird der Strahl gebrochen, reflektiert oder absorbiert, wodurch sich zwar hohe Rechenaufwände ergeben, doch sehr realitätsgetreue Bilder entstehen, welche die Immersivität (Eingebundenheit in die Umgebung) maximieren [Ovtc-10f; S. 29f.]. Ausgegeben werden die Bilder über eine Powerwall, einem mehrkanaligen Projektionssystem (Abmessungen bis ca. 7 m Breite und ca. 2,4 m Höhe) mit mehreren

Projektionswandsegmenten und einem oder mehreren Projektoren [Ovtc-10e; S. 2]. Durch die Größe der Darstellung wird der Realismus ausgehend vom Raytracing unterstützt.

Aktueller Status der Einsatzmöglichkeiten

Typische Einsätze zur Entscheidung sind Begehungen von Hallen mit oder ohne Anlagen [BrGW-11; S. 138] oder Fassadenbeurteilungen unter ästhetischen Gesichtspunkten. *Geckler et al.* erwähnen in diesem Zusammenhang, dass die Darstellung von kompletten Hallen mit Anlagen im Moment noch nicht ohne vorherige rechnerische Aufbereitung möglich sei [BrGW-11; S. 138]. Mit Hilfe von großen Rechenclustern allerdings werden diese virtuellen Begehungen in der Automobilindustrie bereits in Echtzeit durchgeführt.

Abbildung 2-14: Mittels Raytracing erzeugtes Bild einer Fabrikhalle

Eine deutliche Verbesserung von der starren Fabrik hin zur bewegten Fabrik mit Echtzeit-Bewegungen ist durch die Kopplung mit Simulationsergebnissen möglich, die im Hauptteil der Arbeit berücksichtigt werden sollen.

2.3.4 Simulation

Neben den konstruktiven und visuellen Methoden der virtuellen Fabrikplanung sind auch Simulationen in Anwendung und unterstützen vor allem die Konstruktion von Fabriken erheblich. Simulation bezeichnet die Nachbildung eines Systems mit seiner inhärenten Dynamik in einem Modell, mit dem experimentiert werden kann und dessen Ergebnisse auf die Wirklichkeit übertragbar sind [VDI-93; S. 3]. Dabei werden Simulationen in physikalische (mit materiellen Modellen) und in digitale unterschieden; eine physikalische Simulation ist z.B. eine Windkanal-Simulation, eine digitale Simulation ist beispielsweise eine Festigkeitsberechnung mit Hilfe finiter Elemente [Ovtc-10g; S. 4]. Die Verfahren der Simulation teilen sich in vier aus der Physik abgeleitete Bereiche auf [Ovtc-10g; S. 10]:

- Festkörpermechanik, z.B. Lösung dynamischer und statischer Fragestellungen
- Feldmechanik, z.B. Wärmesimulationen, Schallsimulationen

- Strömungsmechanik, z.B. Lösung hydrostatischer und hydrodynamischer Fragestellungen

- Sonstige Simulationsverfahren, z.B. Ablaufsimulation, Robotersimulation, Ergonomiesimulation etc.

Simulationen kommen zum Einsatz, wenn verschiedene Varianten eines Systems verglichen werden sollen oder auch eine einzige Variante hinsichtlich bestimmter Kriterien validiert werden soll. Wesentlich ist hierbei, dass die Simulation alleine oftmals noch kein verwertbares Ergebnis liefert, sondern eine Interpretation in Abhängigkeit der Rahmenbedingungen stattfinden muss. Dies führt dazu, dass zwar ein einfaches Simulationssystem vergleichsweise leicht zu bedienen ist, jedoch die Ergebnisse beispielsweise einer FEM-Simulation einer Automobilkarosse durch den Festigkeitsentwickler umfangreich zu interpretieren sind; gleiches gilt etwa auch für die Wärmesimulation einer modernen Fassade, die durch einen Bauphysiker stattfinden sollte, um Unzulänglichkeiten im Modell und in der rechnerunterstützten Anwendung auszuschließen.

Einsatz von Simulationen in der Fabrikplanung

Im Bereich der Fabrikplanung im engeren Sinne sind demnach Systeme für die Simulation relevant, welche die Fabrikstruktur in Gänze oder in Teilbereichen abbilden; diese ergeben sich aus den Anforderungen an die Strukturelemente, wie sie bereits in *Abbildung 1-2* dargestellt wurden. In *Abbildung 2-15* ist diese Tabelle in abgewandelter Form dargestellt und zeigt Beispiele für Simulationen in den jeweiligen Bereichen.

Anforderungen an / Strukturelement	Statik / Konstruktion	Versorgungs-technik	Bauphysik	Ästhetik / Architektur	Logistik / Materialfluss	Anlagenbau / Prozess	Verkehrs-technik
Tragwerk	*FEM-Simulation*						
Gebäudehülle	*FEM-Simulation*		*Wärme-simulation*	*Sonnenstand-simulation*			
Technische Gebäudeausrüstung		*Energie-simulation*	*Wärme-simulation*				
Interne Einbauten	*FEM-Simulation*				*Ablauf-simulation*	*Ablauf-simulation*	
Förder- und Materialflusstechnik	*FEM-Simulation*				*Ablauf-simulation*	*Ablauf-simulation*	
Verkehrswege und Verkehrsbauwerke	*FEM-Simulation*				*Verkehrs-simulation*		*Verkehrs-simulation*
Außenanlagen				*Sonnenstand-simulation*			

Abbildung 2-15: Simulationen im Bereich der Fabrikstrukturplanung

Werden verschiedene Handlungsebenen oder auch Phasen in der Fabrikplanung betrachtet, so wird ersichtlich, dass in allen Bereichen Simulationstechniken eingesetzt werden können. In der frühen Phase der Strategieplanung können beispielsweise Markt- und Umwelteinflüsse im Rahmen einer Simulation von Kosten- und Leistungsstrukturen berücksichtigt werden. Auch Kapazitätsplanungen und Veränderungen der Fertigungstiefe können mit strategischen

Simulationswerkzeugen unterstützt werden. Eine Ebene darunter bzw. eine Phase später im Planungsprozess können konzeptplanerische Entscheidungen vorbereitet werden: Das Zusammenspiel von Materialfluss und Fertigungsbereichen kann in globalen Materialflusssimulationen stattfinden. Auch die Einplanung von Pufferzonen zwischen Fabrikbereichen kann unterstützt werden. In der Detailebene der System- und Ausführungsplanung werden feinste Parameter und Anlagenbestandteile simuliert, sodass die Anlage oder Fabrikbereiche in sich funktionstüchtig sind. [Pawe-08; S. 295f.]

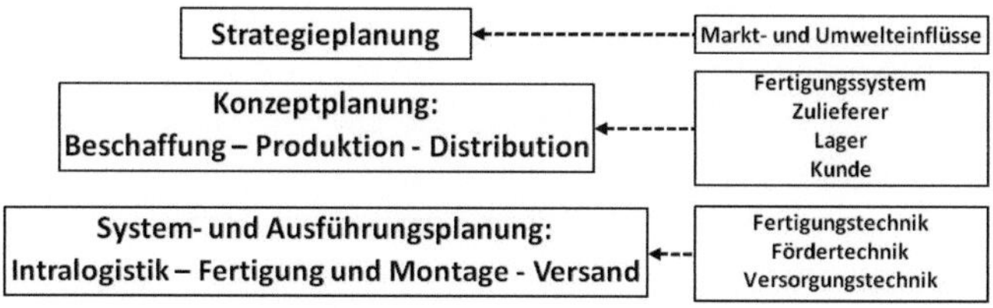

Abbildung 2-16: Simulation auf verschiedenen Handlungsebenen [nach Pawe-08; S. 297]

Aufgrund der Tatsache, dass Fabrikplaner trotz der vielfältigen Möglichkeiten Simulationstechnik nur selten einsetzen, was nicht zuletzt am hohen Einsatz von speziellen Dienstleistern liegt, ist es notwendig, dass diese IT-Werkzeuge folgende Kriterien weitestgehend erfüllen [Pawe-08; S. 293]:

- Universelle Einsetzbarkeit für vielfältige Simulations- bzw. Planungsaufgaben
- Leichte Erlernbarkeit und benutzerfreundliche Bedienung
- Schnelle und einfache Modellerstellung ohne Programmiererfordernis
- Kurze Rechenzeiten und gleichzeitige Lauffähigkeit auf PCs oder Notebooks

Verbesserungen durch Simulationen in der Fabrikplanung

Der Mehrwert der Simulation beim Einsatz in der Fabrikplanung lässt sich durch die nachfolgenden Punkte knapp zusammenfassen:

- Instrument zur Beherrschung der Komplexität: Die Komplexität der Planungsaufgaben in der Produktionsplanung und als Folge dann auch in der Fabrikplanung nimmt stetig zu, weshalb bestimmte Fragestellungen nur noch durch Ergebnisse von Simulationen beantwortet werden können; dies sind beispielsweise ideale Routen der innerbetrieblichen Logistik oder die Tageslichtsimulation in Abhängigkeit von Sonnenstand und künstlicher Beleuchtung in einer Halle. Dabei spielt die Möglichkeit zur schnellen Veränderung von Eingangsparametern im Simulationsmodell eine große

Rolle, da auf diese Weise verschiedene Szenarien in kürzester Zeit durchgespielt werden können. [Pawe-08; S. 293]

- Entscheidungsunterstützung für die Strukturplanung: Mit Hilfe der Ergebnisse von Simulationen, z.B. Materialflusssimulationen, können Entscheidungen im Bereich der Strukturplanung deutlich unterstützt werden. Die Frage nach einem optimierten Layout kann mit Hilfe von beispielsweise visualisierten Transportwegen mit Darstellung der Häufigkeit von Bewegungen aus Sicht der logistischen Planung deutlich besser beantwortet werden. [MiUK-08; S. 233]

- Optimierungsinstrument in der Serienphase [Pawe-08; S. 298]: Häufiger als die anderen Methoden der virtuellen Fabrikplanung wird die Simulation auch in der Serienphase zur Optimierung der Anlagen eingesetzt. Aufgrund von Erfahrungen bezüglich des Verhaltens von Einzelanlagen oder Anlagenbereichen in der Fertigung oder im Materialfluss werden häufig zur Optimierung als geeignet vermutete Parameter in der Simulation verändert und verifiziert; in der Ablaufsimulation werden so Wertströme innerhalb der Fabrik zwischen verschiedenen Strukturbereichen oftmals nachgebessert und Puffer werden hinsichtlich ihrer Kapazitäten umgebaut, wenn Simulationen eine bessere Auslastung oder eine höhere Produktivität versprechen.

2.4 Methoden der Projektsteuerung

Projektmanagement setzt sich aus der Projektleitung und der Projektsteuerung zusammen. Die Projektleitung ist derjenige Teil, den der Auftraggeber selbst wahrnehmen muss und nicht delegieren kann, da er die alleinige Entscheidungsbefugnis hat, was meist aus vertragsrechtlichen Zusammenhängen hervorgeht. Hingegen bezeichnet die Projektsteuerung denjenigen Teil, der delegiert werden kann, also von einem anderen Personenkreis als dem Auftraggeber durchgeführt werden kann; zur Projektsteuerung zählen vor allem Aufgaben der Organisation, der Koordination und der Dokumentation im Hinblick auf Kosten, Termine und Qualität. [KoLV-10; S. 8-10]

Nachdem im vorherigen Abschnitt die Auswahl der wichtigsten Methoden der virtuellen Fabrikplanung vorgestellt worden sind, sollen die Ansätze und Methoden aus der Projektsteuerung dargestellt werden. Auch hier kann nicht auf alle Methoden und Werkzeuge eingegangen werden; vielmehr werden die für die Fabrikplanung typischen Methoden erläutert. Abgeleitet aus den Zielgrößen des Projektmanagements sind diese die Kosten-, Termin- und Qualitätssteuerung.

2.4.1 Kostensteuerung

Bauprojekte und somit auch Fabrikstrukturprojekte sind heute oftmals durch Kostenüberschreitungen gekennzeichnet; diese haben unmittelbaren Einfluss auf die Renditeziele des fabrikbetreibenden Unternehmens [Girm-10; S. 98]. Deshalb ist es im Bereich der Fabrikplanung unerlässlich, dass im Rahmen der Kostensteuerung auf präventive Maßnahmen zurückgegriffen wird, welche frühzeitig Abweichungen erkennen lassen, um auf diese angemessen zu reagieren; die Reaktion setzt hierbei natürlich eine exakte Kostenplanung in den frühen Phasen eines Fabrikprojekts voraus [Brec-11; S. 306].

Gemäß *DIN 276* dient die Kostensteuerung dazu, die Kostenentwicklung kontinuierlich zu überwachen und die Kostenvorgaben einzuhalten; Abweichungen in der Planung und Ausführung sind zu bewerten und kompensierende Maßnahmen sind bei Bedarf einzuleiten [DIN-276-1; S. 9]. Ausgehend von der Kontinuität des Kostenproblems muss diese Aufgabe ab Beginn eines Fabrikprojekts aufgenommen werden. Üblicherweise wird hierbei durch die Planer vom Groben ins Feine detailliert; die Angaben und Ergebnisse aus den jeweiligen Berechnungen der Planer sind durch die Kostensteuerung zu prüfen. Die Beeinflussbarkeit der Kosten ist zu Beginn eines Projekts hoch und nimmt mit zunehmender Planungstiefe im Projektverlauf stark ab. Eine Einteilung der Kostenermittlungsphasen wird ebenfalls in *DIN 276* vorgenommen, wobei die Planungsphasen nach *HOAI* zu Grunde gelegt und verwendet werden [DIN-276-1; S. 7-9]:

- Kostenrahmen: Grundlage für Investitionsentscheidungen unter Berücksichtigung quantitativer und qualitativer Angaben sowie Angaben zum Standort

- Kostenschätzung: Ergebnis der Konzeptphase unter Berücksichtigung erster Planungsergebnisse

- Kostenberechnung: Ergebnis der Entwurfsplanung unter Berücksichtigung fortgeschriebener Planungsergebnisse

- Kostenanschlag: Ergebnis der Ausführungsplanung und Vorbereitung für eine Vergabe zur Darstellung zu erwartender Preise

- Kostenfeststellung: Ergebnis der Ausführung als Dokumentation der tatsächlich entstandenen Kosten

Diese stufenweise Darstellung ist unter Berücksichtigung eines schnell fortschreitenden Projektverlaufs kritisch zu hinterfragen, da auch außerhalb der Meilensteine der Kostenplanung auf die Entwicklung der Kosten zu achten ist, um rechtzeitig intervenieren zu können. Darum ist es heute zweckmäßig, zur Unterstützung und zur Entscheidungsfindung im

Bereich der Kosten einer Fabrikplanung entsprechende Software einzusetzen. Hierzu gibt es folgende drei Möglichkeiten:

- Einsatz von generalistischer Software: Häufig kommen für die Kostensteuerung Tabellenkalkulationen zum Einsatz, die generalistisch aufgebaut sind und durch spezielle Teilprogramme oder einfache Formeln für den Zweck der Kostensteuerung aufbereitet werden. Nachteilig ist die nicht immer zweckmäßige Bedienung und Aussagekraft der Tabellen; der Vorteil liegt in der einfachen Bedienbarkeit durch das Projektpersonal ohne besondere Vorkenntnisse.

- Einsatz von Projektmanagement-Software: Es werden Programme eingesetzt, welche mehrere Steuerungsfunktionen übernehmen können, beginnend von der Terminplanung bis zu detaillierten Ressourceneinsatzplanungen. Häufig kann das Programm aufgrund der Komplexität nicht in der Fülle ohne intensive Schulung durch das Projektpersonal eingesetzt werden [PfRo-09; S. 457]. Wesentlich ist außerdem die Auswahl eines Programms für den speziellen Einsatz in der Fabrikplanung.

- Einsatz von Software speziell für die Kostensteuerung: Ausgehend von Planungsdaten stellen diese Programme Kostenstände und -veränderungen einschließlich verschiedener Varianten von der Kostenschätzung bis zur Kostenfeststellung zu jedem Zeitpunkt im Projekt zur Verfügung [Blöd-09; S. 8]. Hierbei wird auch häufig von AVA-Programmen für die Ausschreibung, Vergabe und Abrechnung gesprochen, wenngleich die Funktionalitäten über diese drei Schritte hinausgehen. Auch hier ist der Spezialisierungsgrad der Anwendung sehr hoch und eine intensive Einweisung von Nöten; jedoch liefern die Werkzeuge dieser Programme detaillierte und auf Fabrikplanungsprojekte zugeschnittene Ergebnisse.

Zusammenfassend ist festzuhalten, dass die Kostenplanung bzw. die Phasen der Kostenermittlung für den Bereich des Bauwesens festgelegt sind und auf Projekte der Fabrikplanung übertragbar sind. Die Werkzeuge und Wege der Kostensteuerung sind in der Fabrikplanung allerdings noch nicht ausreichend differenziert.

2.4.2 Terminsteuerung

Ausgehend von immer kürzer werdenden Produktlebens- und Innovationszyklen in der Industrie gewinnt die Terminsteuerung an Bedeutung, um die engen Zeitpläne einhalten zu können [KoLV-10; S. 99]. In der Entwicklung technischer Produkte ist hierzu die Parallelisierung von Konstruktionstätigkeiten zu beobachten [Lind-09; S. 53]. Für die Fabrikplanung bedeutet dies ebenfalls eine Parallelisierung von Planungsaktivitäten und der Ausführungstätigkeiten auf der Baustelle. Somit kommt auch in diesem Bereich der Terminsteuerung eine zunehmende Bedeutsamkeit zu.

Die Terminsteuerung hat die Aufgabe, ausgehend von einer vorausgegangenen Terminplanung die Einhaltung der Termine zu kontrollieren und auf Abweichungen angemessen zu reagieren, sodass sich die Meilensteine oder das Projektende möglichst nicht verschieben.

Die Verfolgung und Steuerung von Terminen erfolgt anhand folgender Werkzeuge:

- Terminlisten stellen Anfangs- und Endtermine von Vorgängen dar und beschreiben dadurch auch deren Dauer [BeSH-08; S. 291].

- Balkenpläne, die häufig auch als Gantt-Diagramme bezeichnet werden, bringen die verschiedenen Vorgänge anhand einer Darstellung als Balken in eine visuell wahrnehmbare zeitliche Abfolge, sodass auch Abhängigkeiten durch Verbindungen ersichtlich werden können [BeSH-08; S. 291-293].

- Netzpläne sind graphenartige Darstellungen von Terminplänen, die aus Vorgängen, Ereignissen und Anordnungsbeziehungen bestehen [BeSH-08; S. 166]. Aufgrund der hohen Informationsdichte und der visuell schwer wahrnehmbaren Beziehungen zwischen den Vorgängen kommen Netzpläne in der industriellen Praxis selten zum Einsatz.

- Liniendiagramme kommen in erster Linie für linienförmige Projekte (bzw. Baustellen) im Straßen- und Schienenbau zum Einsatz [KoLV-10; S. 103]. Anhand einer Beziehung zwischen zu bauender Strecke und Zeit wird die zeitliche Entwicklung des Projekts sichtbar.

Bei der heute am Markt angebotenen Projektmanagement-Software besteht die Möglichkeit, die Termine als Terminliste, Balkendiagramm oder als Netzplan anzeigen zu lassen. Für Liniendiagramme im Tiefbau beispielsweise wird spezielle Software eingesetzt. Eine weitere Diversifikation von Programmen zur Terminsteuerung gibt es im Moment nicht. Eine weitere, nicht mehr zeitgemäße Möglichkeit besteht in der Pflege von Terminplänen durch Tabellenkalkulationen, wobei der Anwenderkomfort hierbei minimal ist.

2.4.3 Qualitätssteuerung

Die endgültige Qualität einer Fabrik wird beeinflusst durch die Qualität in der Ausführungsphase, jedoch auch in der Planungsphase, was häufig vergessen wird [KoLV-10; S. 169]. Aufgrund der Tatsache, dass die Planung und Ausführung üblicherweise nicht in der Hand eines Auftragnehmers liegen, ist es für die Projektsteuerung wichtig, die verschiedenen Partner im Projekt hinsichtlich der Planungs- und Ausführungsqualität entsprechend zu steuern; hierbei liegt das Hauptaugenmerk aber nicht auf der Auditierung der Partner oder einer Prüfung der Qualitätsmanagementsysteme, sondern vielmehr auf der Prüfung und

Steuerung der operativen Qualität in der Ausführung der Planungsaufgabe bzw. der Bauaufgabe. Ein mögliches Modell für die Qualitätssteuerung in Planung und Ausführung zeigt *Abbildung 2-17.*

Die Qualität der Planungsergebnisse wird vor allem durch das Festlegen der Beschaffenheit der Fabrik bestimmt. Es werden beispielsweise Ausstattungsstandards, Konstruktion und Gebäudetechnik ausgewählt, was in enger Beziehung zu den Investitionskosten steht. Für die Bewertung der Planungsqualität lassen sich sowohl harte Prüfkriterien als auch weiche heranziehen: Harte Faktoren können etwa Kennzahlen zur Flächenausnutzung sein wie das Verhältnis von Bruttogrundfläche (BGF) zu Bruttorauminhalt (BRI). Hingegen können weiche Prüfkriterien nur subjektiv bewertet werden, haben aber zumeist den größeren Einfluss auf die Erfüllung der Kundeanforderungen und somit der Kundenzufriedenheit. Weiche Faktoren sind die ästhetische Anmutung der Fabrik von außen und innen oder die Eigenschaften der Verwendbarkeit für den individuellen Nutzungszweck des jeweiligen Bereichs. [KoLV-10; S. 179f.]

Im Bereich der Ausführung wird die Qualität zunächst durch die Planungsqualität bestimmt, wobei hier in erster Linie die Berücksichtigung handwerklicher und industrieller Ausführungsmöglichkeiten eine Rolle spielen. Ist die Planung diesbezüglich fehlerhaft, muss die Projektsteuerung während der Ausführung korrigierend eingreifen und die mangelhaften Planungsergebnisse und eventuell auch schon Ausführungsergebnisse beseitigen lassen. Die Qualität des Baus hängt weiterhin auch von der Kopplung des Qualitätsbewusstseins an den Erfolg der Auftragnehmer ab. Als Schnittstelle zwischen Planung und Bau und als wesentliches Qualitätskriterium gilt die genaue Beschreibung der Kundenanforderungen sowie die Umsetzung derer in Ausschreibungs- und Vertragsunterlagen. [KoLV-10; S. 181f.]

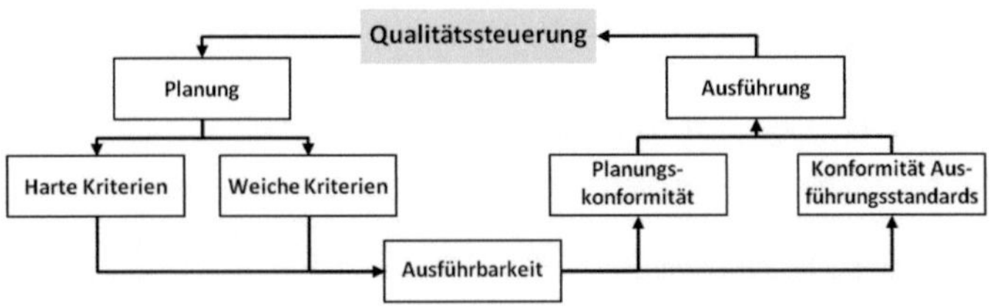

Abbildung 2-17: Qualitätssteuerung in Planung und Ausführung

Qualitätsmanagement mittels rechnerunterstützter Verfahren wird als Computer Aided Quality Management (CAQ) bezeichnet; diese Software soll die Planung, Lenkung, Sicherung und Verbesserung von Qualität in Unternehmensprozessen erreichen [KaBr-08; S. 37]. Derartige Systeme für Planung und den Bau von Fabriken sind im Moment nicht bekannt. Speziell für die Planung werden zwar vermehrt Qualitätsmanagementsysteme eingeführt, was im Ausführungsbereich schon länger der Fall ist, doch wird dabei vor allen Dingen der

Informationsfluss ohne Einbindung von spezialisierter CAQ-Software verbessert [Baum-11]. Nicht zu verwechseln hiermit sind Maßnahmen, die Kundenanforderungen klarstellen wie beispielsweise Bemusterungen; besonders die Bemusterung von Fassaden soll zukünftig mit Hilfe von Visualisierung durch Raytracing durchgeführt werden, sodass teure Musterfassaden nicht mehr erforderlich werden. Allerdings erzeugt diese Maßnahme eine Kundenanforderung und gehört somit nicht zur Qualitätssteuerung, sondern zur Planung.

2.5 Building Information Modeling (BIM) als integrale Methode

Die Methode des Building Information Modeling (BIM), was sich ins Deutsche mit Gebäudedatenmodellierung [Beha-11; S. 48] übersetzen lässt, ist bis heute nicht eindeutig definiert. Nach *Kymmell* ist die ursprüngliche Arbeitsweise des Baumeisters in dieser Methode wiederzufinden, die sich über die Organisationsplanung, Gestaltungsplanung und die Bauausführung (planning, design, construction) erstreckt [Kymm-08; S. 4]. Darüber hinaus wird ausgehend von einer einheitlichen Datenbasis über den kompletten Lebenszyklus eines Gebäudes die Methode auf die Nutzungsphase des Gebäudes ausgeweitet. Somit gilt BIM als eine durchgängige Integration von Gebäudedaten über Planung, Errichtung und Nutzung eines Gebäudes [Beha-11; S. 48] bzw. als „Vorgang zur Erschaffung eines digitalen Bauwerksmodells“ und „Verwendung des digitalen Modells über den gesamten Lebenszyklus“ [Borr-11; S. 9] [GüBo-11; S. 33]. Es ist anzumerken, dass für die Verwendung über den gesamten Lebenszyklus auch die Verwertungsphase einzuschließen ist; der gesamte Lebenszyklus mit BIM-Anwendungsfeldern ist in *Abbildung 2-18* dargestellt. Außerdem ist im Bereich der Vermarktung von Software für Planungsapplikationen genau auf die Funktionen zu achten, da oftmals jegliche Anwendung mit einer Verknüpfung von Planung und Projektmanagement als BIM-Anwendung verkauft wird [EaEt-11; Kap. 1.5].

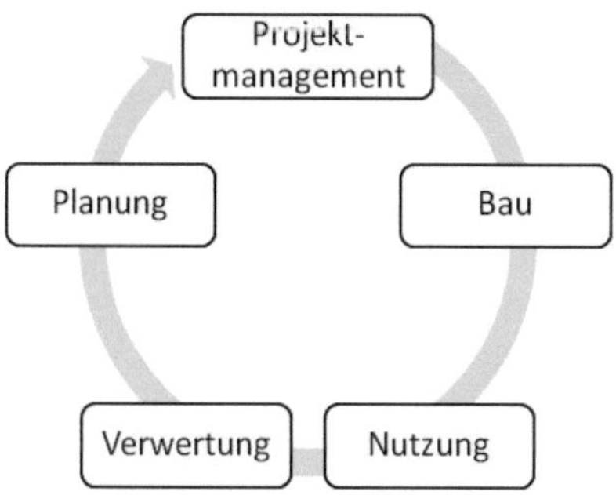

Abbildung 2-18: Phasen des Lebenszyklus einer Fabrik als BIM-Anwendungsfelder

Ausgehend von einer exzeptiven Definition nach *Eastman et al.* ergeben sich Ausschlusskriterien für Anwendungen [EaEt-11; Kap. 1.5], die nicht als BIM-Lösungen zu werten sind:

- Anwendungen mit 3-D-Objekten, ohne oder mit nur wenigen Attributen
- Modelle ohne intelligente Bauteile bzw. ohne parametrische Modellierungsmöglichkeiten
- Modelle aus mehreren referenzierten 2-D-Zeichnungen zur Beschreibung eines Gesamtgebäudes
- Modelle mit Maßänderungen, die in einer Ansicht aufgenommen werden und in den übrigen Ansichten nicht übernommen werden

Aus Sicht der Planung und der Ausführung enthalten Modelle nach BIM-Standard also Informationen über die dreidimensionale Geometrie, für die Simulation des physikalischen Verhaltens (für Tragwerksplanung, Bauphysik etc.), zur Koordinierung von Planung und Ausführung und für den Betrieb des Gebäudes [Tulk-10; S. 2]. Die wesentliche Neuerung im Vergleich zu herkömmlichen 3-D-Modellen ist die Unterstützung von Kommunikation, Zusammenarbeit, Simulation und Optimierung im Projekt [Kami-10; S. 35].

Die Integration von fabrikplanerischen Spezialitäten im Bereich von BIM lassen sich in der Strukturplanung recht einfach implementieren, wenn die Verwendung eines einheitlichen Datenformats getreu dem Gedanken des Simultaneous Engineering vorausgesetzt wird. Durch die Integration von Objekten der Fördertechnik und der Aufstellung von Robotern und Maschinen kann die Struktur- und Aufstellungsplanung integriert werden. Aus dem Building Information Modeling wird damit ein Factory Information Modeling (FIM). Dieser Ansatz soll im weiteren Verlauf der Arbeit weitestgehend berücksichtigt werden.

Vorteile der Anwendung von Building Information Modeling im Allgemeinen und in der Fabrikplanung im Speziellen sind vor allem folgende:

- Automatisiertes Prüfen der Planung: Kollisionsprüfung, Einhaltung von Gesetzen und Vorschriften
- Einfacher Austausch von Modellinformationen zwischen verschiedenen Planungsdisziplinen
- Mengenermittlung und Schnittstelle zu AVA-Programmen [Borr-11; S. 17-21]
- Einfache Kommunikation und Datenaustausch zwischen Fabrikplanung und Fertigungsplanung: Verknüpfung von Prozess und Struktur in Layouts

- Schnelle Ableitung von Kostenschätzungen für Investitionsentscheidungen
- Beschleunigung von Entscheidungen durch ganzheitliche Betrachtungen
- Einfache Übergabe der Bestandsdokumentation an den Fabrikbetreiber

Die Vorteile der Methode stehen einem intensiven und stringenten Datenmanagement gegenüber, da sonst falsche Planungsergebnisse und Entscheidungen mit weitreichenden Folgen getroffen werden. Die Orientierung der Planung hin zu einer konsistenten Datenbasis ist dazu zweckmäßig. In diesem Zusammenhang wird auch häufig ein Building Information Manager gefordert, der innerhalb eines Projekts die Verantwortung für die Datenhaltung, -aktualität und -verteilung übernimmt [Beha-11; S.49]. Der Einrichtung einer solchen Stelle stehen Kosteneinsparungen im Gesamtprojekt von etwa 10 % gegenüber [Winc-10; S. 398]. Dies bedeutet, dass BIM aus finanzieller Sicht erst ab einer bestimmten Projektgröße lohnenswert ist, wenngleich der Building Information Manager mehrere Projekte gleichzeitig betreuen kann.

2.6 Standardisierung von Fabriken

Standardisierung bezeichnet die „Vereinheitlichung nach bestimmten Mustern", wobei sich Vorteile bei der Herstellung des jeweils standardisierten Produkts ergeben; neben Produkten können auch Prozesse standardisiert werden [Gabl-06; S. 318].

Die Standardisierung von Fabriken, also die Anwendung festgelegter Standards bei Planung und Betrieb von Fabrikanlagen, findet im Rahmen der Modularisierung von Baukästen beispielsweise bei Automobilherstellern statt. Dabei werden Layouts und Einbauten, demzufolge auch Teile von Anlagen, in gleicher Ausführung über ein Produktionsnetzwerk hinweg umgesetzt. Diese Möglichkeit ergibt sich natürlich erst über eine vereinheitlichte Produktstruktur und Aufbaureihenfolge. Jedoch ist zu beachten, dass eine vollständige Vereinheitlichung von Prozessen und Strukturen ausgeschlossen ist, da bestimmte Komponenten, die beispielsweise design- oder funktionsrelevant sind, modellspezifisch verschieden sind. Grund für die Standardisierung sind neben anderen vor allem Kostenvorteile, wobei häufig Ersparnisse von bis zu 20% innerhalb eines Fahrzeugprojekts kommuniziert werden. [Grim-11] [Brec-11; S. 130] [Gott-10]

Eine Standard-Fabrik ist folglich eine Fabrik, die nach den festgesetzten Standards errichtet wurde und deren Komponenten und Layouts der Standardisierung entsprechen. Elemente der Standardisierung sind Komponenten der Außenwirkung, des Layouts, der Betriebsmittel und der Prozesse, wie in *Abbildung 2-19* dargestellt ist.

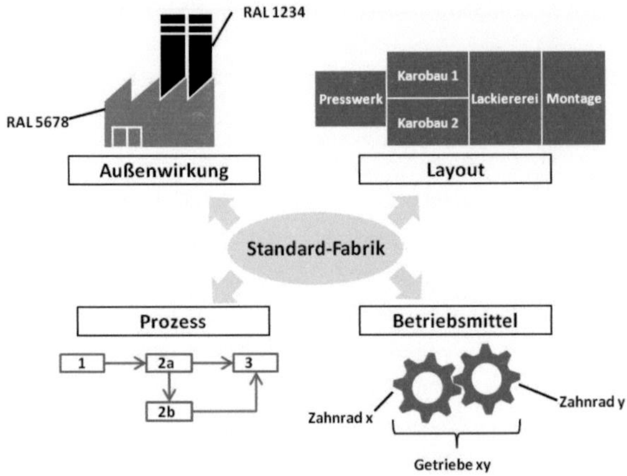

Abbildung 2-19: Komponenten für Standards in Fabriken

Bei der Planung einer Standard-Fabrik ist die Umsetzung von Standards eine wesentliche Aufgabe; gleichzeitig ist die Überwachung der Umsetzung eine Aufgabe der Projektsteuerung. Bestimmte Standards können einfach durch Regeln und Kataloge von Bauteilen in der CAD-Anwendung umgesetzt werden, andere müssen in den Planungsergebnissen kontrolliert werden. Diese neue Komponente in der Fabrikplanung wird bei der Aufstellung der Methodik eine wichtige Rolle spielen, um die Anforderungen an zukünftig einheitliche Fabriken in einem unternehmensweiten Produktionsnetzwerk erfüllen zu können.

2.7 Produktentstehungsprozesse

Das folgenden Kapitel gibt einen Überblick über die Produktentstehung und die zugehörigen Prozessmodelle für die Automobil- und Pharmaindustrie, welche im Moment den Stand in Wissenschaft und Industrie widerspiegeln. Diese Betrachtung ist insbesondere für die Vernetzung von Produkt- und Fabrikentstehung sowie für die Validierung erforderlich und soll prozesstechnische Ansatzpunkte grundlegend darstellen.

2.7.1 Grundlagen

Der Begriff der Produktentstehung umfasst laut *Eigner und Stelzer* alle Verfahren zur Definition von Produkten und den zugehörigen Produktionsressourcen [EiSt-09; S. 47]. Hieraus geht hervor, dass das Produkt selbst und die Produktion eng einhergehen. Da die Fabrikstruktur ebenfalls als Produktionsressource zu werten ist, bedeutet dies außerdem, dass sie im Produktentstehungsprozess zu berücksichtigten ist; in der Einleitung wurde diesbezüglich ausreichend dargestellt, dass das häufig nicht der Fall ist, was in den im weiteren Verlauf vorgestellten Produktentstehungsprozessen erkennbar wird.

Die Produktentstehung ist in der angelsächsischen Literatur als Begrifflichkeit nur selten zu finden; *Kerber und Laseter* verfassten ein Werk zur Strategie der Produktentstehung (product creation) mit Berücksichtigung eines entsprechenden Prozesses (product creation process) [KeLa-07; S. XIII]. Außerdem schreiben *Francis* sowie *Jenson* über die Produktentstehung als Prozessmodell [Fran-00] [Jens-93]. Vielmehr wird in der übrigen einschlägigen Literatur zumeist vom Product Development Process (PDP) gesprochen, wobei hier der Fokus verstärkt auf der Entwicklung (development) liegt und das Produkt im Vordergrund steht; das produktbezogene Wissen wird in den entsprechenden Prozessplänen reflektiert [KaRe-11; S. 1]. Dennoch wird im Zusammenhang des PDP häufig der Kontext zum Product Lifecycle Management hergestellt und damit auch die Produktion als eine Phase im Lebenszyklus herausgehoben. Ein exemplarischer generischer Entwicklungsprozess eines Produkts ist in *Abbildung 2-20* zu sehen; Entwicklung ist im Kontext dieses Bilds als Fortschreiten des Produkts entlang seines Lebenszyklus zu werten.

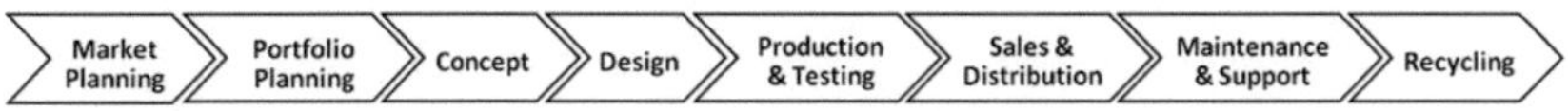

Abbildung 2-20: Generischer Product Development Process (PDP) [KaRe-11; S. 25]

Dieses Prozessmodell lässt sich für verschiedene Produkte entsprechend operationalisieren und detaillieren, was in den Folgekapiteln für die beiden relevanten Produktarten der vorliegenden Arbeit umfassend erläutert wird.

Gemein ist allen Prozessmodellen und deren Fortentwicklung die Verkürzung der Entwicklungszeit (time-to-market), die einerseits aus den vorherrschenden Wettbewerbssituationen in vielen Produktbereichen resultiert, aber auch aus der Kostensituation der Unternehmen; für die Zeit vor dem Verkauf eines Produkts muss viel Geld investiert werden, bevor dann Erlöse durch den Verkauf des Produkts erzielt werden können (siehe hierzu *Abbildung 2-21*); insbesondere gilt dies für technisch anspruchsvolle Produkte wie beispielsweise Fahrzeuge, Pharma- oder Elektronikprodukte. Entsprechend sind die produzierenden Unternehmen bestrebt, die Entwicklungszeit möglichst zu verkürzen [SoSt-09; S. 6f.]. Hierbei können auch die Produktionsplanung und die Fabrikplanung einen wesentlichen Beitrag leisten, wenn sie entsprechend den Reifegraden des Produkts gesteuert werden.

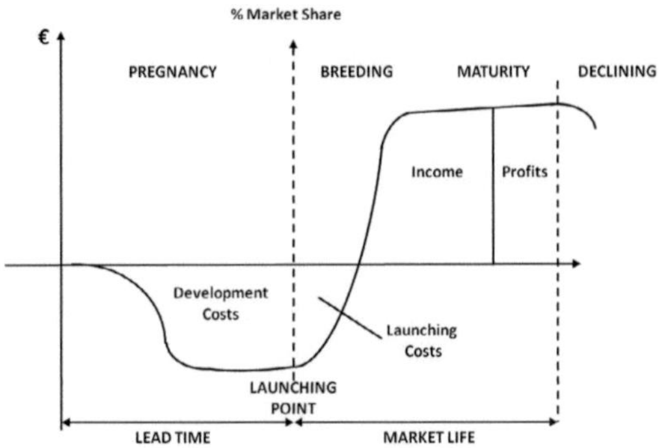

Abbildung 2-21: Produktausgaben und -einnahmen im Laufe des Produktlebenszyklus [SoSt-09; S. 6]

Während der verschiedenen Phasen des Produktlebenszyklus kann die Kostensituation wesentlich durch Methoden aus dem Umfeld des Product Lifecycle Management beeinflusst werden. So können beispielsweise späte Änderungen kurz vor dem Launching Point schnell bewertet werden und so kann die kostengünstigste Lösung durch Vergleich verschiedener Alternativen gefunden werden; in der Reifephase können Produktqualität und -performance hoch gehalten werden, sodass die Nachfrage über eine lange Zeit möglichst hoch gehalten wird [Ovtc-10a; S. 12].

Ermöglicht werden solche Einflussmethoden des PLM vor allem durch innovative Informations- und Kommunikationstechnologie, die sich seit den Achtziger Jahren stetig fortentwickelte. Heute stecken die Herausforderungen in der Entwicklung dem Einsatz von umfassenden PLM-Systemlösungen mit Integration von Komponenten der Virtual Reality [SoSt-09; S. 114f.]. Außerdem spielt die Integration aller für das Produkt relevanten IT-Systeme eine wesentliche Rolle: Dies soll einen durchgängigen Informationsfluss vom PDM-System (Product Data Management System) ins ERP-System (Enterprise Ressource Planning System) sowie zum SCM-System (Supply Chain Management System) und zum CRM-System (Customer Relationship Management System) erzeugen [Ovtc-10a; S. 124]. Durch den Einsatz gemeinsam anwendbarer Daten im Produktentstehungsprozess wird dieser möglichst schlank und birgt hohe Kostensenkungspotenziale. Die vorliegende Arbeit wird diesbezüglich zur Prozessvernetzung von Produkt und Fabrikstruktur beitragen.

2.7.2 Der Produktentstehungsprozess in der Automobilindustrie

Nachfolgend wird der Produktentstehungsprozess von Automobilen beschrieben. Hierzu gibt es mehrere in der Literatur auffindbare Gesamtprozesse. Die Bandbreite reicht hierbei von einer grundlegenden Beschreibung in wenigen Phasen bis zur höchsten Detaillierung. Die Prozesse werden im Hinblick auf die Orientierung zur Fabrikentstehung hin untersucht.

Vergleich verschiedener Prozessmodelle

In den nachfolgenden Darstellungen sind einige Beispiele für Produktentstehungsprozesse zu sehen.

Im Produktprozess nach *Ovtcharova* sind fünf Phasen aufgenommen (siehe *Abbildung 2-22*). Der Prozess schließt mit der Phase der Wartung, Instandhaltung und Überprüfung ab, welche auf die jeweiligen Maßnahmen am Produkt abzielen, weshalb eine Ableitung von Maßnahmen für die Fabrik in dieser Phase nicht möglich ist.

Abbildung 2-22: Produktprozess nach *Ovtcharova* [nach Ovtc-10a; S. 11]

Westkämper definiert die Produktentstehung in vier Phasen (siehe *Abbildung 2-23*). Wesentlich ist hierbei, dass die Produktentstehung mit der Prototypenerprobung endet und die Herstellungsphase als Phase nach der Produktentstehung steht. Auffällig ist außerdem, dass die Produktionssystementwicklung bzw. ein Pendant nicht genannt sind; somit ist hier eine maximale Orientierung hin zum Produkt erkennbar, welche die Produktion ausklammert. Somit ist dieser Produktprozess ebenfalls nicht zielführend, wenn eine Fabrikentstehung integriert werden soll.

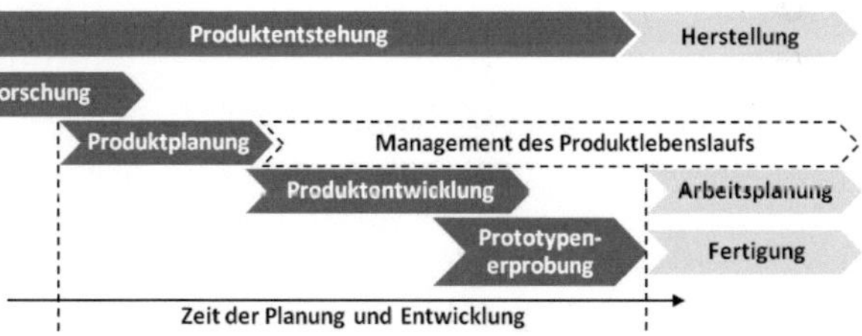

Abbildung 2-23: Produktentstehung nach *Westkämper* [nach West-06; S. 118]

Weiterhin sind auch Produktentstehungsprozesse in der Literatur zu finden, die bereits auf ein spezielles Aufgabenspektrum innerhalb eines Automobilunternehmens zugeschnitten sind. So ist als Beispiel ein Produktprozess aus Sicht der Logistik eines Herstellers in *Abbildung 2-24* zu sehen.

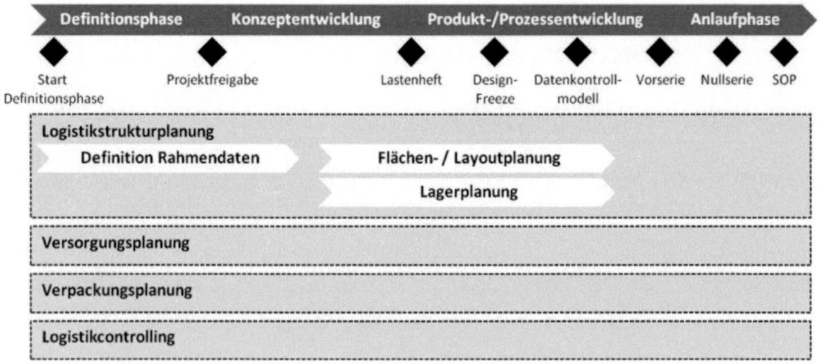

Abbildung 2-24: Produktprozess der Logistik [in Anlehnung an Klug-10; S. 79]

Als Grundprozess sind die Phasen der Produktentstehung zusammen mit wichtigen Meilensteinen im Prozess zu sehen; darüber hinaus werden vier Grundfunktionen der Logistikplanung aufgezeigt. Exemplarisch herausgegriffen sind zudem drei Teilprozesse in der Logistikstrukturplanung, welche ähnliche Funktionen darstellen, wie sie innerhalb der Fabrikplanung auch erfüllt werden: Die Definition der Rahmendaten ermöglicht eine Flächen- und Layoutplanung für Logistikbereiche wie auch eine Lagerplanung; deshalb wird im Rahmen der Entscheidungsmethodik die Abstimmung mit der Logistikplanung berücksichtigt. Der Produktentstehungsprozess, wie er von *Klug* dargestellt wird, ist aufgrund der Integration von Produktmeilensteinen detaillierter als die vorhergehenden Darstellungen und ermöglicht zudem eine Zuordnung von Produktmeilensteinen zu Fabrikmeilensteinen. Allerdings ist es ausgehend von untergeordneten Funktionen und Teilprozessen nicht sinnvoll eine Zuordnung zu Logistikplanungsprozessen durchzuführen, da dies nicht zur notwendigen übergeordneten Integration von Produkt- und Fabrikentstehung führt.

Zusammenfassend bestehen Unterschiede in den dargestellten und anderen in der Literatur auffindbaren Prozessmodellen hinsichtlich Anzahl und Bezeichnung der Phasen, wie bereits *Lührig* [Lühr-06; S. 27] und *Schömann* [Shöm-12; S. 81f.] feststellten. Hier wurden nur sequentiell ablaufende Prozesse gezeigt, welche ein schnelles Verständnis der Entwicklungsprozesse fördern. Allerdings ist die sequentielle Abfolge bei komplexen Entwicklungen realitätsfern, da das Wissen im Entwicklungsprozess ausgehend von Spezifikationen des Produkts erst im Laufe der Entwicklung entsteht und somit eine strikte Abfolge der Phasen teilweise unmöglich wird, wenngleich es das Ziel vieler Unternehmen ist [Shöm-12, S. 82]. Dennoch ist für die Abstimmung mit einem Fabrikentstehungsprozess die sequentielle Prozessabfolge geeignet und sogar erforderlich, da die Fabrikplanung zu bestimmten Meilensteinen aus der Produktionsplanung und der Produktentwicklung ausgewählte

Vorgaben benötigt, um die eigenen Prozesse ins Laufen zu bringen; ein Ausgleich zu fehlenden Spezifikationen wird über ein funktionsfähiges Änderungsmanagement erreicht.

Referenzprozessmodell aus der Praxis

Das Modell des Produktentstehungsprozesses, welches zur Anwendung für die Integration der Fabrikentstehung kommen soll, entspricht einem praxisnahen Beispiel aus der Automobilindustrie. Zu beachten ist, dass Inhalte und Reihenfolge der Meilensteine fest sind; außerdem werden von jedem Hersteller Basiszeiten für die Projektplanung vorgegeben, die dann aber projektspezifisch angepasst werden [Form-11; S. 3]. Basiszeiten werden üblicherweise mit rückwärts nummerierten Monatsangaben bis zum SOP angegeben. Die Dauer vom Projektbeginn des Fahrzeugprojekts bis zum SOP beträgt zwischen 48 und 60 Monaten, also zwischen vier und fünf Jahren; der Produktlebenszyklus von SOP bis EOP dauert etwa sieben Jahre [Glos-07; S. 71]. Der Referenzprozess stellt jedoch keinen starren Rahmen dar, sondern ein Grundmuster, welches in der Praxis auf das jeweilige Projekt anzuwenden ist [Long-03; S. 67].

Der Referenzprozess (siehe *Abbildung 2-25*) besteht aus den folgenden vier Phasen, die idealtypisch sequenziell ablaufen und die durch wenige Meilensteine gekennzeichnet sind [Form-11; S. 3]:

- Konzeptentwicklung
- Serienentwicklung
- Serienvorbereitung
- Serienbetreuung

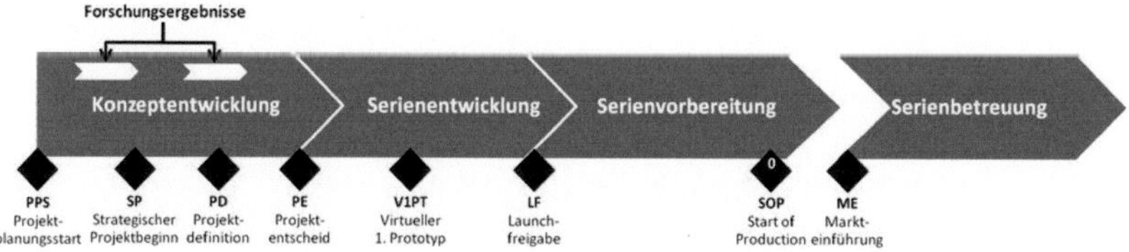

Abbildung 2-25: Referenzprozessmodell [in Anlehnung an Form-11; S. 3]

Die Phase der Konzeptentwicklung, die mit dem Projektplanungsstart beginnt, stellt die erste Phase des Referenz-Produktentstehungsprozesses dar. Hier werden zunächst die Fahrzeugkonzepte erarbeitet, aber auch bereits Produktionskonzepte, wodurch auch die Fabrikplanung involviert ist. In der Serienentwicklung und -vorbereitung findet die detaillierte Produktionssystementwicklung statt, sodass auch hier Fabrikplanungsprozesse zu integrieren sind. Nach SOP beginnt die Serienbetreuung, in welcher der Fabrikbetrieb im Vordergrund steht.

Neben diesem übergeordneten Modell, in dem die vier Entstehungsphasen des Produkts im Vordergrund stehen, wird außerdem eine detailliertere Sicht mit vielen Teilprozessen aus allen Geschäftsbereichen eines Automobilherstellers aufgezeigt. Aus der Zusammenschau in *Abbildung 2-26* werden dann diejenigen Prozesse und Meilensteine extrahiert, die für die Fabrikentstehung von Relevanz sind, sodass im *Abschnitt 5* die Meilensteinzuordnung erfolgen kann. Es werden deshalb auch nicht alle Meilensteine und Teilprozesse erklärt; in der einschlägigen Literatur sind hierzu weitere Informationen zu finden. Grundsätzlich ist in der Prozessdarstellung zu erkennen, dass ein Produktprozess, was sich bereits aus dem Namen erschließen lässt, seinen Fokus weitgehend auf dem Produkt hat; nur wenige Prozesse beziehen sich auf die Produktionssystementwicklung oder andere Geschäftsprozesse. Dennoch werden einige Abhängigkeiten zu erkennen und definieren sein, die zur Einordnung der Fabrikentstehung beitragen.

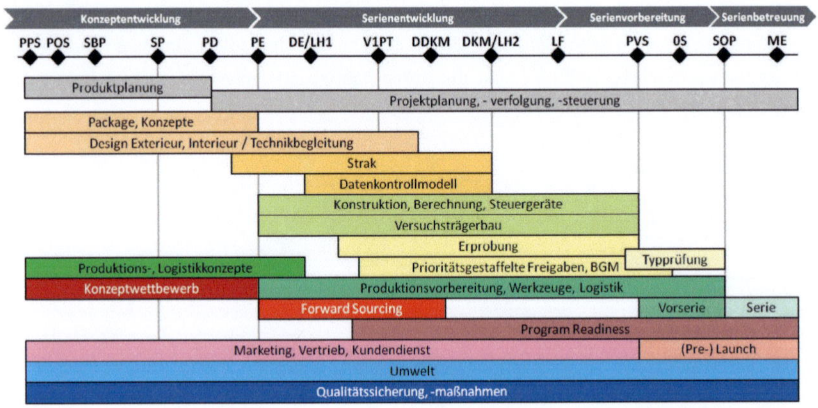

Abbildung 2-26: Detailliertes Produktprozessmodell des Automobils [nach Form-11; S. 5]

2.7.3 Der Datenkontrollmodell-Prozess in der Produktentstehung von Automobilen

Die in *Abschnitt 2.3.3* erklärte Fabrik-Visualisierung, welche als wiederkehrender Bestandteil der Entscheidungsmethodik integriert wird, hat ihren Ursprung im Produktbereich bzw. in einem Teilprozess und Meilenstein der Produktentstehung, der als DKM bezeichnet wird und an dieser Stelle kurz vorgestellt werden soll. DKM steht hierbei für Daten-Kontroll-Modell; zu diesem Meilenstein liegen alle Konstruktionsdaten vor, sodass das Fahrzeug in fotorealistischer Qualität und Originalgröße mittels VR-Techniken vor dem Entscheiderkreis dargestellt werden kann [Filt-09; S. 63, 168]. Die Vorbereitung für diesen Meilenstein stellt den zugehörigen Prozess dar. Entsprechende Fahrzeugpräsentationen finden üblicherweise in einer virtuellen Umgebung statt, die den Entscheidern geläufig ist, sodass die Immersivität der Darstellung maximiert werden kann. Ein, wenngleich statisches, Beispiel für eine Fahrzeugpräsentation ist in *Abbildung 2-27* ersichtlich.

Aus diesem Meilenstein und dem Qualitätsverständnis der Entscheider entstand die Notwendigkeit aufgrund des hohen Realismus und der Entscheidungssicherheit, dieses Vorgehen auch für die Fabrikplanung zu adaptieren, was in die Fabrik-Visualisierung mündete.

Abbildung 2-27: Virtuelle Fahrzeugpräsentation [nach LoOv-12; S. 124]

2.7.4 Der Produktentstehungsprozess in der Pharmaindustrie

Im Vergleich zu diversen, in der Praxis gängigen Prozessen der Produktentstehung im Automobilbereich ist der äquivalente Prozess in der Pharmaindustrie eindeutig beschrieben; dies liegt einerseits an gesetzlichen Bestimmungen zur einheitlichen Zulassung von Fertigarzneimitteln in Deutschland nach *§ 21 Arzneimittelgesetz* mit Verweis auf die *EG-Verordnung 726/2004* und zum anderen an der Harmonisierung der weltweiten Arzneimittelentwicklung im Rahmen der ICH-Richtlinien, im Speziellen die „Efficacy Guidelines“ zur detaillierten Beschreibung von klinischen Studien zur Entwicklung von pharmazeutischen Produkten [ICH-12a]. Dies bedeutet folglich, dass die Entwicklung pharmazeutischer Produkte in Deutschland sowie im Raum der Europäischen Union gesetzlich harmonisiert ist, jedoch auch weltweit in den Teilnehmerstaaten der International Conference on Harmonisation bzw. dem Subkomitee der Global Cooperation Group. Teilnehmerstaaten sind neben anderen die Schweiz, die USA, Japan, China, Indien, Australien, Russland und Brasilien [ICH-12b].

Phasen der Entwicklung in der Pharmaindustrie

Die Komplexität des Entwicklungsprozesses hat in den Jahren der Etablierung des Prozesses stets zugenommen; der Ansatz der parallelen Entwicklung in heterogenen Teams diverser Berufsgruppen wurde eingeführt, was hier als Pendant zum Simultaneous Engineering zu sehen ist [FiBr-10; S. 36].

Klassisch lässt sich der Prozess in die Forschung und die Entwicklung unterteilen bzw. in folgende vier Hauptphasen [FiBr-10; S. 36]:

- Forschung und Wirkstoffsuche
- Präklinische Entwicklung
- Klinische Entwicklung (Phasen I bis III)
- Zulassung, Markteinführung, klinische Entwicklung der Phase IV

In *Abbildung 2-28* wird dargestellt, dass die Forschung und Wirkstoffsuche aus Sicht der Arzneimittelentwicklung ein rollierender Prozess ist, aus dem bei Synthese eines erfolgversprechenden Wirkstoffs die eigentliche Entwicklung mit den klinischen Phasen angestoßen wird. Am Ende stehen die Zulassung und die Markteinführung des Medikaments.

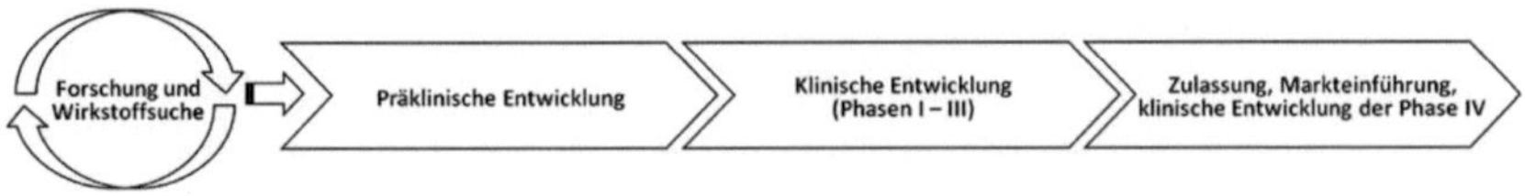

Abbildung 2-28: Die Phasen des Arzneimittelentwicklungsprozesses

Deutlich wird in der Prozessdarstellung außerdem, dass sich die Phasen selbst nicht überlagern und auch Teilprozesse zwischen den Phasen keine Überlagerung vorweisen. Es läuft also immer eine Phase ab, dann wird eine Bewertung durchgeführt und über das weitere Fortschreiten entschieden. Dies liegt insbesondere an den Erfolgsraten in der pharmazeutischen Entwicklung und anderen Merkmalen des Prozesses, die in *Abbildung 2-29* zusammengestellt sind. Von etwa 5.000 bis 6.000 beurteilten Wirkstoffen in der Forschung und Wirkstoffsuche wird im Schnitt ein Medikament am Ende zugelassen. Des Weiteren sind die Tests so gegliedert, dass erst nach Vorlage der Ergebnisse einer klinischen Phase die nächste Phase beginnen kann, was vor allem dem Schutz der Testpatienten vor ungewollten oder gar gefährdenden Wirkungen geschuldet ist.

	Forschung / Wirkstoffsuche / Präklinik	Klinische Entwicklung Phase I	Phase II	Phase III	Zulassung
Gesamtdauer [Jahre]	4–6,5	1–1,5	2	3–3,5	0,75 – 1,5
Test an	In-vitro-Testsysteme und Tierstudien	10–50 Gesunde	100–500 Patienten	1000–5000 Patienten	
Testwirkstoffe	Beurteilung von 5000–6000 Wirkstoffen	5 in Studien	2-3 in Studien	1-2 in Studien	1 wird zugelassen

Abbildung 2-29: Merkmale der Arzneimittelentwicklung von der Forschung bis zur Zulassung [in Anlehnung an FiBr-10; S. 36]

Aus den Zeitangaben der einzelnen Phasen geht hervor, dass die Entwicklung mitunter bis zu 15 Jahre dauern kann [FiBr-10; S. 36]. Die Durchschnittsdauern liegen bei etwa zehn bis zwölf Jahren [BuST-10; S. 130].

Referenzprozessmodell aus der Praxis

Das detaillierte Prozessmodell, welches die Phasen und Teilprozesse der Arzneimittelentwicklung genauer darstellt, wurde ausgehend von Angaben aus der Literatur zusammengestellt und zusammen mit einem Unternehmen der Pharmaindustrie auf Praxisnähe geprüft.

Typisch für die Produktentstehung in der Pharmaindustrie ist, wie im Prozess auch deutlich erkennbar ist, die Fokussierung auf die Entwicklung des Medikaments; ausgehend von der Definition des klinischen Phasenmodells werden andere wesentliche Prozesse der Produktentstehung, wie beispielsweise die gesamte Produktionsplanung, nur rudimentär betrachtet. Dies ist dem Umstand geschuldet, dass die Entwicklung des Phasenmodells aus den wissenschaftlichen Bereichen der Pharmakologie und der Medizin stammt. Die Aspekte der Produktion des Medikaments rühren aus Machbarkeitsfragen der Entwicklung und aus den Auflagen von Zulassungsbehörden.

Die Integration von tiefergehenden Prozessen der Produktions- oder auch der Fabrikplanung wird üblicherweise ad hoc für das jeweilige Produkt anhand von Zeitplänen durch die Produktionsplanung durchgeführt.

Im weiteren Verlauf wird das Referenzprozessmodell der pharmazeutischen Produktentstehung aus *Abbildung 2-30* mit seinen Prozessschritten und Meilensteinen knapp erläutert. Sobald ein erfolgversprechender Wirkstoff im Sinne einer therapeutischen Wirkung beim Patienten synthetisiert oder entdeckt wurde, beginnt aus dem Forschungsprozess heraus das Arzneimittelprojekt mit dem Meilenstein des Projektstarts. Die Phase der präklinischen Entwicklung beginnt mit der Prä-formulierung, bei der im Rahmen von physikalisch-chemischen Untersuchungen erste Erkenntnisse zur Formulierung der Arznei gewonnen werden; weiterhin erfolgen die Entwicklung und Optimierung einer Formulierung durch

Tests und Versuche [FiBr-10; S. 40]. Im Rahmen des Up-Scalings werden ausgehend von einem geplanten Produktionsmaßstab erste Untersuchungen zur Machbarkeit der Herstellung durchgeführt; dieser Prozessschritt zieht sich bis zur späteren Prozessplanung, da sich die Prämissen durch Erkenntnisse aus der klinischen Entwicklung noch stark verändern können [FiBr-10; S. 41]. Zur Sicherung der Innovation wird der Wirkstoff außerdem patentiert, wobei zuvor eine entsprechende rechtliche Strategie auszuarbeiten ist [BuST-10; S. 131]. Dieser Prozess hängt eng mit der Investitions- und Marktstrategie zusammen, bei dem fortlaufend die Marktchancen bewertet werden und damit eine Absatzplanung stattfindet.

Die klinische Entwicklung beginnt mit dem Start der ersten klinischen Phase; in jeder klinischen Phase ist eine Studie vorzubereiten und durchzuführen; in der Vorbereitung werden die erforderlichen Prüfungen geplant und Patienten ausgewählt, in der Durchführung erfolgen die Tests, deren Auswertung und Dokumentation [Hers-09 ; S. 66]. In der ersten klinischen Studie wird die Verträglichkeit des Wirkstoffs getestet; in der zweiten Phase stehen die Wirksamkeit und die Nebenwirkungen im Vordergrund; die dritte Phase dient der endgültigen Absicherung zu Wirksamkeit und Sicherheit des Präparats [BuST-10; S. 131]. Sofern sich nach Abschluss einer klinischen Phase herausstellt, dass die Wirksamkeit doch nicht ausreichend gegeben ist oder schwere Nebenwirkungen vorhanden sind, wird das Projekt beendet. Da mit der zweiten Phase der klinischen Entwicklung die Erfolgswahrscheinlichkeit des Wirkstoffs schon deutlich größer ist als zu Beginn der klinischen Phasen, wird ausgehend vom Up-Scaling auch mit der Prozessplanung für die Produktion begonnen. Mit Beginn der dritten klinischen Studie etwa werden die aufgebauten Anlagen qualifiziert und validiert. Die Qualifizierung der Anlagen versteht sich als Testen ohne Produkt, die Validierung als Testen auf Reproduzierbarkeit mit dem Produkt; die Erkenntnisse aus diesem Prozessschritt werden für die Zulassung benötigt. Zu betonen ist eine enge Vernetzung der Studien untereinander, wie in der Grafik auch hervorgehoben ist; es bestehen starke Interdependenzen zwischen den einzelnen Parametern. Hieraus ergeben sich dann auch Abhängigkeiten zur Prozessplanung und vor allem auch zur Packmittelplanung; die Darreichungsform des Arzneimittels beeinflusst die Packmittelplanung unmittelbar und damit auch die spätere Transportvalidierung, die als separater Validierungsschritt neben der Validierung der Prozessanlagen zu sehen ist.

Die Phase der Zulassung beginnt mit dem Erstellen des Zulassungsantrags, ein zeitaufwendiger Prozess, bei dem die Ergebnisse der klinischen Phasen und der Anlagenqualifizierung und -validierung als Nachweise der regelkonformen Herstellung der Arznei zusammengetragen und zur Einreichung bei der Zulassungsbehörde verfasst werden. Nach Einreichen des Antrags wird auf die Zulassung durch die Behörde gewartet; in dieser Phase stehen die Anlagen üblicherweise still.

Mit der Zulassung beginnt die Phase der Markteinführung, wobei zuvor der Produktionsbeginn liegt. Mit dem Markteintritt beginnt die vierte klinische Phase des Medikaments, in der marktbegleitende Studien weitere Detailkenntnisse zu Nutzen und Risiko des Präparats liefern [FiBr-10; S. 43]. Da sich aus diesen Studien noch Änderungen am Medikament ergeben können, wird diese Phase noch zur Produktentstehung gerechnet.

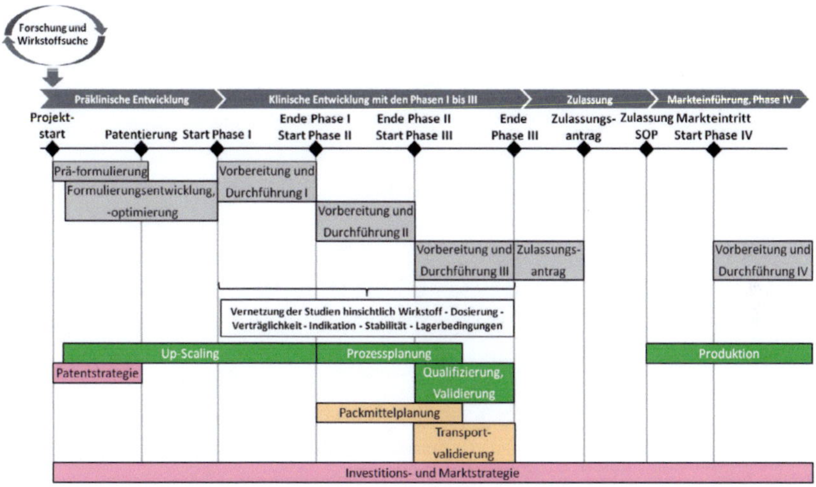

Abbildung 2-30: Referenzprozessmodell der pharmazeutischen Produktentstehung

2.8 Zusammenfassung und Bewertung

Ausgehend von der Definition der wichtigsten Begriffe im Kontext der vorliegenden Ausarbeitung wird die Fabrikplanung in ihre Planungsdisziplinen aufgeteilt, wobei die bauplanungsnahe Variante nach *HOAI* und die Variante gemäß der einschlägigen Literatur dargestellt werden. Die Methoden zur virtuellen Planung einer Fabrik werden danach beschrieben wie auch die Methoden der Steuerung von Fabrikprojekten. Eine Verbindung von Planung und Projektsteuerung sowie der Nutzungs- und Verwertungsphase stellt die Methode des Building Information Modeling (BIM) dar, welche auch im Fabrikbereich zur Anwendung kommen kann. Dann wird die Bedeutung der Standardisierung von Fabriken erläutert und die daraus resultierenden Aufgaben der Fabrikplanung. Abschließend werden Grundlagen zum Produktentstehungsprozess diskutiert und die für diese Arbeit relevanten Prozesse aus Automobil- und Pharmaindustrie vorgestellt.

Die vorgestellten Methoden werden zusammenfassend hinsichtlich der Anwendung in der Fabrikplanung für die Generierung von Entscheidungen bewertet: Die Methoden der virtuellen Fabrikplanung sind in Gänze für die valide Planung und Datenerzeugung gut geeignet; vor allem die durchgängige Anwendung der vier Methoden Fabrik-CAD, Fabrik-DMU, Fabrik-Visualisierung und der Simulation führen zu einer hochwertigen Datenbasis für ein Fabrikprojekt. Jedoch liegt die Schwäche in der Aufbereitung der Ergebnisse für Entscheidungen, wobei die Visualisierung hiervon ausgenommen ist, da diese für Entscheidungen aufgrund der eingängigen Darstellung geeignet ist. Wird eine Entscheidung unter Einbeziehung von vorhergehenden Kollisionsprüfungen und Simulationsergebnissen zur ganzheitlichen Bewertung gewünscht, so sind diese Methoden in der Fabrikplanung nicht in der heutigen Form geeignet. Zudem ist ein integraler Einsatz in einem zusammenhängenden Fabrikplanungsprozess mit Entscheidungsorientierung nicht beschrieben, wie in der Zielsetzung bereits eingehend dargestellt wurde.

Die Methoden der Projektsteuerung liefern zwar einen Überblick über die wichtigsten Projektgrößen und taugen dahingehend auch für Entscheidungen, lassen jedoch den technischen Aspekt der Planung, wie er in der virtuellen Fabrikplanung berücksichtigt wird, außen vor. Somit fehlt auch diesen Methoden die ganzheitliche Sichtweise zur Entscheidungsfindung in einem Fabrikplanungsprozess. Daraus folgt, dass der virtuellen Planung bzw. der Projektsteuerung jeweils die andere Komponente fehlt.

Die integrale Methode des Building Information Modeling schlägt diesen Bogen über beide methodischen Bereiche, ist jedoch einerseits im Moment nicht ausreichend auf die Anwendung an Fabriken operationalisiert und andererseits bei planerischen Aspekten ebenfalls nicht ausreichend auf Entscheidungen gerichtet.

Weiterhin ist zu beachten, dass die Standardisierung von Fabriken und die damit verbundene Überwachung der Planung in Bezug auf diesen Aspekt mit keiner Methode möglich ist.

Im Rahmen der Produktentstehung steht stets das Produkt selbst im Vordergrund; teilweise wird die Produktionssystementwicklung im Hinblick auf die Fertigungsprozesse berücksichtigt, jedoch nicht die Erstellung der Fabrikstruktur und deren Abhängigkeiten zum Produktentstehungsprozess. Folglich ist eine Einordnung von Produkt- und Fabrikentstehung erforderlich.

3 Aufstellung der Entscheidungsmethodik und des Prozesses

Im nachfolgenden Abschnitt sollen nun die Entscheidungsmethodik und der zugehörige Planungsprozess zum Treffen valider, schneller Entscheidungen in der Fabrikplanung aufgestellt werden. Dabei spielen dreierlei Einzelbausteine eine wichtige Rolle, die in *Abbildung 3-1* dargestellt sind.

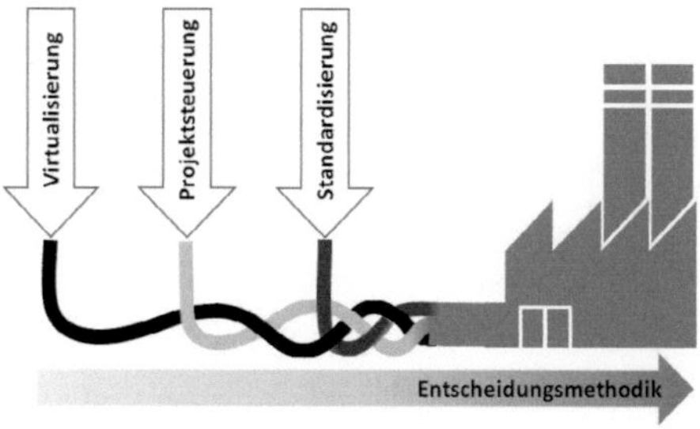

Abbildung 3-1: Einzelbausteine der Entscheidungsmethodik

Die Virtualisierung beschreibt die Unterstützung der Entscheidungsprozesse durch virtuelle Methoden. Dabei ist hervorzuheben, dass die Entscheidungen mit diesen Werkzeugen immer ausgehend von echten Planungs- bzw. Konstruktionsdaten erfolgen. Die Projektsteuerung betrachtet ausgehend von dieser Datenbasis die Projektkenngrößen und steuert je nach Projektverlauf gegen, um die Projektziele zu erreichen. Im Rahmen der Standardisierung sollen die Standards bei der Errichtung der Fabrik eingesteuert und verfolgt werden.

Die Entscheidungsmeilensteine, die mit den zu bestimmenden Methoden und Werkzeugen versehen werden, orientieren sich an einem Phasenmodell, welches sich aus der *VDI-Richtlinie 5200 Blatt 1* über das Vorgehen in der Fabrikplanung ableitet [VDI-11].

Unter einer Entscheidung wird die „Auswahl zwischen Handlungen nach Maßgabe bestimmter Ziele“ [FrGT-12; S. 93] verstanden. Nach der Entscheidung, in der Informationen gewonnen und verarbeitet werden, folgt die Realisation, die Ausführung der in der Entscheidung festgelegten Handlung [FrGT-12; S. 94].

Bei der Aufstellung der Methodik wird gemäß *Abbildung 3-2* folgendermaßen vorgegangen:

- Zunächst werden in *Abschnitt 3.1* die Grundlagen für die Erstellung erklärt: Dies sind die Entscheidungskriterien, die Organisation und die Anforderungen aus einer durchgeführten Umfrage sowie Grundlagen zum Zusammenhang von Planung und Entscheidung.

- Aufstellung der Methodik und des Prozesses (in *Abschnitt 3.2*): Für jede Phase werden systematisch die Inhalte nach *VDI-Richtlinie 5200* vorgestellt und dann die Prozessbeschreibung und die explizite Darstellung der virtuellen Methoden formuliert.

- Im Nachgang werden Einzelheiten zum Datenmanagement, zum Virtual-Reality-Prozess und zur internationalen Anwendbarkeit als spezielle Schwerpunkte beschrieben (in den *Abschnitten 3.3 bis 3.5*).

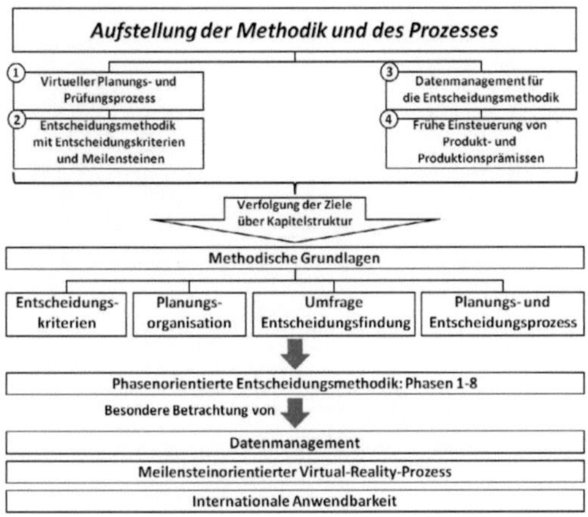

Abbildung 3-2: Ziele und Aufbau der Modellierung von Methodik und Prozess

3.1 Methodische Grundlagen

Vor Erarbeitung der Entscheidungsmethodik und des Datenmanagements werden die wesentlichen Grundlagen kurz vorgestellt.

3.1.1 Entscheidungskriterien

Die Entscheidungsfindung am Ende der jeweiligen Phase wird entsprechend einem festen Schemas durchgeführt, welches den Projektgrößen von Kosten, Zeit und Qualität folgt. Die entsprechenden Entscheidungskriterien werden nachfolgend erläutert, sind als Zusammenschau in *Abbildung 3-3* dargestellt und finden sich dann im Phasenkonzept wieder.

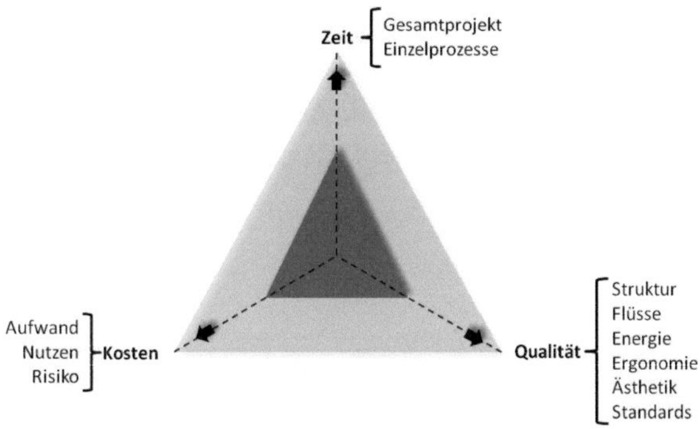

Abbildung 3-3: Bewertungskriterien der Entscheidungsmethodik

Damit die vorgestellten Entscheidungskriterien quantifizierbar gemacht werden können, sind entsprechende Formeln festzulegen; diese können bei jedem Entscheidungsmeilenstein je nach Stand der Planung ausgewiesen werden, wobei sie nicht als alleiniges Merkmal eines Kriteriums dienen, sondern zur Unterstützung in der Abhandlung der Kriterien bereitgestellt werden. Sicherlich sind die verschiedenen Kriterien über vielerlei Kennzahlen zu bewerten, nachfolgend wird deshalb für jedes Kriterium nur eine Auswahl gegeben.

Kosten

Die Kosten als wichtige Projektgröße werden anhand dreier Kriterien beurteilt, die im Zusammenhang zu betrachten sind:

- Aufwand: Hierbei wird beschrieben, welcher finanzielle Aufwand hinter einer oder hinter mehreren planerischen Handlungsalternativen steht. Hierbei sind einerseits die Anschaffungskosten C_I zu bewerten, andererseits jedoch auch die Kosten für den Betrieb C_O des jeweiligen Teils der Fabrikstruktur. Zusammenfassend sind die summierten Kosten über den gesamten Lebenszyklus C_{LC} in Geldeinheiten [GE] zu bewerten. Unter Umständen sind bei der Berechnung der Betriebskosten Faktoren zur Abzinsung auf den Zeitpunkt der Investition zu berücksichtigen. Da dies jedoch abhängig vom Unternehmen und den Zinsverhältnissen ist, wird dies in *Formel 3-1* vernachlässigt und ist im Regelfall mit den Unternehmensinstanzen des Controllings abzustimmen, da es nicht im Ermessensbereich des Fabrikplaners liegt.

$$C_{LC}[GE] = \sum C_I + \sum C_O$$

Formel 3-1: Gesamtkosten einer Planungsalternative

Unter Berücksichtigung des Nutzens bei der Umsetzung einer Planungsalternative ergeben sich effektive Kosten für die Erstinvestition und die späteren Betriebskosten je Alterantive (*Formel 3-2*).

$$C_{I,eff}[GE] = \sum C_I - \sum C_{I,red}$$

$$C_{O,eff}[GE] = \sum C_O - \sum C_{O,red}$$

Formel 3-2: Effektive Kosten für Erstinvestition und Betrieb

Unter Berücksichtigung dieser Reduzierung durch monetären Nutzen ergibt sich folgende Berechnung der Gesamtkosten einer Alternative (*Formel 3-3*):

$$C_{LC,eff} = \sum C_I + C_O - \sum C_{I,red} + C_{O,red}$$

Formel 3-3: Effektive Kosten über Lebenszyklus

Ausgehend von dieser Betrachtung der effektiven Kosten kann schließlich eine Kennzahl, der Erfüllungsgrad η, zur Darstellung der Zielerreichung einer Planungsalternative gebildet werden. Die *Formel 3-4* zeigt drei Varianten, wieder getrennt nach der Erstinvestition, den Betriebskosten und zusammenfassend nach den Lebenszykluskosten. Der Erfüllungsgrad kann für jeden relevanten Meilenstein gebildet werden und stellt den aktuellen Stand nach der jeweiligen Planungsphase dar. Er bildet sich als Quotient aus Effektivkosten und budgetierten Maximalkosten des Fabrikprojekts.

$$\eta_{Aufwand,Nutzen,I} = \frac{C_{I,eff}}{C_{I,Budget}}$$

$$\eta_{Aufwand,Nutzen,O} = \frac{C_{O,eff}}{C_{O,Budget}}$$

$$\eta_{Aufwand,Nutzen,LC} = \frac{C_{LC,eff}}{C_{LC,Budget}}$$

Formel 3-4: Erfüllungsgrade von Aufwand und Nutzen

Es gilt, dass ein kleinerer Wert des Erfüllungsgrad bedeutet, dass es sich um eine kostengünstigere Planung handelt.

- Nutzen: Da heute, wie oben dargestellt, die Aufwände üblicherweise für den gesamten Lebenszyklus betrachtet werden, kann der Nutzen monetärer Art einer Handlungsalternative direkt über geringere Kosten bzw. über Kostendifferenzen bei mehreren Planungsalternativen erkenntlich gemacht werden.

- Risiko: Finanzielle Risiken in der Planung, beim Bau und während des Betriebs sind darzustellen und zu bewerten. Insbesondere mögliche Nachträge (Claims) ausgehend von nicht ausgereiften Planungen oder vermindertem Kenntnisstand bei neuen Technologien sind zu berücksichtigen. Das Risiko bei verminderter Betriebssicherheit und damit verbundenen Ausfällen ist ebenfalls finanziell zu bewerten. Für die Bildung des Erfüllungsgrads dieses Kriteriums werden jeweils ein Wert für die Planungs- und Bauphase zusammen sowie ein Wert für die Betriebsphase gebildet; er ist der Quotient aus dem monetär bewerteten Risiko R in Geldeinheiten und dem budgetierten Wert. Der Erfüllungsgrad gibt folglich das Verhältnis der Projektrisiken zum Budget an. Auch hier gilt, dass der kleinere Wert der bessere Wert im Sinne eines geringeren Risikos ist.

$$\eta_{Risiko,I} = \frac{\sum R_I}{C_{I,Budget}}$$

$$\eta_{Risiko,O} = \frac{\sum R_O}{C_{O,Budget}}$$

Formel 3-5: Erfüllungsgrade des finanziellen Risikos

Ein Erfüllungsgrad zur Darstellung von Risiko der Erstinvestition und Betrieb wird nicht gebildet, da die Interessen teilweise gegenläufig sein können.

Zeit

Bei der Beurteilung des zeitlichen Kriteriums am jeweiligen Entscheidungsmeilenstein sind die Planungsalternativen in Bezug auf Terminabweichungen zu beurteilen. Dabei spielen die unmittelbare Prozesssicht sowie die globale Gesamtprojektsicht eine Rolle.

- Unmittelbare Prozessterminierung: Für die Bewertung sind der vorangegangene Prozess, der aktuelle Meilenstein und der nachfolgende Prozess von Bedeutung. Es ist darzustellen, ob der Prozess in der Soll-Zeitspanne ablief, somit der Meilenstein zum Soll-Zeitpunkt stattfindet und ob der folgende Prozess im Soll-Zeitraum ablaufen kann. Abweichungen sind zu begründen bzw. Maßnahmen zur Gegensteuerung sind für jede Planungsalternative zu erläutern. Zur quantifizierbaren Darstellung wird im Fall der Prozessterminierung kein Erfüllungsgrad ausgewiesen, sondern als plakative Darstellung die Anzahl der Überschreitungstage N in Tagen, sofern vorhanden, angegeben, wie es in *Formel 3-6* durch die Differenzbildung aus der Soll-Dauer d_{Soll} und der tatsächlichen Dauer d_{Ist} formuliert ist.

$$N_{Phase\ n}[d] = d_{Ist,Phase\ n} - d_{Soll,Phase\ n}$$

Formel 3-6: Überschreitungstage einer Planungsphase

- Globale Projektterminierung: Daneben sind die wichtigsten Termine des gesamten Fabrik- und auch Produktprojekts hinsichtlich der Terminierung zu bewerten; hierbei ist vor allem der Produktionsbeginn (SOP) der Termin mit der höchsten Priorität. Sofern Beschleunigungsmaßnahmen mit finanziellen Auswirkungen veranschlagt werden, sind diese entweder bei der jeweiligen Planungsalternative, wenn es sich um eine eigene Alternative handelt, in den Kosten mit zu berücksichtigen oder im Risiko darzustellen. Auch hier werden zur Formulierung der quantifizierten Erfüllung die voraussichtlichen Überschreitungstage (Voraussichtliches Ist = VSI) des gesamten Projekts berechnet. Eine Verschiebung der gesamten Projekttermine ergibt sich erst, wenn das Projekt auf dem kritischen Weg ist. *Formel 3-7* gibt die Berechnung der Überschreitungstage in Tagen an. Negative Werte geben eine Unterschreitung der geplanten Dauer an.

$$N_{Projekt}[d] = d_{VSI,Projekt} - d_{Soll,Projekt}$$

Formel 3-7: Überschreitung der Gesamtprojektlaufzeit

Qualität

Wird die Qualität einer Planungsalternative bewertet, sind folgende Einzelkriterien zu berücksichtigen:

- Strukturqualität: Die Strukturqualität beschreibt die Beschaffenheit der Struktur bzw. des Layouts. Es werden hierbei die Arbeitsplatz- und Anlagenstruktur innerhalb von Gebäuden bewertet, sowie die horizontale und vertikale Gebäudestruktur als Ganzes und die Struktur des Standorts. Meist wird zu Beginn eines Projekts die Standortstruktur festgeschrieben, sodass diese bei späteren Entscheidungsmeilensteinen nur im Falle einer Änderung neu zu bewerten ist. Die Struktur ist schwer quantifizierbar, da sehr viele Faktoren einfließen und zu berücksichtigen sind; somit kann keine Formel für die ideale Fabrikstruktur oder auch Fertigungsbereichsstruktur gebildet werden. Eine wesentliche Aussage bezüglich der globalen Struktur der Gesamtfabrik oder eines Fertigungsbereichs kann über die erforderliche Fläche erfolgen; durch die Bildung des Quotienten aus ursprünglich vorgesehener Fläche A_{Soll}, beispielsweise aus einem Benchmark, und der aktuell geplanten Fläche der Fabrik oder eines Teilbereichs A_{Ist} kann eine Aussage über die Kompaktheit der Struktur gemacht werden, wie in *Formel 3-8* angegeben ist.

$$\eta_{Struktur,Bereich\ x} = \frac{A_{Ist}}{A_{Soll}}$$

Formel 3-8: Erfüllungsgrad der Kompaktheit der Struktur

Auch hier gilt, dass die Struktur kompakter ist, je kleiner der Wert des Erfüllungsgrads ausfällt. Eine Zahl größer als 1 stellt eine Überschreitung des ursprünglich vorgesehenen Flächenbedarfs dar.

- Flussqualität: Im Rahmen dieses Kriteriums wird anhand der drei wesentlichen Flüsse in einer Fabrik die Bewertung vorgenommen. Es ist demnach der Materialfluss ebenso zu beurteilen wie der Informations- und der Personenfluss; insbesondere Wege für Material und Personen sind darzustellen. Anhand der Flüsse kann eine Aussage über die Effizienz der Prozesse in der Fabrik getroffen werden. Ähnlich wie bei der Strukturqualität sind Erfüllungsgrade aufgrund der geringen mathematischen Greifbarkeit schwer zu formulieren; dies gilt insbesondere für Informations- und Personenflüsse. Bezüglich des Flächenbedarfs der Materialflusstechnik und anderer logistischer Verkehrswege im Gesamtwerk oder in einem Hallen- oder Fertigungsbereich kann der Flächenanteil der Materialfluss- und Verkehrswege an der jeweiligen Gesamtfläche ausgewiesen werden (siehe *Formel 3-9*):

$$\eta_{Materialfluss} = \frac{A_{Materialfluss+Verkehr}}{A_{Gesamt}}$$

Formel 3-9: Erfüllungsgrad der Flussqualität

Darüber hinaus können beispielsweise auch Längen von Materialfluss- und Logistiksystemen Hinweise auf die Effizienz des Systems geben, wobei diese Beurteilung auch sehr gut über die Fabrik-Visualisierung visuell erfahrbar wird.

- Energieeffizienz: Wird die Energieeffizienz betrachtet, sind bei Fabrikstrukturen stets die beiden einflussnehmenden Komponenten der baulichen Substanz als bestimmender Faktor für die bauphysikalischen Verhältnisse und die Anlagentechnik zu berücksichtigen. Bei weiteren Medien, die durch die Gebäudetechnik verteilt werden, ist die Infrastruktur zusätzlich zu bewerten. Für die Energiebilanzierung von Nichtwohngebäuden (und auch für Wohngebäude) gilt hierbei in Deutschland die *DIN V 18599*, deren Anwendung aus der *Energieeinsparverordnung 2009* (*EnEV 2009*) hervorgeht. Sie unterscheidet im Bereich der Nichtwohngebäude die Bewertung von Neubauten und Bestandsbauten. Die Bilanzierung des Energiebedarfs einer Fabrik kann über den Primärenergiebedarf Q_p erfolgen (siehe *Formel 3-10*), der aus der Summe der Endenergiebedarfe multipliziert mit dem Quotient aus Primärenergiefaktor $f_{p,j}$ und einem Umrechnungsfaktor $f_{HS,HI,j}$ zur Berücksichtigung des Verhältnisses von Heizwert zu Brennwert gebildet wird [ShBr-10; S.141].

$$Q_p[\frac{kWh}{a}] = \sum_j Q_{f,j} \cdot \frac{f_{p,j}}{f_{HS,HI,j}}$$

Formel 3-10: Jahres-Primärenergiebedarf von Nichtwohngebäuden [ShBr-10; S. 141]

Für die umfassende Versorgung von Fabrikgebäuden und deren Bewertung ist die Zusammensetzung des Werts $Q_{f,j}$ besonders geeignet, da das Heiz- und Kühlsystem, die zugehörige Regelungstechnik, evtl. Befeuchtungsanlagen, Trinkwarmwasser, Beleuchtung und weitere Hilfsenergien beinhaltet sind [ShBr-10; S. 140]. Dies führt zur umfassenden Beurteilung des Kriteriums der Energieeffizienz über den Erfüllungsgrad als Verhältnis aus tatsächlichem Jahres-Primärenergiebedarf $Q_{p,Ist}$ und dem veranschlagten beispielsweise aus einem Benchmark $Q_{p,Soll}$ (Berechnung nach *Formel 3-11*). Auch hier gilt der kleinere Wert als der bessere; ein Wert größer 1 beschreibt eine Überschreitung des veranschlagten Werts.

$$\eta_{Energieeffizienz} = \frac{Q_{p,Ist}}{Q_{p,Soll}}$$

Formel 3-11: Erfüllungsgrad der Energieeffizienz

- Ergonomische Qualität: Die Ergonomie von Fabrikstrukturen lässt sich vor allem durch die wesentlichen Einflussfaktoren von Lichtverhältnissen, der Behaglichkeit und dem Luftwechsel bewerten. Aufgrund der Tatsache, dass diesen Faktoren erhebliche Bedeutung zukommt, werden sie trotz möglicher Zuordnung zu bauphysikalischen Kriterien separat betrachtet. Die zurückzulegenden Wege werden im Rahmen der Flussqualität beurteilt. Speziell für die ergonomischen Faktoren, die aus der bauphysikalischen Bewertung der Fabrikgebäude hervorgehen, gibt es umfassende Anforderungen, die ebenfalls aus der *DIN V 18599* stammen [ShBr-10; S. 169ff.]; aufgrund der Komplexität der Planungsrichtlinien werden hierzu keine Erfüllungsgrade formuliert. Für dieses Entscheidungskriterium sollten Fachleute zur Verdeutlichung der Erfüllung hinzugezogen werden.

- Ästhetik: Dieses Kriterium ist stark von subjektiver Wahrnehmung geprägt. Dennoch oder vor allem deshalb sind die Gebäude und Strukturen auf ästhetische Qualität aus dem Blickwinkel der Entscheider zu bewerten. Von Relevanz sind vor allem Formensprache, Design von Strukturen, Außenbild von Bereichen unter Einbeziehung der Umwelt und Landschaft sowie die Oberflächenqualität. Aufgrund der Abhängigkeit dieses Kriteriums vom subjektiven Empfinden der Entscheider kann keine Kennzahl gebildet werden. Dennoch werden im Vorfeld von Fabrikprojekten häufig Maßnahmen zur ästhetischen Gestaltung eines Bereichs oder der Gesamtfabrik festgesetzt, die dann in der Planung umzusetzen sind. Die Umsetzung dieser Maßnahmen in der

Fabrikplanung soll über den Erfüllungsgrad (siehe *Formel 3-12*) gesteuert werden, der über das Verhältnis der Anzahl aus umgesetzten $n_{Ä,Ist}$ und veranschlagten Maßnahmen $n_{Ä,Soll}$ gebildet wird.

$$\eta_{Ästhetik} = \frac{n_{Ä,Ist}}{n_{Ä,Soll}}$$

Formel 3-12: Erfüllungsgrad der Maßnahmen zur Ästhetik

- Standardisierungsqualität: Weiterhin ist in besonderem Maße auf die Umsetzung der veranschlagten Standards zu achten. Zwar ist dieses Merkmal der Fabrikplanungsmethodik als eigene Säule im Gesamtkontext verankert, doch muss in jedem Fall bei der Entscheidung diese Komponente im Zusammenhang der Qualität berücksichtigt werden. Einerseits sind die gesetzten Fabrikstandards zu bewerten, andererseits auch die projektspezifischen Standards auf Durchgängigkeit in der Planungsalternative zu prüfen. Die Qualität der Standardisierung wird über den zugehörigen Erfüllungsgrad gemessen (Berechnung gemäß *Formel 3-13*); dieser berechnet sich aus dem Verhältnis der Anzahl aus umgesetzten Standards $n_{St,Ist}$ und veranschlagten Standards aus dem Weißbuch $n_{St,Soll}$, wobei im Vorfeld der Planung sowie während der Projektierung gewisse Standards projektspezifisch mit Begründung außer Kraft gesetzt werden können (mit der Anzahl $n_{St,ungültig}$).

$$\eta_{Standardisierung} = \frac{n_{St,Ist}}{n_{St,Soll} - n_{St,ungültig}}$$

Formel 3-13: Erfüllungsgrad der Standardisierungsqualität

3.1.2 Planungsdisziplinen und -organisation

Im *Abschnitt 2.2* wurden verschiedene Unterteilungen bzw. Organisationsmodelle für die Planungsdisziplinen vorgestellt, wie sie im Moment zur Anwendung kommen. Für die neue Entscheidungsmethodik wird eine neues Organisationsmodell aufgestellt, welches Elemente aus der Unterteilung nach *HOAI* und nach *Aggteleky* vereint. In *Abbildung 3-4* ist die Aufbauorganisation der Fabrikplanung, welche zu Grunde gelegt wird, dargestellt.

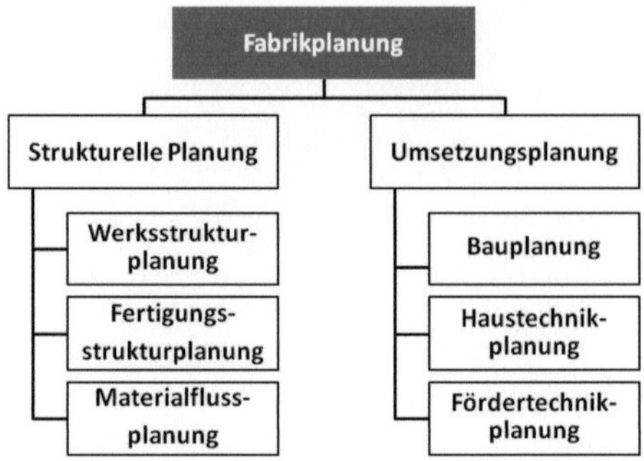

Abbildung 3-4: Organigramm für die Entscheidungsmethodik

In Anlehnung an die Einteilung nach *HOAI* wird in eine Strukturelle Planung (bzw. Flächenplanung nach *HOAI*) und eine Umsetzungsplanung (bzw. Objektplanung nach *HOAI*) unterschieden. Die Fachplanung nach *HOAI* fällt auch in das Gebiet der Umsetzungsplanung. In der Unterstruktur werden im Bereich der Strukturellen Planung die Aufgaben der Werksstrukturplanung, der Fertigungsstrukturplanung (vgl. Strukturplanung der Fertigungsgewerke) und die Materialflussplanung verteilt. Die Fertigungsstrukturplanung wird bewusst aus der Fertigungsplanung abgezogen, um alle Strukturthemen in der Fabrikplanung zu vereinen. In der Materialflussplanung werden ausgehend von Materialflüssen die Grundlagen für Fördertechnik und Layout gelegt. Die Umsetzungsplanung beschäftigt sich mit der Umsetzung der geplanten Strukturen und Flächen; die Unterteilung erfolgt in die industrielle Bauplanung, die haustechnische Planung und die Fördertechnikplanung. Die Fördertechnikplanung setzt ausgehend von geplanten Materialflüssen aus der Materialflussplanung die maschinellen Anlagen hierfür um.

Zusammenfassend ergibt sich daraus eine Organisationsstruktur, die klar von der vorherigen Gesamtplanung für einen Standort und von Konzepten hierfür an die Umsetzungsplanung mit operativer Planung und Bau übergibt. Vorteilhaft hierbei ist die Berücksichtigung aller Belange bereits in der Konzeptphase und die Umsetzung dieser Planungsergebnisse in den jeweiligen Unterfunktionen.

3.1.3 Umfrage zur Entscheidungsfindung

Neben den schon dargestellten Defiziten in der Entscheidungsorientierung von Methoden in der Fabrikplanung und im Projektmanagement wird außerdem anhand von Ergebnissen einer nicht repräsentativen Umfrage die Notwendigkeit einer Entscheidungsmethodik erläutert. Die Befragung fand unter Entscheidungsträgern in der Fabrikplanung eines deutschen Automobilherstellers statt. Ausgehend von einer Grundgesamtheit N von nicht mehr als 35 Entscheidungsträgern in der Fabrikplanung wurde eine minimale Stichprobe n von 25 Personen gewählt.

Die Stichprobengröße (Berechnung in *Formel 3-14*) wurde anhand der gängigen Formel aus der Statistik folgendermaßen berechnet, wobei ein tolerierter Fehler ε von 5%, eine Sicherheitswahrscheinlichkeit z von 95% und ein geschätzter prozentualer Anteilswert p von 0,5 gewählt wird.

$$n \geq \frac{N}{1+\frac{(N-1)\cdot \varepsilon^2}{z^2 \cdot p \cdot (1-p)}} = \frac{35}{1+\frac{34 \cdot 0{,}05^2}{0{,}95^2 \cdot 0{,}5 \cdot (1-0{,}5)}} = 25{,}42 \cong 25$$

Formel 3-14: Berechnung der minimalen Stichprobe der Umfrage

Es war für diverse Entscheidungsinstrumente in der Fabrikplanung jeweils die Wichtigkeit aus Sicht der Entscheidungsfindung einzuschätzen (vollständiger Fragebogen und detaillierte Datenbasis im *Anhang*; wichtige Ergebnisse in *Abbildung 3-5*). Hierbei wurden sowohl Aspekte des Projektmanagements als auch der technischen Planung berücksichtigt. Im Folgenden werden ausgewählte Fragestellungen aufgegriffen und daraus der Handlungsbedarf sowie Anforderungen für eine Entscheidungsmethodik abgeleitet. Die Bewertung erfolgte in vier Stufen:

- Sehr wichtig (Gewichtung 4)
- Wichtig (Gewichtung 3)
- Wenig wichtig (Gewichtung 2)
- Unwichtig (Gewichtung 1)

Durch die Gewichtung mit den Werten von 1 bis 4 wurde die Auswertung durch statistische Kennwerte (jeweils Mittelwert ± Standardabweichung) ermöglicht. Es erfolgte dabei eine getrennte Bewertung der gegenwärtigen Situation und eine vorausschauende Bewertung für die Zukunft.

Deutlich wurde, dass Entscheidungen anhand von Zeitplänen sowohl heute (Mittelwert 3,80 ± 0,5) als auch in Zukunft (Mittelwert 3,96 ± 0,2) eine erhebliche Rolle spielen bzw. sehr wichtig sind. Weiterhin wurde auch die Projektmanagementgröße der Kosten als durchgängig wichtig bewertet; dies gilt für die heutige Situation als auch für die Zukunft (alle Mittelwerte bei etwa 3 bei einer Standardabweichung von etwa 1). Bei der Darstellungsform als Tabelle oder als Diagramm konnte keine deutliche Tendenz erkannt werden.

Weiterhin konnte trotz massivem Einsatz dreidimensionaler Darstellungen festgestellt werden, dass zweidimensionale Pläne als Entscheidungsgrundlage heute noch sehr wichtig sind (Mittelwert 3,68 ± 0,6) und deren Bedeutung in Zukunft nach Meinung der Entscheidungsträger nur geringfügig abnehmen wird. Unterstützt wird diese These dadurch, dass die verschiedenen dreidimensionalen Darstellungen im Mittel alle eine geringere Bedeutung einnehmen. Dies lässt die Vermutung zu, dass entweder die Instrumente noch nicht vollständig zur Entscheidungsfindung ausgereift sind oder Entscheidungen per se auf Basis von 2-D-Darstellungen valide sind.

Gemischte Entscheidungsvorlagen, bei denen technische Planungsergebnisse zusammen mit Zeitplänen oder Kostenübersichten dargestellt sind, sind heute wichtig, was sich in Zukunft kaum ändern werde (alle Mittelwerte um 3).

Als zukünftige Entscheidungsinstrumente waren dreidimensionale Darstellungen mit zeitlichem Baufortschritt (4-D-Darstellungen) sowie zusätzlich noch mit Kostendarstellungen an Bauteilen oder Gebäudeteilen (5-D-Darstellungen) zu bewerten. Dabei wurde deutlich, dass zwar 4-D-Vorlagen noch als wichtig gelten (Mittelwert 2,84 ± 1,07), jedoch 5-D-Darstellungen möglicherweise durch die Informationsüberflutung in einem Entscheidungsmodell nur noch als wenig wichtig (Mittelwert 2,48 ± 1,16) eingeschätzt wurden.

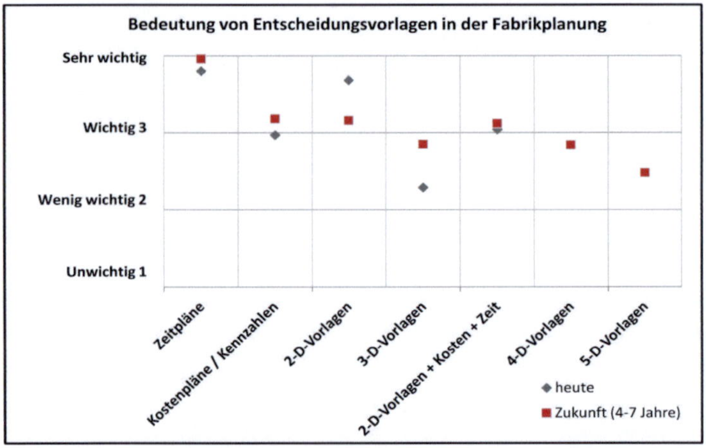

Abbildung 3-5: Bedeutung von Entscheidungsvorlagen in der Fabrikplanung

Die in der Umfrage gewonnenen Erkenntnisse können als konservativ betrachtet werden, da die 3-D-Darstellungen weder heute noch in Zukunft die Wichtigkeit von zweidimensionalen Darstellungen erreichen würden. Wird hingegen die heutige Ingenieursausbildung an verschiedenen Universitäten und Instituten betrachtet, so geht die Ausbildung für

Produktentwicklung und Produktionsplanung allgemein in Richtung von dreidimensionalen Systemen. Damit wird auch die Akzeptanz und vielmehr noch die Erfordernis dieser Systeme und damit auch darauf basierender Entscheidungsinstrumente steigen. Gleiches wird durch die zahlreichen Software-Hersteller von CAD- und VR-Systemen getrieben.

Zusammenfassend kann daraus abgeleitet werden, dass bei der Erstellung einer Entscheidungsmethodik folgende Aspekte zu berücksichtigen sind:

- Hoher Aggregationsgrad der Informationen: Zu viele Informationen in einer Entscheidungsvorlage werden von Entscheidungsträgern negativ bewertet; eine angemessene Verdichtung der Planungsergebnisse und Informationen ist von wesentlicher Bedeutung, um das Management bei der Entscheidungsfindung zu unterstützen.

- Bedeutung der Größen des Projektmanagements: Wie schon in vorherigen Ausführungen angedeutet, spielen die Größen des Projektmanagements eine bedeutende Rolle in der Fabrikplanung, was durch die Ergebnisse der Umfrage bestätigt wurde. Zeit und Kosten sind in Entscheidungsvorlagen wesentliche Aspekte; Qualitäten sind über technische Planungsergebnisse abzubilden.

- Zweckmäßigkeit von 2-D und 3-D: Das Ziel einer Entscheidung bestimmt das Mittel. Es wurde deutlich, dass zweidimensionale Darstellungen, z.B. für Fabriklayouts, nach wie vor von großer Bedeutung sind und in vielen Fällen auch das optimale Verhältnis aus Aggregationsgrad der Informationen und Entscheidungsfähigkeit abbilden. Dreidimensionale Darstellungen erfreuen sich noch geringfügig kleinerer Beliebtheit, was einerseits an der Aufbereitung der Informationen und andererseits auch an der Altersstruktur der Befragten liegen kann.

- Mehrdimensionale Darstellungen: Allgemein gilt für mehrdimensionale Darstellungen, dass die Aufbereitung für die Entscheidungsfindung von enormer Bedeutung ist. Eine Fokussierung auf den Entscheidungsinhalt ist hierbei wesentlich, um das Management nicht zu überfordern. Vier- und fünfdimensionale Darstellungen sind nur dort einzusetzen, wo einfachere, schneller greifbare Vorlagen nicht mehr einsetzbar sind. Hierbei spielt natürlich auch der Lernprozess der Entscheidungsträger eine wesentliche Rolle.

Unter Maßgabe dieser Erkenntnisse, der Entscheidungskriterien aus *Abschnitt 3.1.1* und der Defizite aus *Abschnitt 2.8* wird die Entscheidungsmethodik in *Kapitel 3.2* aufgestellt.

3.1.4 Planungs- und Entscheidungsprozess

Der Prozess der Fabrikplanung ist ein Zusammenspiel aus Planung und Entscheidung, wobei die Planung vor der Entscheidung zu prüfen ist. Beide Komponenten wechseln sich üblicherweise ab; typisch ist außerdem eine meist lange Dauer der Planungsphase und eine kurze Dauer der Entscheidungsphase, sodass im Regelfall von Entscheidungsmeilensteinen gesprochen werden kann. Im Zusammenspiel dieser beiden Komponenten löst das Ende der einen Aktivität immer einen Beginn der anderen Aktivität aus.

Planungsfortschritt

Damit ergibt sich ein Wechsel von Planung und Entscheidung, der auf verschiedene Art und Weise ablaufen kann. Der Grundfall wird als variativer Planungsfortschritt bezeichnet und ist in *Abbildung 3-6* grafisch dargestellt und in *Formel 3-15* logisch formuliert: Ausgehend von einer teilweisen Verabschiedung und Ablehnung der Ergebnisse am Meilenstein E_n der Planungsphase n wird für den abgelehnten Teil die Phase n und für den verabschiedeten Teil der Ergebnisse die Planungsphase n + 1 ausgelöst. Unter l werden alle Entscheidungsinhalte verstanden, unter m die verabschiedeten Inhalte.

$$\frac{m}{l}E_n \wedge \frac{l-m}{l}\neg E_n \rightarrow (P_{n+1} \in E_n) \wedge (P_n \in \neg E_n); l > m$$

Formel 3-15: Logische Formulierung des variativen Planungsfortschritts

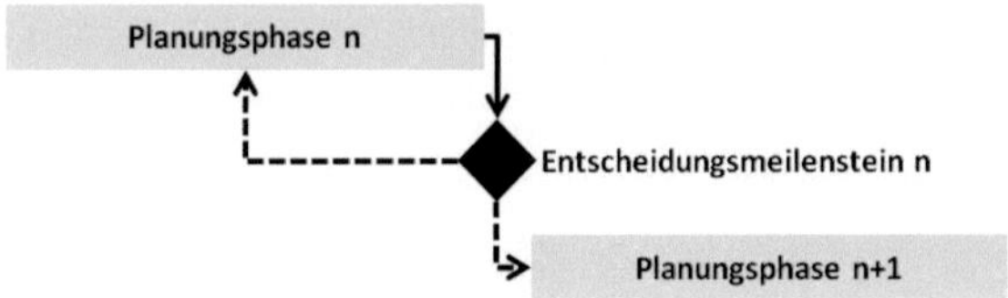

Abbildung 3-6: Variativer Planungsfortschritt

Demzufolge genügen nicht alle Teile der Planung dem Entscheiderkreis und werden somit nur teilweise mitgetragen. Daneben existieren natürlich die beiden Extremfälle der vollkommenen Verabschiedung oder Ablehnung.

Ausgehend von einer Entscheidung am Entscheidungsmeilenstein E_n über die Ergebnisse der Planungsphase P_n werden diese Ergebnisse komplett verabschiedet und damit die Planungsphase P_{n+1} ausgelöst. Die Planung schreitet demnach mit einer weiteren Planungsaufgabe bzw. mehr Detaillierung fort (siehe *Formel 3-16*).

$$E_n \rightarrow P_{n+1}$$

Formel 3-16: Logische Formulierung bei vollständiger Verabschiedung

Ausgehend von einer Ablehnung der Ergebnisse der Planungsphase n am Entscheidungsmeilenstein E_n wird erneut die Planungsphase n durchlaufen, um komplett neue Planungsergebnisse zu erzielen (siehe *Formel 3-17*).

$$\neg E_n \rightarrow P_n$$

Formel 3-17: Logische Formulierung bei vollständiger Ablehnung

Sofern sich das Fabrikplanungsprojekt bereits auf dem kritischen Weg befindet, werden die Ablehnung und der variative Planungsfortschritt immer zu einer Verlängerung der Projektdauer führen, wenn nicht im Nachgang durch Beschleunigungsmaßnahmen andere Phasen verkürzt werden können.

Informationsverdichtung

Im Vorfeld des Entscheidungsmeilensteins muss eine Verdichtung der Planungsergebnisse bzw. der Entscheidungsinformationen stattfinden, sodass die Entscheidungen anhand der wesentlichen Fakten getroffen werden können. Die Sammlung der für die Entscheidung relevanten Informationen werden explizit im *Abschnitt 3.3* zum Datenmanagement beleuchtet.

Meilensteine im Prozess

Innerhalb der Phasen finden sogenannte Prozesskettenmeilensteine statt, die Teilprozesse entweder abschließen oder zur Abstimmung von Zwischenergebnissen in Teilprozessen dienen, um sicherzustellen, dass die Planung gemäß der Vorgaben der Projektleitung abläuft. Die Prozesskettenmeilensteine stellen demnach kleine Prozessmeilensteine dar, in denen aber keine grundlegenden Entscheidungen zum Projektfortschritt getroffen werden.

Je nach Art des Prozesses bzw. des Meilensteins sind verschiedene Personengruppen beteiligt:

- In Prozessen sind das Projektteam, evtl. Fachprojektleitung und Projektleitung der Fabrikplanung involviert; alle verrichten dabei planerische Arbeit oder stimmen sich untereinander hinsichtlich der Planungsergebnisse ab. Das Projektteam besteht aus Vertretern von Struktureller Planung und Umsetzungsplanung je nach Erfordernissen des jeweiligen Projekts. Fachprojektleitungen werden je nach Erfordernis für die Bereiche von Struktureller Planung und Umsetzungsplanung gebildet (vgl. Organisationsstruktur der Linie nach *Abschnitt 3.1.2*).

- An Prozesskettenmeilensteinen sind Fachprojektleitung, Projektleitung und beitragende Mitglieder des Projektteams beteiligt.

- An Entscheidungsmeilensteinen sind Projektleitung, Unternehmensführung (je nach Organisation des Unternehmens Topmanagement, Geschäftsführer oder Vorstände) und ausgewählte beitragende Mitglieder des Projektteams beteiligt.

Entscheidungsprotokoll

Als methodisches Hilfsmittel zum Festhalten und Kommunizieren von Entscheidungen dient ein eigens dafür erstelltes Entscheidungsprotokoll; dieses ist in *Abbildung 3-7* dargestellt. Es wird für jeden Entscheidungsmeilenstein eines Projekts geführt.

Entscheidungsprotokoll Meilenstein E*	Projekt:	
Datum:	Uhrzeit:	Ort:
Eingesetzte Hilfsmittel: ☐ Echtzeit-Fabrik-Visualisierung ☐ Film-Fabrik-Visualisierung ☐ Bildschirmpräsentation	Teilnehmer:	

Name	Vorname	Organisationseinheit	(Projekt-) Funktion

	Entscheidungskriterium	Erfüllungsgrad	Abnahme	Bemerkungen / Begründungen
Kosten	Aufwand / Nutzen		☐ ja ☐ nein ☐ mit Einschränkungen	
	Risiko		☐ ja ☐ nein ☐ mit Einschränkungen	
Zeit	Unmittelbare Prozessterminierung		☐ ja ☐ nein ☐ mit Einschränkungen	
	Globale Projektterminierung		☐ ja ☐ nein ☐ mit Einschränkungen	
Qualität	Strukturqualität		☐ ja ☐ nein ☐ mit Einschränkungen	
	Flussqualität		☐ ja ☐ nein ☐ mit Einschränkungen	
	Energieeffizienz		☐ ja ☐ nein ☐ mit Einschränkungen	
	Ergonomische Qualität		☐ ja ☐ nein ☐ mit Einschränkungen	
	Ästhetik		☐ ja ☐ nein ☐ mit Einschränkungen	
	Standardisierungsqualität		☐ ja ☐ nein ☐ mit Einschränkungen	

Sonstige Diskussionspunkte:	
Unterschriften Entscheider:	Protokollant:

Abbildung 3-7: Generisches Entscheidungsprotokoll

Das Entscheidungsprotokoll besteht aus dem Protokollkopf, den Entscheidungsvermerken und der Fußzeile mit dem Unterschriftenbereich. Im Kopfbereich werden die Daten zum Projekt, zum Entscheidungsmeilenstein und den Teilnehmern vermerkt. Außerdem werden Hilfsmittel für die Entscheidungsfindung angegeben. Anlagen zum Protokoll sind nicht vorgesehen, da ausgehend von einem entscheidungsorientierten Datenmanagement (vgl.

Kapitel 3.3.3) alle relevanten Daten für einen Entscheidungsmeilenstein zusammen mit dem Protokoll in einem Verzeichnis abgelegt sind. Die Entscheidungsvermerke werden anhand der Entscheidungskriterien aufgenommen, wobei die Abnahme protokolliert wird und Anmerkungen sowie Begründungen möglich sind; vor allem bei nicht erteilten oder eingeschränkten Abnahmen sind Bemerkungen der Entscheider unbedingt aufzunehmen. Zusätzliche Diskussionspunkte und evtl. damit verbundene Entscheidungen werden in einem eigenen Feld unter den Entscheidungsvermerken aufgelistet.

Das Entscheidungsprotokoll wird im Rahmen der phasenorientierten Entscheidungsmethodik für jeden Meilenstein erzeugt und an die vorgesehenen Kriterien angepasst (siehe Protokolle im *Anhang*).

3.2 Phasenorientierte Entscheidungsmethodik

Im folgenden Abschnitt wird anhand der einzelnen Planungsphasen nach *VDI-Richtlinie 5200* die Entscheidungsmethodik phasenweise modelliert und vorgestellt. Hierbei wird jeweils zunächst das Vorgehen nach der Richtlinie mit Darstellung der geforderten Ergebnisse erläutert und dann werden der zu entwickelnde Teilprozess und Entscheidungsmeilenstein für die jeweilige Phase beschrieben.

Jede Phase wird so ausgestaltet, dass folgende drei Fragen beantwortet werden können:

- Über welche Ergebnisse der Planung der Fabrikstruktur wird entschieden?
- Anhand welcher (weitestgehend virtueller) Instrumente wird entschieden?
- Welche Eingaben sind erforderlich und welche Ergebnisse aus der Entscheidung für die nächste Phase werden verabschiedet?

3.2.1 Phase 1: Zielfestlegung

Im Rahmen der Zielfestlegung als erste Phase des Fabrikplanungsprozesses wird die Aufgabenstellung geklärt sowie das Projekt strukturiert [VDI-11; S.9].

Einzelschritte und Ergebnisse nach *VDI-Richtlinie 5200*

Dabei unterteilt sich die Phase in vier Schritte [VDI-11; S. 9-11]:

- Analyse der Unternehmensziele und Rahmenbedingungen: Durch Vorgaben von Unternehmens- und Vertriebsplanung werden Rahmenbedingungen für das Fabrikprojekt erarbeitet. Ergebnis ist eine Aufgabenstellung mit Klärung der strategischen

Ausrichtung mit geplanten Produkten, möglichen Standorten sowie Budget- und Zeitrahmen.

- Festlegung der Fabrik- und Projektziele: Aus den Rahmenbedingungen lassen sich die Fabrik- und Projektziele ableiten. Als Ergebnis liegen qualitative und quantitative Fabrikziele vor, Kennzahlen für den Fabrikbetrieb und Projektziele.

- Aufstellung der Bewertungskriterien: Für die Kostenbewertung sind Bewertungskriterien zu bestimmen, die gewichtet werden. Ergebnis ist ein Katalog dieser Kriterien mit Gewichtung.

- Festlegung der Arbeitspakete: Die Aufgabenstellung ist so zu strukturieren und zu unterteilen, dass sinnvolle Arbeitspakete entstehen. Als Ergebnis liegt ein Projektplan mit Arbeitspaketen vor.

Entscheidungsmethodik dieser Phase

Die Zielfestlegung soll den Planungsanlass klarstellen. Es ist also Aufgabe der Unternehmensführung, der Fabrikplanung den Anlass für die Planung einer neuen Fabrikstruktur zu erläutern. Eine Entscheidung ist am Ende dieses Prozesses über die Ausarbeitung der Zielfestlegung zu treffen.

Gemäß dem Ablaufplan aus *Abbildung 3-8* besteht die Phase der Zielfestlegung aus folgenden Elementen:

- E0: Bei Projektstart werden in einer Sitzung die wesentlichen Vorgaben zwischen Projektleitung und Unternehmensführung besprochen, welche sich aus der Produktionsstrategie, dem geplanten Produktportfolio für die zu planende Fabrik, aus dem Zeit- und Kostenrahmen sowie aus einer vorläufigen Standortauswahl ergeben.

- P1.1: Die Projektleitung eröffnet daraufhin den Projektstrategieprozess mit dem Projektteam. Ergebnis ist eine Strategie zur Abwicklung des Projekts, welche im Prozesskettenmeilenstein PKM1.1 innerhalb des Projektteams abgestimmt wird.

- P1.2: Aus der Projektstrategie für die Fabrikplanung wird der Prozess der Projektstrukturierung abgeleitet. Es wird eine Projektorganisation aufgebaut, Arbeitspakete definiert und die Aufgabenstellung für alle Beteiligten klargestellt. Ausgehend von der Entscheidungsmethodik wird ein Projektzeitplan erarbeitet und mit Kalenderdaten fixiert. Die Abstimmung erfolgt im PKM1.2.

- P1.3: In der Masterplanung 1 entwirft die Strukturelle Planung in Abstimmung mit der Umsetzungsplanung ausgehend von Masterplanelementen der Standardfabrik einen ersten Masterplan, der alle vorgesehenen Gewerke der Fabrik mit groben Flächenbedarfen enthält. Ein Zwischenstand wird im PKM1.3 vorgestellt, auf dessen Basis gleichzeitig der Benchmark 1 beginnen kann.

- P1.4: Im Benchmark 1 wird ausgehend von ersten Flächenangaben aus dem Masterplan 1 eine finanzielle Bewertung der Fabrik durchgeführt, wobei die Daten hierzu aus vergleichbaren Fabrikprojekten im eigenen Unternehmen und nach Möglichkeit von Mitbewerbern stammen. Ein Zwischenstand wird im PKM1.4 vorgestellt, sodass zum Ende der Phase 1 die Informationsverdichtung stattfinden kann.

- P1.5: Im Rahmen der Informationsverdichtung werden alle Ergebnisse der Prozesse entscheidungstauglich aufbereitet und auf wesentliche Fakten reduziert. Zur Abstimmung der Inhalte erfolgt eine Projektrunde etwa zur Hälfte des Prozesses.

- E1: Im Meilenstein der Zielfestlegung wird über die verdichteten Ergebnisse dieser Phase entschieden.

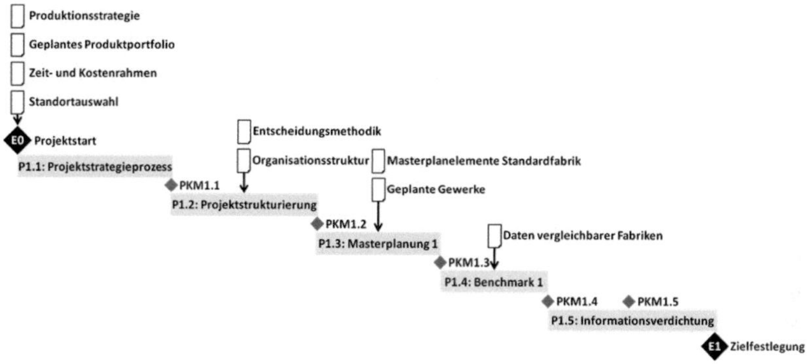

Abbildung 3-8: Ablaufplan der Zielfestlegung

Folgende Entscheidungsinhalte sind im Meilenstein E1 vorgesehen, die mit den genannten Entscheidungskriterien aus *Abschnitt 3.1.1* korrelieren (Zusammenschau in *Abbildung 3-9*):

- Kriterien Aufwand, Nutzen, Risiko: Die Ergebnisse des Benchmark 1 werden vorgestellt und zeigen das Verhältnis aus Kostenrahmen und realistischer Kostenbewertung auf.

- Kriterien Prozess- und Projektterminierung: Aus dem erstellten Projektzeitplan geht die Zusammenschau aller Phasen und Prozesse über die Projektlaufzeit hervor. Außerdem wird im E1 die Einhaltung der Phasendauer für P1 geprüft.

- Kriterien Struktur-, Fluss- und Standardisierungsqualität: Durch den ersten Masterplan werden Fabrikstruktur, Fabrikflüsse und Standardisierung zum ersten Mal bewertbar. Außerdem werden vergleichbare Fabriken mit Bildern und weitergehendem Informationsmaterial vorgestellt.

Entscheidungskriterium		*Ziel-festlegung* *E1*	Grundlagen-ermittlung E2	Konzept-planung E3	Detail-planung E4	Realisierungs-vorbereitung E5	Realisierungs-überwachung E6	Hochlauf-betreuung E7
Kosten	Aufwand / Nutzen	●						
	Risiko	●						
Zeit	Unmittelbare Prozessterminierung	●						
	Globale Projektterminierung	●						
Qualität	Strukturqualität	●						
	Flussqualität	●						
	Energieeffizienz							
	Ergonomische Qualität							
	Ästhetik							
	Standardisierungs-qualität	●						

Abbildung 3-9: Entscheidungskriterien bis Entscheidungsmeilenstein E1

Virtuelle Werkzeuge dieser Phase

Beim Entscheidungsmeilenstein der Zielfestlegung werden die Ergebnisse an der Powerwall präsentiert. Dabei werden einfache Präsentationswerkzeuge eingesetzt. Die Demonstration des Masterplans 1 im Rahmen einer ersten Fabrik-Visualisierung erfolgt in zwei- und dreidimensionaler Darstellung als Kuben bzw. Anordnung von Flächen. Fotorealismus kommt in diesem frühen Stadium nur bei vorhandenen Standortaufnahmen zur Einpassung des Masterplans zum Einsatz. Material-, Personen- und Informationsflüsse werden über Pfeildiagramme im 2-D-Layout dargestellt.

3.2.2 Phase 2: Grundlagenermittlung

Die Grundlagenermittlung stellt die zweite Phase im Fabrikplanungsprozess dar und dient der detaillierten Definition der Planungsaufgabe und einer umfassenden Informationsbeschaffung für nachfolgende Phasen [VDI-11; S. 11].

Einzelschritte und Ergebnisse nach *VDI-Richtlinie 5200*

Die Grundlagenermittlung wird in die beiden Schritte der Informationsbeschaffung und der Informationsauswertung unterteilt, die gemäß der Richtlinie nachfolgend erläutert werden [VDI-11; S. 11f.]:

- Informationsbeschaffung: Die benötigten Informationen für die Planung der Fabrikstruktur werden zusammengetragen. Im Wesentlichen sind dies Produktdaten der zu fertigenden Produkte, Produktionsdaten sowie Immobiliendaten einschließlich der Grundstücksinformationen aller Standortalternativen. Dabei sind nicht nur die Daten zu sammeln, sondern auch Restriktionen in jeglicher Hinsicht einzuarbeiten. Ergebnis dieses Schritts sind alle zu diesem Zeitpunkt verfügbaren Planungsdaten.

- Informationsauswertung: Die Auswertung dient der Verdichtung der Informationen und dem Abgleich mit den Ergebnissen aus der Zielfestlegung. Ergebnis sind Informationen, die mit den Ergebnissen der Zielfestlegung abgeglichen sind.

Entscheidungsmethodik dieser Phase

In der Grundlagenermittlung sind alle zu diesem Zeitpunkt verfügbaren Informationen für die Fabrikstrukturplanung zu sammeln und auszuwerten, sodass die nachfolgenden Planungsphasen auf einer validen Datenbasis ablaufen können.

Infolge einer Verabschiedung im Entscheidungsmeilenstein E1 werden die Abläufe der Grundlagenermittlung ausgelöst, wie sie in *Abbildung 3-10* dargestellt sind und nachfolgend erläutert werden:

- P2.1: Wie auch im VDI-Prozess erklärt, beginnt die Grundlagenermittlung mit einer Informationsbeschaffung, bei der Produkt-, Produktions-, Immobilien- sowie Grundstücksdaten gesammelt werden. Im PKM2.1 wird diese Informationssammlung im Projektteam besprochen und allen Beteiligten zur Verfügung gestellt.

- P2.2: Die gesammelten, soweit wie möglich detaillierten Daten werden in das Ergebnis der Masterplanung 1 eingearbeitet und zur Masterplanung 2 erweitert, wobei hier bereits Flächendaten aus der Fertigungsplanung einfließen. In einer ersten Abstimmung mit der Fertigungsplanung werden Zwischenergebnisse der Masterplanung 2 besprochen, um eine einheitliche Linie aus den Ansprüchen der Fertigung mit der Fabrikstruktur zu garantieren.

- P2.3: Aus dem mit der Fertigungsplanung abgestimmten Masterplan 2 wird danach der zweite Benchmark erstellt, der die Daten aus und für den Masterplan nutzt und auf detaillierten Daten vergleichbarer Fabriken basiert. Es erfolgt außerdem ein Abgleich mit dem ersten Benchmark der Zielfestlegung. Als Ergebnis liegt eine detaillierte, flächenbasierte Kostenschätzung vor. Zwischenergebnisse werden im PKM2.4 im Projektteam präsentiert und im PKM2.5 wird das Ergebnis im Projektteam und auch mit der Fertigungsplanung abgestimmt.

- P2.4: Parallel zum Benchmark 2 erfolgt ausgehend von der geklärten Planungsaufgabe, die aus der Masterplanung 2 vorliegt, die Erstellung einer Ausschreibung für alle erforderlichen externen Planer des jeweiligen Fabrikstrukturprojekts; dies können je nach Projekt alle oder ausgewählte Gewerke nach *HOAI* sein. In diesem Zusammenhang ist zu beachten, dass bei Ausschreibung und Vergabe der Planungsleistungen nach *HOAI* die Phasen der Planung und der Entscheidungsmethodik nicht zwangsläufig Phasen nach *HOAI* ersetzen bzw. mit diesen übereinstimmen, wie es in der *VDI-Richtlinie 5200* dargestellt ist [VDI-11; S. 22f.]; eine Grundlagenermittlung als Leistungsphase 1 nach *HOAI* kann für die Objektplanung durchaus erforderlich sein, obgleich diese Phase in der Entscheidungsmethodik zum Zeitpunkt der Planervergabe beim Bauherrn schon stattgefunden hat. Vielmehr ist es wesentlich, dass bei Beauftragung dieser Phase der Architekt die für die Objektplanung relevanten Daten selbständig beim Bauherrn beschafft.

- P2.5: Nach dem PKM2.4 beginnt zur Beendigung der Grundlagenermittlung die Informationsverdichtung für den Entscheidungsmeilenstein, wobei Zwischenergebnisse im PKM2.5 und Endergebnisse im PKM2.6 besprochen werden.

- P2.6: Nach Erstellung der Ausschreibungsunterlagen werden die relevanten Planungsleistungen ausgeschrieben und nach Abgabe zum Stichtag die Leistungen vergeben. Die Informationen über die Planer, die den Zuschlag erhalten, werden zum Meilensteintermin kommuniziert.

- E2: Im Entscheidungsmeilenstein der Grundlagenermittlung wird über die Ergebnisse dieser Phase entschieden.

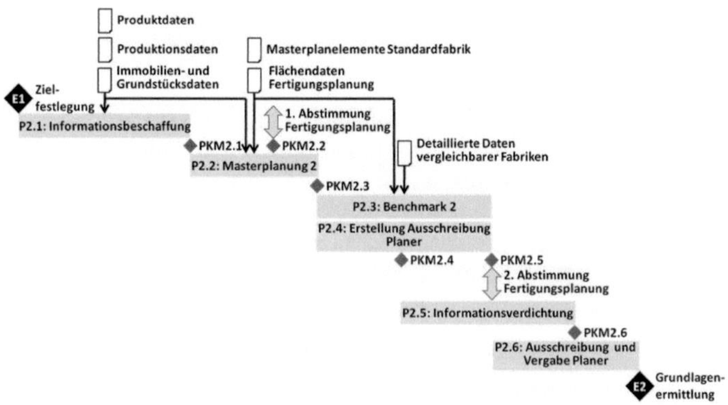

Abbildung 3-10: Ablaufplan der Grundlagenermittlung

Die Entscheidungsinhalte und -kriterien zum Entscheidungsmeilenstein E2 sind folgende, die in *Abbildung 3-11* aufgeführt sind:

- Kriterien Aufwand, Nutzen, Risiko: Aus dem detaillierten Benchmark 2 und dem Abgleich mit dem Benchmark 1 wird eine Kostenschätzung generiert, welche die Entscheidung über diese Kriterien ermöglicht. Durch den voll ausgearbeiteten Benchmark soll vor allem das finanzielle Risiko und der Aufwand in dieser Phase deutlich werden.

- Kriterien Prozess- und Projektterminierung: Aus dem Projektzeitplan, der bereits in Phase 1 ausgearbeitet wurde, werden Termine der Phase 2 abgeglichen, die nachfolgenden Prozesse auf Einhaltung der Termine geprüft und eine Vorausschau für die Projektdauer geliefert. Bei Abweichungen ist über Abhilfe, eventuell durch Beschleunigungsmaßnahmen, zu entscheiden.

- Kriterien Struktur-, Fluss- und Standardisierungsqualität: Aus dem Masterplan 2 geht die Möglichkeit der Bewertung von Struktur, Fluss und Standards hervor; nun sind insbesondere globale Materialflüsse im Gesamtfabriklayout zu bewerten und Standards für die Masterplanung zu verabschieden.

- Kriterium Ästhetik: Der ästhetische Bewertungsspielraum in Phase 2 beschränkt sich auf die städtebauliche Gesamtordnung der Standorte, der für die Einordnung der Fabrik in die ausgewählten Standorte von Bedeutung ist. Die Einbindung von Fabrik in die Umwelt ist insbesondere zu bewerten.

	Phase / Meilenstein / Entscheidungskriterium	Ziel-festlegung E1	*Grundlagen-ermittlung E2*	Konzept-planung E3	Detail-planung E4	Realisierungs-vorbereitung E5	Realisierungs-überwachung E6	Hochlauf-betreuung E7
Kosten	Aufwand / Nutzen	●	●					
	Risiko	●	●					
Zeit	Unmittelbare Prozessterminierung	●	●					
	Globale Projektterminierung	●	●					
Qualität	Strukturqualität	●	●					
	Flussqualität	●	●					
	Energieeffizienz							
	Ergonomische Qualität							
	Ästhetik		●					
	Standardisierungs-qualität	●	●					

Abbildung 3-11: Entscheidungskriterien bis Entscheidungsmeilenstein E2

Virtuelle Werkzeuge dieser Phase

Zur Präsentation wird eine Powerwall eingesetzt, wobei für numerische Daten einfache Präsentationswerkzeuge eingesetzt werden. Der Masterplan 2 wird als Fabrik-Visualisierung mit allen bereits vorhandenen Details und dreidimensionalen Baukörpern mit fotorealistischer Umgebung der jeweiligen Standorte dargestellt. Informationen des Materialflusses werden zur Validierung der Gesamtfabrikstruktur als erste vereinfachte Ablaufsimulation dargestellt. Die Darstellung von Informations- und Personenflüssen erfolgt in Diagrammform.

3.2.3 Phase 3: Konzeptplanung

Nachdem die Vergaben von externen Planungsleistungen am Ende der Grundlagenermittlung stattgefunden haben, werden alle weiteren Phasen je nach Erfordernis zusammen mit Planern und Fachplanern außerhalb des Unternehmens erstellt.

In der Konzeptplanung wird ein funktionsfähiges Gesamtfabrikkonzept erstellt, in welchem auf Basis von Fertigungslayouts aus der Fertigungsplanung alle Fabrikstrukturelemente konzipiert sind [VDI-11; S. 12]. Am Ende der Konzeptplanung wird außerdem eine Standortentscheidung getroffen, um mit einer Lösungsvariante in die Detailplanung einzusteigen.

Einzelschritte und Ergebnisse nach *VDI-Richtlinie 5200*

Gemäß den Ausführungen der *VDI-Richtlinie 5200* wird die Konzeptplanung in vier Schritte unterteilt, die nachfolgend erklärt werden [VDI-11; S. 12-14]:

- Strukturplanung: Hierbei werden die funktionale und organisatorische Strukturierung der Planungsebenen durchgeführt; Geschäftsprozesse und Abläufe werden definiert und daraus ein Funktionsschema der Fabrik erstellt.

- Dimensionierung: Bei der Dimensionierung werden Flächenbedarfe und Kapazitäten der Fabrik ermittelt. Daraus entsteht ein Logistikkonzept sowie ein Flächenschema der Fabrik.

- Idealplanung: Aus den zuvor festgelegten Fabrikzielen und den Maßgaben aus Dimensionierung und Strukturplanung wird ein ideales Layout der Fabrik erstellt. Als Ergebnis liegen verschiedene Varianten des Ideallayouts mit zugehörigen Gebäudehüllen vor.

- Realplanung: Abschließend wird die Realplanung aus einer Variante des Ideallayouts unter Berücksichtigung aller Restriktionen aus baulicher, gesetzlicher, logistischer und fertigungstechnischer Hinsicht erstellt. Das Ergebnis ist ein realisierbares Fabriklayout mit zugehörigem Gebäudevorentwurf.

Entscheidungsmethodik dieser Phase

Durch die Verfolgung eines konsequenten Frontloadings bei Zielfestlegung und Grundlagenermittlung vor allem durch die beiden Benchmarks und die Masterpläne erfolgen in der Entscheidungsmethodik bereits vorher eine Vielzahl an Festlegungen, die im Fabrikplanungsprozess nach der VDI-Richtlinie erst in den Schritten der Konzeptplanung stattfinden; dadurch decken sich die Prozesse der Phase 3 nur teilweise mit dem oben beschriebenen Musterprozess aus der Richtlinie.

Dieser Musterprozess ist als Ablaufplan in *Abbildung 3-12* dargestellt. Die Prozesse werden nach dem positiven Durchlauf des Entscheidungsmeilensteins E2 der Grundlagenermittlung begonnen und sind folgendermaßen beschrieben:

- P3.1: Zu Beginn der Konzeptplanung wird aus den Plandaten von Masterplan 2 für die verschiedenen Standorte ein weiterer Masterplan für die Fabrikstruktur erstellt, bei dem das Logistikkonzept berücksichtigt wird und für den detaillierte Flächendaten der Fertigungsbereiche vorliegen. Im Rahmen der Erstellung des letzten Masterplans findet eine Abstimmung mit der Fertigungs- und Logistikplanung statt, um die Planungsprämissen zu verdeutlichen und die Planung zu kommunizieren. Die Ergebnisse werden im PKM3.2 vorgelegt.

- P3.2: Nach Erstellung des endgültigen Masterplans erfolgt die Erstellung von Fabrikvarianten, d.h. dass ausgehend von den Masterplänen der Fabriken an den zu untersuchenden Standorten die gewünschten Technologie- und Fertigungskonzepte (Ideallayouts) auf den jeweiligen Masterplan angewandt werden und daraus Lösungsalternativen gebildet werden; dabei ist es möglich, dass für einen Standort auch mehrere Varianten geplant werden. Weiterhin spielen in diesem Prozess die standortüblichen Gesetze und Standortfaktoren eine wesentliche Rolle, um die Genehmigungsfähigkeit und Machbarkeit der jeweiligen Variante im Vorfeld weitestgehend sicherzustellen. Um die Integration von Fertigung und Fabrikstruktur frühzeitig sicherzustellen, werden feste Bereiche im Gebäude für Fertigung, Fördertechnik, TGA und andere Funktionen festgelegt; für die Einhaltung dieser Restriktionen wird im PKM3.3 das erste Fabrik-DMU-Gespräch durchgeführt, bei dem Kollisionen der Fabrikstrukturgewerke aufgezeigt werden, sodass die verantwortlichen Planer diese abstellen können. Im weiteren Verlauf der Variantenerstellung findet der PKM3.4 statt sowie eine Abstimmung mit der Fertigungsplanung zur Implementierung der Fertigungskonzepte, bei der ebenfalls das Fabrik-DMU zum Einsatz kommt und die Prüfung zwischen

Struktur und Fertigung im Vordergrund steht. Die erstellten Varianten gehen dann gleich in die Bewertung über. Für die Fabrikstrukturen werden also erste Gebäudeentwürfe aus Sicht der Objektplanung und der Fachplanung erstellt. Gemäß *HOAI* findet die Vorplanung statt.

- P3.3: Die finanzielle Bewertung findet im Rahmen einer vorgezogenen Kostenberechnung statt, die zusammen mit Machbarkeitsstudien durchgeführt wird. Die Machbarkeit aus Sicht der Eingangsdaten des vorhergehenden Prozesses wird revidiert und ergänzt. Dadurch entstehen Gesamtkosten und Aussagen zur Machbarkeit für jede Variante; hierbei ist dann eine Vorzugsvariante mit Vorzugsstandort des Projektteams zu definieren. Die Zwischenergebnisse der Bewertung werden im PKM3.5, die Endergebnisse im PKM3.6 gesammelt und abschließend mit der Fertigungs- und Logistikplanung abgestimmt. So kann eine klare Linie für die Varianten der Fabrikstruktur gegenüber den Entscheidern vertreten werden. Die Vorzugsvariante des Projektteams der Fabrikstruktur muss sich mit der präferierten Variante der Fertigungsplanung decken, ansonsten ist die Planung weiter zu optimieren.

- P3.4: Zur Vorbereitung der Entscheidungen findet die Informationsverdichtung aller Ergebnisse dieser Phase bei einem Zwischengespräch statt.

- E3: Die vorbereiteten Entscheidungen aus der Konzeptplanung werden im Entscheidungsmeilenstein getroffen. Hierbei fällt dann ausgehend von den Varianten und Standortalternativen der Standortentscheid für die Fabrik.

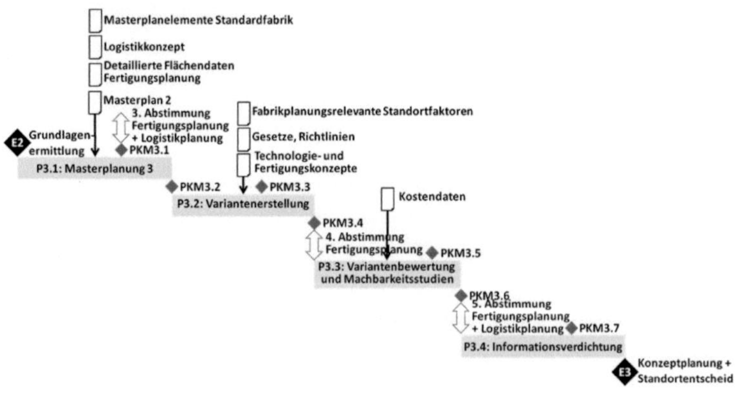

Abbildung 3-12: Ablaufplan der Konzeptplanung

Für den Standortentscheid und die Konzeptplanung sind im Einzelnen folgende Kriterien und Einzelergebnisse relevant:

- Kriterien Aufwand, Nutzen, Risiko: Ausgehend von den erstellten Varianten wird bei der Bewertung eine umfangreiche Darstellung von Aufwand, Nutzen und Risiko durchgeführt. Diese Darstellung wird dann für jede Variante und Standort ausgefertigt.

- Kriterien Projekt- und Prozessterminierung: Wie in den vorhergehenden Phasen wird ein Stand im Zeitplan für die unmittelbar angrenzenden Phasen aufgezeigt wie auch für das Gesamtprojekt; im Vordergrund dieses Meilensteins stehen zudem die Auswirkungen verschiedener Varianten auf den Planungsterminplan und die Ausführungsterminpläne, um auch diesbezüglich eine Bewertung zu ermöglichen.

- Kriterien Struktur-, Fluss- und Standardisierungsqualität: Diese drei Größen werden über den Masterplan 3 und insbesondere über die erstellten und bewerteten Varianten geprüft.

- Kriterium Energieeffizienz: Zum ersten Mal wird bei der Variantenbewertung auch die Energieeffizienz betrachtet. Hierbei spielen zu diesem Meilenstein vor allem Gebäude- und Anlagenkonzepte eine Rolle, die im Rahmen der Varianten möglich sind.

- Kriterium Ergonomie: Die globale Ergonomie der Varianten wird ebenfalls zum ersten Mal betrachtet und für jede Variante separat dargestellt.

- Kriterium Ästhetik: Aus den ersten Gebäudeentwürfen gehen auch architektonische Elemente hervor, sodass eine intensive Bewertung der Ästhetik ermöglicht wird.

Alle dargestellten Entscheidungskriterien (Zusammenschau in *Abbildung 3-13*) werden einerseits für die Varianten berücksichtigt wie auch für die damit in Verbindung stehende Standortauswahl. Insbesondere für weitreichende Entscheidungen über den Standort und den Planungsfortschritt für den entschiedenen Standort ist eine Bewertung aller Kriterien zu diesem Meilenstein von großer Bedeutung.

Entscheidungskriterium \ Phase / Meilenstein		Ziel-festlegung E1	Grundlagen-ermittlung E2	*Konzept-planung E3*	Detail-planung E4	Realisierungs-vorbereitung E5	Realisierungs-überwachung E6	Hochlauf-betreuung E7
Kosten	Aufwand / Nutzen	●	●	●				
	Risiko	●	●	●				
Zeit	Unmittelbare Prozessterminierung	●	●	●				
	Globale Projektterminierung	●	●	●				
Qualität	Strukturqualität	●	●	●				
	Flussqualität	●	●	●				
	Energieeffizienz			●				
	Ergonomische Qualität			●				
	Ästhetik		●	●				
	Standardisierungs-qualität	●	●	●				

Abbildung 3-13: Entscheidungskriterien bis Entscheidungsmeilenstein E3

Virtuelle Werkzeuge dieser Phase

In der Konzeptplanung werden alle virtuellen Werkzeuge eingesetzt. Auf Basis der CAD-Daten wird im Rahmen der Variantenerstellung das Fabrik-DMU für die Prüfung der Fabrikstruktur selbst und anschließend auch für die Absicherung der Struktur mit der Fertigung eingesetzt. Außerdem werden nach den vereinfachten Simulationen aus der Grundlagenermittlung erweiterte Möglichkeiten genutzt, um wichtige Aussagen für die Entscheidungsfindung zu generieren: Vor allem der Material- und Personenfluss ist über entsprechende Simulationstools abzubilden; des Weiteren sind Kriterien der Energieeffizienz über Energie- und bauphysikalische Simulationen abzubilden. Für den Entscheidungsmeilenstein werden die Planungsalternativen in fotorealistischer Qualität im Rahmen der Fabrik-Visualisierung abgebildet; zudem sind Ergebnisse der Simulationen einzublenden. Außerdem sind Erkenntnisse zum Bauablauf abzubilden, sodass für jede Variante eine vereinfachte Bauablaufsimulation zu sehen ist; im Vordergrund steht der Zeitpunkt der Flächenübergabe an die Fertigungsplanung zum Anlagenaufbau. Alle Werkzeuge sind so einzusetzen, dass die Bewertung der Varianten auf gleichen Kriterien beruht und dadurch eine Standortentscheidung getroffen werden kann.

3.2.4 Phase 4: Detailplanung

Nach dem Standortentscheid und der Entscheidung für eine Fabrikvariante in der Konzeptplanung kann nun die Ausplanung im Detail stattfinden; im Rahmen der Detailplanung wird das verabschiedete Konzept detailliert ausgeplant, sodass eine Genehmigung sowie die Ausschreibung möglich sind, wobei für einzelne Bereiche evtl. noch Varianten vorzusehen sind [VDI-11; S. 15]. Das Gesamtfabrikkonzept ist jedoch festgeschrieben.

Einzelschritte und Ergebnisse nach *VDI-Richtlinie 5200*

Die nach der Richtlinie vorgesehenen drei Schritte sind nachfolgend erläutert [VDI-11; S. 15-17]:

- Feinplanung: Im Schritt der Feinplanung werden die Fabrikelemente in einem solchen Detaillierungsgrad entworfen, dass die Erstellung von Genehmigungs- und Ausschreibungsunterlagen möglich ist. Insbesondere die Wechselwirkung von Anlagen und Gebäuden mit Medienversorgung ist dabei von Bedeutung. Darauf aufbauend wird eine Kostenberechnung nach *DIN 276-1* ausgearbeitet.

- Erstellung von Genehmigungsanträgen: Die Ergebnisse aus der Feinplanung werden in die jeweils erforderlichen Unterlagen für eine Baugenehmigung oder andere Genehmigungen übernommen.

- Erstellung der Leistungsbeschreibung: Außerdem sind die Planungsergebnisse in Unterlagen für die Ausschreibung und spätere Vergabe der Leistungen zu überführen. Hierbei wird üblicherweise in funktionale oder detaillierte Leistungsbeschreibungen unterschieden, welche zur Anwendung kommen können.

Entscheidungsmethodik dieser Phase

Auch in der Detailplanung führt das Frontloading in den vorherigen Phasen dazu, dass weit weniger Freiheitsgrade in der Vorbereitung für den vierten Entscheidungsmeilenstein bestehen, als die Detailplanung nach *VDI-Richtlinie 5200* vorsieht. Die bereits vorgezogene Kostenberechnung in der Konzeptplanung wird mit Hilfe der detaillierten Planungsergebnisse lediglich überarbeitet und korrigiert. Die wesentliche Komponente dieser Phase, in der neue Ergebnisse erzielt werden, ist folglich der Ausschreibungserstellungsprozess. Wie oben bereits erwähnt werden detaillierte und funktionale Leistungsbeschreibungen unterschieden: Detaillierte Leistungsbeschreibungen enthalten ein Leistungsverzeichnis mit detaillierten Mengen und Qualitäten für jede Position, wofür vom Bieter einzelne Preise gebildet werden [BeKS-07; S. 73]; hingegen enthält eine funktionale Leistungsbeschreibung ein Leistungsprogramm mit geforderten Flächen-, Funktions- und Qualitätsstandards, die im Regelfall mit einem Pauschalpreis angeboten werden [BeKS-07; S. 73]. Beide Formen der Leistungsbeschreibung sind auch bauvertragsrechtlich in § 9 *VOB/A* (*Vergabe- und Vertragsordnung für Bauleistungen, Teil A*) aufgeführt [GiMo-07; S. 24]. Für die Planungs- und Entscheidungsmethodik wird vom Fall einer detaillierten Leistungsbeschreibung ausgegangen, welche durch externe Planer als Unterstützung in der Fabrikplanung erstellt wird; dies bedeutet folglich, dass die Erstellung der Ausschreibungsunterlagen in diese Phase einzuplanen ist und durch interne Planer gesteuert aber durch externe Planer ausgeführt wird. Hierbei ist vor allem zu beachten, dass dafür im Regelfall zunächst eine Ausführungsplanung zu erfolgen hat, welche ebenfalls zum Großteil durch externe Planer erfolgt, die die Ausschreibungsunterlagen erstellen.

Der Musterablauf der Detailplanungsphase, die durch einen Planungsfortschritt nach dem Entscheidungsmeilenstein E3 ausgelöst wird, besteht, wie in *Abbildung 3-14* dargestellt ist, aus folgenden Elementen:

- P4.1: Ausgehend von der Planung für die ausgewählte Variante wird eine Fein- und Genehmigungsplanung erstellt; die Genehmigungsfähigkeit der Variante wurde bereits in der Konzeptplanung sichergestellt, sodass diese Phase vor allem für die Ausarbeitung von Details für die Genehmigungsplanung gedacht ist. Es fließen außerdem weitere Elemente der Standardfabrik für die Feinplanung ein. Die Ergebnisse werden im PKM4.1 innerhalb der Fabrikstrukturplanung und im PKM4.2 zusammen mit der Fertigungs- und Logistikplanung verifiziert und abgesichert, wobei erneut das Fabrik-DMU zum Einsatz kommt.

- P4.2: Nach dem PKM4.2 wird sofort die Bewertung der Feinplanung vorgenommen, zu der in erster Linie die Kostenberechnung aus der Variantenbewertung (*P3.3*) detailliert und ggf. korrigiert wird, sodass eine abschließende finanzielle Einschätzung vor Einholung von Angeboten möglich ist.

- P4.3: Des Weiteren werden parallel zur Bewertung der Feinplanung die erforderlichen Genehmigungsanträge erstellt, bei der die Genehmigungsfähigkeit noch einmal von Planungsexperten geprüft wird. Sowohl die Bewertung als auch die Genehmigungsanträge werden im PKM4.3 mit Fertigungsplanung und Logistik diskutiert und dann abgeschlossen.

- P4.4: Nach dem PKM4.3 wird mit der Informationsverdichtung für den Meilenstein der Detailplanung begonnen, welche im PKM4.4 vorgestellt und ggf. geändert wird.

- E4: Im Entscheidungsmeilenstein werden die finanziellen Bewertungen, die Feinplanung sowie die für die Genehmigung relevanten Ergebnisse vorgestellt. Die Phase der Detailplanung endet untypischerweise nicht mit dem Entscheidungsmeilenstein; vielmehr wird im Entscheidungsmeilenstein über die Erstellung der Ausführungspläne und Ausschreibungsunterlagen sowie die Einreichung der Genehmigung entschieden.

- P4.5 und P4.6: Die beiden Prozesse der Ausführungsplanung und der Ausschreibungserstellung gehen miteinander einher; die Planung wird in dem Maße detailliert, dass eine detaillierte Leistungsbeschreibung ermöglicht wird. Beide Prozesse werden von internen Planern getrieben und zum Großteil von externen Spezialisten ausgeführt. Da eine verbindliche Ausschreibung der Leistungen auf einer vom Entscheiderkreis genehmigten Feinplanung basieren soll, um Änderungen im Vorfeld zu reduzieren, findet der Entscheidungsmeilenstein vor diesen Prozessen statt.

- P4.7: Auch die Einreichung der Genehmigung bei der genehmigenden Behörde und der damit verbundene Prozess von eventuellen Änderungen wird erst mit dem Entscheidungsmeilenstein ausgelöst, da die Genehmigung der Fabrikstruktur als verbindlich gilt und Änderungen im Nachgang (Tekturen etc.) zeitintensiv sind und Mehrkosten verursachen können.

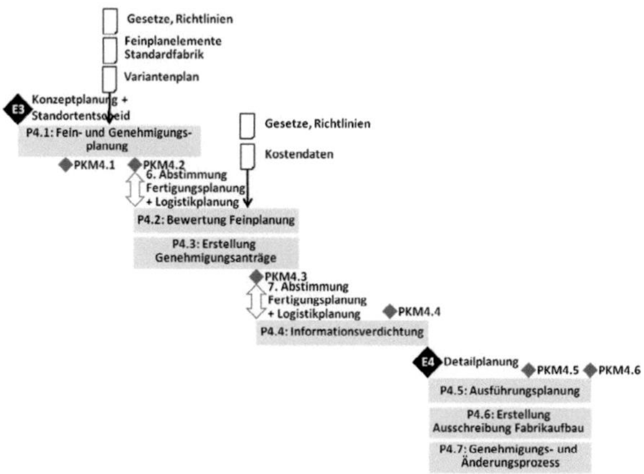

Abbildung 3-14: Ablaufplan der Detailplanung

Da für die Entscheidungsträger durch Ausführungsplanung und Ausschreibung kein entscheidungsrelevanter Informationsmehrwert entsteht, endet die Detailplanungsphase nicht mit einem weiteren Meilenstein, sondern mit dem PKM4.6. Im Entscheidungsmeilenstein E4 sind folgende Kriterien zur Bewertung und Fortführung der Fabrikstrukturplanung von Bedeutung, welche in *Abbildung 3-15* zusammengefasst und im Überblick dargestellt sind:

- Kriterien Aufwand, Nutzen, Risiko: Die erweiterte und korrigierte Kostenberechnung führt zu einer weiteren umfangreichen Bewertung des finanziellen Kriteriums des Fabrikprojekts.

- Kriterien Projekt- und Prozessterminierung: Auch für die Entscheidungen dieses Meilensteins werden die Projekt- und die angrenzenden Prozessterminpläne hinsichtlich des Soll- und Ist-Stands bewertet. Im Vordergrund der Bewertung zu diesem Zeitpunkt steht die realistische Bewertung der Dauer von Genehmigung, Ausschreibung und Vergabe, um den möglichen Baubeginn möglichst genau zu terminieren.

- Kriterien Struktur-, Fluss-, Ergonomie- und Standardisierungsqualität: Aufgrund der nur noch geringfügigen Änderungen durch die detaillierte Konzeptplanung werden Struktur und Fluss nur noch von sekundärer Bedeutung sein, sofern keine eklatanten Änderungen mehr vorgenommen werden. Die Standardisierung in Bezug auf die Elemente in der Feinplanung wird explizit bewertet und verabschiedet; dies gilt auch für die ergonomische Qualität der Fabrikstruktur.

- Kriterium Energieeffizienz: Nachdem das Gebäude- und Anlagenkonzept im vorherigen Meilenstein betrachtet wurde, sind tiefergehende Untersuchungs- und Simulationsergebnisse vorzustellen. Richtwerte für den Energieverbrauch sind anzugeben; außerdem ist eine Aussage über die mögliche Zertifizierung des Gebäudes und der Gesamtfabrik zu treffen.

- Kriterium Ästhetik: Die ästhetische Bewertung der Fabrik als Objekt der Unternehmensrepräsentation wird zu diesem Zeitpunkt weitgehend abgeschlossen. Die Fassadenentscheidung ist zu treffen, für die Alternativen vorzubereiten sind, von denen dann eine in der Ausführungsplanung ausgeplant wird. Andere Oberflächen- und Anmutungsqualitäten auch im Innenraum der Fabrik sind nach Bedarf aufzubereiten; hierzu können Fußbodenbeläge, die Gestaltung des Rammschutzes oder andere gestalterische Elemente zählen.

	Phase / Meilenstein / Entscheidungskriterium	Ziel-festlegung E1	Grundlagen-ermittlung E2	Konzept-planung E3	*Detail-planung E4*	Realisierungs-vorbereitung E5	Realisierungs-überwachung E6	Hochlauf-betreuung E7
Kosten	Aufwand / Nutzen	●	●	●	●			
	Risiko	●	●	●	●			
Zeit	Unmittelbare Prozessterminierung	●	●	●	●			
	Globale Projektterminierung	●	●	●	●			
Qualität	Strukturqualität	●	●	●	●			
	Flussqualität	●	●	●	●			
	Energieeffizienz			●	●			
	Ergonomische Qualität			●	●			
	Ästhetik		●	●	●			
	Standardisierungs-qualität	●	●	●	●			

Abbildung 3-15: Entscheidungskriterien bis Entscheidungsmeilenstein E4

Virtuelle Werkzeuge dieser Phase

Für die Generierung der Ergebnisse in der Detailplanung wird erneut das Fabrik-DMU auf Basis der CAD-Daten eingesetzt, um die Baubarkeit der Konstruktionen einerseits der Fabrikstruktur selbst und andererseits der Fabrikstruktur mit Fertigungsanlagen zu prüfen.

Zur Abstimmung dienen die Prozesskettenmeilensteine und die Gespräche mit der Fertigungsplanung. Energie-, Ablauf- und Fördertechniksimulationen dienen der Optimierung der Planungsergebnisse und zur Änderung von Störstellen im Ablauf; wesentliche Ergebnisse der Simulation werden in der Entscheidungsrunde gezeigt. Die Gesamtergebnisse der Feinplanung aus architektonischer und fabrikplanerischer Sicht werden im Rahmen der Fabrik-Visualisierung erneut als fotorealistische Umgebung gezeigt, wobei das Hauptaugenmerk auf der Abnahme der Fassade und anderer relevanter ästhetischer Oberflächen liegt; die Außenwirkung der Fabrik wird noch einmal vor Erstellung der Ausschreibung beurteilt. Durch die genauere Feinplanung wird auch eine fortgeschriebene Bauablaufsimulation gezeigt, die insbesondere die Flächenübergabe an die Fertigungsplanung und die Maschinenaufstellung berücksichtigt. Alle Werkzeuge sind so einzusetzen, dass eine Freigabe für die Abgabe der Genehmigungsunterlagen und die Ausführungsplanung mit der Ausschreibung erfolgen kann.

3.2.5 Phase 5: Realisierungsvorbereitung

Die Phase der Detailplanung endet mit der Ausführungsplanung und der Erstellung der Ausschreibungsunterlagen, worauf in der Realisierungsvorbereitung aufgebaut wird; sie beinhaltet die Einholung von Angeboten, die Vergabe der Leistungen und die Planung der Realisierung der Fabrik [VDI-11; S. 17]. In dieser Phase ist demnach ein Planungsstand, der für die Vergabe relevant ist, festgeschrieben; alle weiteren Änderungen laufen nun im Rahmen des Änderungsmanagements ab und verursachen unter Umständen auch Nachträge (Claims), die zu finanziellen Risiken führen können.

Einzelschritte und Ergebnisse nach *VDI-Richtlinie 5200*

In der VDI-Richtlinie wird die Realisierungsvorbereitung in vier wesentliche Schritte unterteilt, die folgendermaßen beschrieben sind [VDI-11; S. 17f.]:

- Angebotseinholung: Ausgehend von den erstellten Ausschreibungsunterlagen werden Angebote eingeholt und daraus wird eine Bieterliste erstellt.

- Vergabe: Die Angebote sind technisch und wirtschaftlich zu prüfen, sodass die Lieferanten ausgewählt werden können; die Ausführung wird in Pflichtenheften beschrieben. Ausgehend von den Vergabepreisen wird ein Kostenplan erstellt.

- Überwachung der Ausführungsplanung: Die Ausführungspläne des Lieferanten werden geprüft und freigegeben.

- Umsetzungsplanung: Diese Planung läuft parallel zu den übrigen drei Prozessen und beinhaltet die Planung des Umstiegs auf die neue Fabrikstruktur, der Baustelleneinrichtung, der Umzüge und des Personalaufbaus in der neuen Struktur.

Entscheidungsmethodik dieser Phase

Im VDI-Prozess ist die Überwachung und Freigabe der Ausführungsplanung vorgesehen, welche im hier modellierten Prozess bereits in der Detailplanung zur Ausschreibungserstellung stattfand; vielmehr ist deshalb die Ausführungsplanung hier als jene Planungsleistung zu verstehen, die beim Auftragnehmer als Bauunternehmer liegt, demnach Werkstatt-, Baustellen- und Baustelleneinrichtungsplanungen. Weiterhin wird diese Phase nicht durch den erfolgreich absolvierten Meilenstein der vorherigen Phase ausgelöst, sondern durch das Ende der Ausschreibungserstellung und Ausführungsplanung, weil dann die Einholung der Angebote möglich wird. Im Idealfall ist dann auch die Genehmigung erteilt, um die Nachträge aus Änderungen im Rahmen des Genehmigungsverfahrens zu vermeiden.

Mit dem PKM4.6 beginnt die Phase der Realisierungsvorbereitung, welche in folgende Prozesse (vgl. *Abbildung 3-16*)gegliedert ist:

- P5.1: Nach Erstellung der Ausschreibungsunterlagen können auf jenen basierend Angebote eingeholt werden. Für die erforderlichem Gewerke werden entweder in einem offenen oder in einem beschränkten Verfahren Angebote von Bietern eingeholt.

- P5.2: Sobald die ersten Angebote eingeholt sind, wird das erste PKM5.1 abgehalten, nach welchem dann die Angebotsbewertung beginnt und bis zum Ende der Angebotseinholung fortgeführt wird. So entstehen Bieterlisten sowie technische und wirtschaftliche Bewertungen der Angebote.

- P5.3: Wenn die ersten Gewerke hinsichtlich Anzahl und Bewertung der Angebote vollständig sind, wird im Rahmen des PKM5.2 der Vergabeprozess eingeleitet. In Vergabegesprächen mit den möglichen Lieferanten werden Pflichtenhefte (sofern vorgesehen) vorgestellt, Angebote angepasst und der Zuschlag abschließend an den ausgewählten technisch besten und wirtschaftlichsten Lieferanten erteilt.

- P5.4: Mit der Erteilung des Zuschlags an die Lieferanten sind die Baustellenplanungen zu überwachen und zu bewerten. Hierzu sind in erster Linie die Ausführungspläne aus der Detailplanung sowie die Ausführungsterminpläne heranzuziehen. Die Ausführung, die Baustelleneinrichtung und die Fertigungsorganisation auf der Baustelle sind mit den Lieferanten zu koordinieren und vor allem unter den diversen Gewerken, die gleichzeitig auf der Baustelle arbeiten, abzustimmen. Die Flächenübergabe an die Fertigungsplanung und die anfallenden Restarbeiten sind mit der Fertigungsplanung abzustimmen.

- P5.5: Ein Kostenanschlag nach *DIN 276* wird üblicherweise vor der Ausschreibung erstellt. Hier dient er als Übersicht über die Finanzmittelabflussplanung sowie die Budgetierung und ist als Kostenplan gemäß der *VDI-Richtlinie 5200* zu verstehen. Nach dem PKM5.3 wird dieser Kostenanschlag aufgestellt und nach Durchführung aller Vergaben fertiggestellt, sodass er dem Entscheiderkreis als Ergebnis der Vergabe vorgelegt werden kann.

- P5.6: Als abschließender Prozess in der Realisierungsvorbereitung dient die Informationsverdichtung, die durch den PKM5.4 eingeleitet wird; hierbei werden die ersten Baustellenplanungen mit der Fertigungsplanung abgestimmt sowie die Ergebnisse des Kostenanschlags vorgestellt. Vor der Vorstellung der Ergebnisse im Meilenstein findet der PKM5.5 zur letzten Abstimmung statt.

- E5: Im Entscheidungsmeilenstein werden die Ergebnisse der Vergabe vorgestellt sowie die Baustellenplanungen erörtert und verabschiedet.

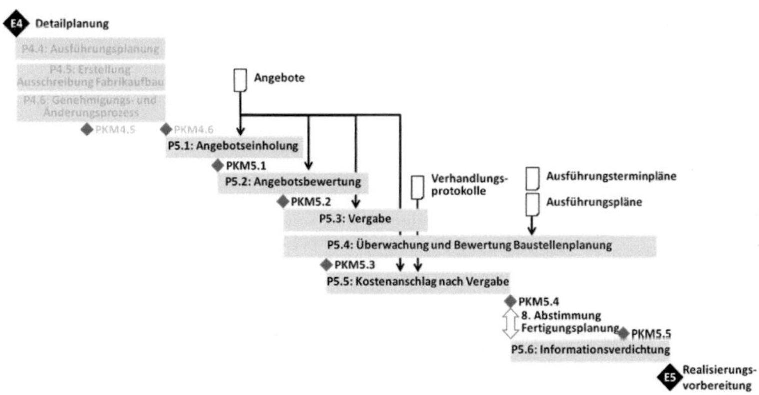

Abbildung 3-16: Ablaufplan der Realisierungsvorbereitung

Bei kritischen Vergaben großer Gewerke sind je nach Bedarf der Entscheiderkreis oder einzelne Entscheidungsträger in die Vergaben zu involvieren; dies sollte fallbezogen geschehen und verläuft somit außerhalb des Musterprozesses. Die Entscheidungskriterien für den Meilenstein E5, wie in *Abbildung 3-17* aufgelistet, sind folgende:

- Kriterien Aufwand, Nutzen, Risiko: Ausgehend von den Vergaben und dem Kostenanschlag nach Vergabe ergibt sich der Kostenplan für das Fabrikprojekt, welcher final abzustimmen ist. Das Risiko ist hierbei insbesondere aus der Sicht möglicher Nachtragsforderungen zu bewerten und zu präsentieren.

- Kriterien Prozess- und Projektterminierung: Die Bewertung der Terminpläne für das Gesamtprojekt und insbesondere für die bevorstehende Realisierung sind detailliert zu betrachten und zu verabschieden. Hierbei spielt vor allem die Abstimmung mit den Lieferanten und die Koordination auf der Baustelle eine übergeordnete Rolle. Eine Absicherung durch eine Bauablaufsimulation in 3-D ist durchzuführen und vorzustellen.

- Kriterien Struktur- und Standardisierungsqualität: Als fabrikplanerisches Gesamtmerkmal ist die Struktur hinsichtlich ihrer Baubarkeit zu bewerten; dies geschieht auch unter dem Aspekt der Prüfung standardisierter Elemente, um diese weiterzuentwickeln. Jene Aspekte werden ebenfalls mit der Bauablaufsimulation zur Terminabsicherung geprüft.

	Phase / Meilenstein / Entscheidungskriterium	Ziel-festlegung E1	Grundlagen-ermittlung E2	Konzept-planung E3	Detail-planung E4	*Realisierungs-vorbereitung E5*	Realisierungs-überwachung E6	Hochlauf-betreuung E7
Kosten	Aufwand / Nutzen	●	●	●	●	●		
	Risiko	●	●	●	●	●		
Zeit	Unmittelbare Prozessterminierung	●	●	●	●	●		
	Globale Projektterminierung	●	●	●	●	●		
Qualität	Strukturqualität	●	●	●	●	●		
	Flussqualität	●	●	●	●			
	Energieeffizienz			●	●			
	Ergonomische Qualität			●	●			
	Ästhetik		●	●	●			
	Standardisierungs-qualität	●	●	●	●	●		

Abbildung 3-17: Entscheidungskriterien bis Entscheidungsmeilenstein E5

Virtuelle Werkzeuge dieser Phase

In der Realisierungsvorbereitung liegen die Schwerpunkte auf der Termin- und Finanzplanung des Projekts; folglich werden nur wenige virtuelle Werkzeuge eingesetzt. Das Fabrik-DMU kommt nur im Falle von massiven Änderungen durch den Lieferanten zur Prüfung von Kollisionen zum Einsatz. Von besonderer Bedeutung allerdings ist die Bauablaufsimulation zur Absicherung der Terminpläne und der Koordination auf der Baustelle auch in Abstimmung mit der Fertigungsplanung. Die wesentlichen Ergebnisse der Simulation werden am 3-D-Modell im Entscheidungsmeilenstein vorgestellt. Dabei findet auch die Bewertung der Baubarkeit der Fabrikstruktur statt.

3.2.6 Phase 6: Realisierungsüberwachung

Im Rahmen der Realisierungsüberwachung wird die Ausführung aller in der Fabrikplanung festgelegten baulichen Anlagen sichergestellt, wobei die Einhaltung der vorgegebenen Ziele hinsichtlich Qualität, Kosten und Zeit zu berücksichtigen sind; am Ende liegt als Ergebnis die fertiggestellte Fabrik vor [VDI-11; S. 18f.].

Einzelschritte und Ergebnisse nach *VDI-Richtlinie 5200*

Wie in der Richtlinie beschrieben wird, besteht die Realisierungsüberwachung aus zwei Prozessen [VDI-11; S. 19f.]:

- Koordination, Überwachung und Dokumentation der Realisierung: Die Ausführung ist einerseits unter allen fachlich Beteiligten zu koordinieren und andererseits zu überwachen; die Überwachung erfolgt hinsichtlich der Ausführungsqualität und der Übereinstimmung mit der Planung vor allem durch Abnahmen; Termine sind anhand von verbindlichen Zeitplänen und Vertragsfristen zu prüfen; die Kostenverfolgung ist zur Überwachung der Ziele in finanzieller Hinsicht von Bedeutung. Alle Überwachungsvorgänge der Ausführung sind zu dokumentieren.

- Abschlussdokumentation: Die Abschlussdokumentation nach der Ausführung dient der Feststellung des Ausführungsstands der Fabrik zur Nutzung für den Fabrikbetrieb und für spätere Veränderungen am Bestand. Von besonderer Bedeutung sind bestandsbezogene Pläne der Fabrik und die Kostenfeststellung nach *DIN 276-1*.

Entscheidungsmethodik dieser Phase

Gemäß der Prozessbeschreibung nach *VDI-Richtlinie 5200* wird von Koordination, Überwachung und Dokumentation der Realisierung gesprochen, welche in der Entscheidungsmethodik mit dem Begriff der Bauleitung umschrieben wird. Unter Bauleitung wird im Allgemeinen die Überwachung des Entstehens des Bauwerks verstanden, wobei die Übereinstimmung mit der Planung im Vordergrund steht [Ditt-97; S. 16]. Im hier dargestellten Prozess wird diese Aufgabe in die drei Bereiche der Baustellenvorbereitung, der eigentlichen Ausführung und der Abnahme zeitlich unterteilt.

In *Abbildung 3-18* sind die Einzelprozesse zusammenfassend dargestellt, welche nun ausführlich beschrieben werden:

- P6.1: Die Bauleitung im Rahmen der Baustellenvorbereitung zielt auf die Überwachung und Koordination der Tätigkeiten im Rahmen der Baustelleneinrichtung und anderer vorbereitender Tätigkeiten ab, bevor die eigentlichen Bauarbeiten beginnen. Hierzu sind in erster Linie die Terminpläne hinsichtlich Einhaltung und die Ausführungspläne, speziell die Baustelleneinrichtungspläne, zu berücksichtigen. Am Ende des Prozesses wird im PKM6.1 ein Rückblick gegeben sowie die weitere Vorgehensweise auf der Baustelle diskutiert.

- P6.2: Gegen Ende der Baustelleneinrichtung beginnen die ersten Gewerke die Ausführung, die nunmehr zu überwachen ist; im Rahmen von zwei Prozesskettenmeilensteinen werden die Stände der Ausführung präsentiert und die weitere Vorgehensweise diskutiert. In diesen Runden wird ein Gesamtprojektüberlick zu einem Stichtag gegeben; Baustellenbesprechungen und kleinere Projektrunden ausgewählter Gewerke werden hierdurch nicht ersetzt.

- P6.3: Sobald erste abnahmefähige Leistungen erbracht wurden, können zum Abschluss der Ausführungsphase Abnahmen erfolgen. Die Überwachung, Koordination und Dokumentation der eventuell erforderlichen Mängelbeseitigung bei den jeweiligen Gewerken fällt in diesen Prozess, sofern die Mängel innerhalb kurzer Zeit zu beseitigen sind. Über großflächige und aufwendige Mängelbeseitigungen wird in der Hochlaufbetreuung berichtet. Aufgrund der großen Bedeutung der Beendigung wesentlicher Arbeiten, die dazu führen, dass die Maschinenaufstellung und der Anlagenbau der Fertigung beginnen kann, wird im Rahmen der PKM6.4 auch die Fertigungsplanung unterrichtet; im folgenden PKM6.5 findet dann die Flächenübergabe an die Fertigungsplanung statt, wodurch der Fertigungsanlagenbau beginnt.

- P6.4: Nach Abschluss der ersten Leistungsabnahmen wird die Abschlussdokumentation des Fabrikprojekts begonnen. Gegen Ende der Abschlussdokumentation wird das PKM6.6 durchgeführt, um die abschließenden Ergebnisse der Abnahmen zusammenzufassen, die Abschlussdokumentation weitestgehend zu verabschieden und mit der Informationsverdichtung anzufangen.

- P6.5: Die Informationsverdichtung dient der Zusammenfassung aller relevanten Informationen aus der Realisierungsüberwachung für das Management. Hierbei sind natürlich Erfahrungen in der Umsetzbarkeit der Standards und anderer Planungsdetails von hoher Wichtigkeit. Die Ergebnisse werden im PKM6.7 diskutiert und bis zum Meilenstein überarbeitet.

- E6: Im sechsten Entscheidungsmeilenstein steht der Bericht über die Realisierung und die identifizierten Optimierungspotenziale im Vordergrund der Betrachtungen.

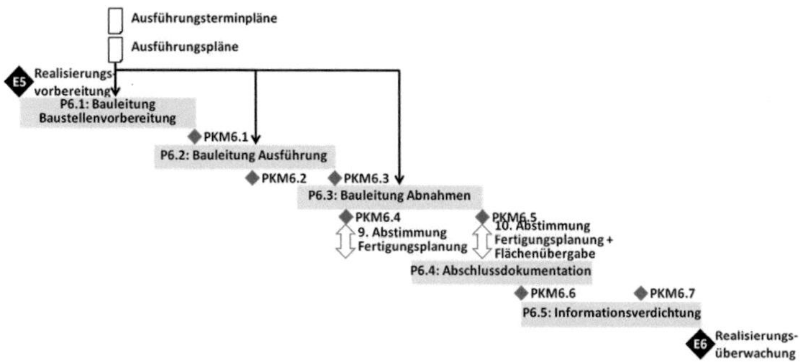

Abbildung 3-18: Ablaufplan der Realisierungsüberwachung

Folgende Kriterien sind im Meilenstein am Ende der Realisierungsüberwachung von Bedeutung (vgl. *Abbildung 3-19*):

- Kriterien Aufwand, Nutzen, Risiko: Im Laufe der Realisierung der Fabrikstruktur sind die Aufwände fortlaufend zu überwachen; das Risiko ergibt sich vor allem aus Nachtragsforderungen im Zuge von Änderungen, die jedoch auch hinsichtlich ihrer Nutzenpotentiale zu bewerten sind. Die Ergebnisse sind in einer Übersicht darzustellen.

- Kriterien Projekt- und Prozessterminierung: Um den gesamten Projektterminplan zu halten, sind die Ausführungen ausgehend vom Terminplan für die Bauarbeiten zu steuern. Im Nachgang ist über die aktuelle Termintreue und die erwartete Einhaltung der Termine bis Projektende zu berichten.

- Kriterien Struktur- und Standardisierungsqualität: Ähnlich wie die Betrachtungen in der Realisierungsvorbereitung sind während der Realisierung die Potentiale in der Gestaltung der Fabrikstruktur und der Umsetzung von festgesetzten Standards zusammenzutragen und schließlich in einer Handlungsempfehlung für zukünftige Projekte als Entscheidungsvorlage zu verabschieden. Außerdem ist zur Veranschaulichung und zur Darstellung der Dokumentation der tatsächlich ausgeführte Stand einschließlich aller Änderungen aufzubereiten.

	Phase / Meilenstein / Entscheidungskriterium	Ziel-festlegung E1	Grundlagen-ermittlung E2	Konzept-planung E3	Detail-planung E4	Realisierungs-vorbereitung E5	*Realisierungs-überwachung E6*	Hochlauf-betreuung E7
Kosten	Aufwand / Nutzen	●	●	●	●	●	●	
	Risiko	●	●	●	●	●	●	
Zeit	Unmittelbare Prozessterminierung	●	●	●	●	●	●	
	Globale Projektterminierung	●	●	●	●	●	●	
Qualität	Strukturqualität	●	●	●	●	●	●	
	Flussqualität	●	●	●	●			
	Energieeffizienz			●	●			
	Ergonomische Qualität			●	●			
	Ästhetik		●	●	●			
	Standardisierungs-qualität	●	●	●	●	●	●	

Abbildung 3-19. Entscheidungskriterien bis Entscheidungsmeilenstein E6

Virtuelle Werkzeuge dieser Phase

Während der Realisierung liegt das Hauptaugenmerk der Betrachtungen auf der plankonformen Ausführung und der Einhaltung von Finanzzielen. Deshalb finden in der Realisierungsüberwachung nur wenige virtuelle Werkzeuge Anwendung. Das Fabrik-DMU wird eingesetzt, wenn es zu massiven Änderungen des Planungsstands kommt. Am Ende der Phase wird jedoch die umgesetzte Ausführung im CAD dokumentiert und auch in der Fabrik-Visualisierung noch einmal dargestellt. Erste erkannte Verbesserungen sind ebenfalls virtuell aufzubereiten; gleiches gilt im Bauablauf mit Hilfe einer simulativen Darstellung.

3.2.7 Phase 7: Hochlaufbetreuung

Nach der Realisierung der Fabrik wird sie in Betrieb genommen. Bis zur geforderten Leistungsfähigkeit wird die Fabrik als Teil der Fabrikplanung hochgefahren und anschließend bewertet [VDI-11; S. 20].

Einzelschritte und Ergebnisse nach *VDI-Richtlinie 5200*

Die Hochlaufbetreuung wird in der *VDI-Richtlinie 5200* in zwei Teilschritten beschrieben [VDI-11; S. 20f.]:

- An- und Hochlaufbetreuung: Die Unterstützung für den Hoch- und Anlauf in der neuen Fabrik erfolgt bis zur Erreichung des geplanten Leistungsniveaus. Vor allem der Betrieb von Gebäuden und den zugehörigen technischen Ausstattungen ist von Bedeutung.

- Bewertung der Fabrik: Die Fabrikbewertung erfolgt zum Vergleich der festgelegten mit den erreichten Zielen und dient der Abnahme des Fabrikplanungsergebnisses durch den Fabrikbetreiber.

Entscheidungsmethodik dieser Phase

Im Rahmen der Hochlaufbetreuung wird der Nutzer der Fabrik bzw. der Fabrikbetreiber unterstützt; der Fokus im Zusammenhang der Fabrikstrukturplanung liegt in der Unterstützung der Produktion eines optimalen Produkts durch Sicherstellung der Funktionen von Gebäuden, Technischer Gebäudeausstattung und Fördertechnik. Bei der Bewertung der Fabrik stehen nicht die Verbesserungspotentiale im Vordergrund, die bereits während der Realisierungsvorbereitung und -überwachung identifiziert wurden, sondern vielmehr die Zielerreichung aus strategischer Sicht und die Abnahme durch den Fabrikbetreiber. Der Fabrikbetreiber ist demnach der Kunde der Fabrikplanung und bewertet das Planungsergebnis. So erhalten die Planer nicht nur Verbesserungsvorschläge, die sie selbst erkannt haben, sondern auch solche, die der Nutzer beim Hochlauf und Betrieb erkennt. Folgende Einzelschritte werden dafür veranschlagt, die in *Abbildung 3-20* dargestellt sind:

- P7.1: Nach Ende der Realisierungsüberwachung ist der Gebäudebetrieb schnellstmöglich aufzunehmen. Dies betrifft die Gebäude an sich wie auch deren technische Ausstattungen, um das Arbeiten im Gebäude gemäß den einschlägigen Richtlinien zu ermöglichen. Damit wird auch der Nutzer der Fabrik befähigt, in den Gebäuden zu arbeiten. Nach Ende des Hochlaufs des Gebäudebetriebs findet der PKM7.1 statt, in dem Vorgehen und aufgetretene Probleme erörtert werden.

- P7.2: Parallel nach Aufnahme des Gebäudebetriebs wird die Fördertechnik getestet und in Betrieb genommen, sodass die Produktionsanlagen mit Produkten und Teilen versorgt werden können.

- P7.3: Außerdem findet die Fabrikbewertung hinsichtlich aller veranschlagter Ziele statt. Der Fabrikbetreiber nimmt bei korrektem Hochlauf die Fabrik ab. Beendet wird dieser Schritt durch den PKM7.2 zusammen mit der Fertigungs- und Logistikplanung, damit alle Besonderheiten und Probleme beim Hochlauf der Fabrikstruktur und der Wechselwirkungen mit den Fertigungsanlagen besprochen werden können. Darüber hinaus werden grobe Mängel und Nachbesserungen dokumentiert.

- P7.4: Alle Erfahrungen aus dem Hochlauf der Fabrikstruktur werden gesammelt und für den Entscheidungsmeilenstein vorbereitet, wobei vor Ende noch der PKM7.3 stattfindet.

- E7: Im Entscheidungsmeilenstein der Hochlaufbetreuung wird ein Bericht über den Hochlauf erstellt, getätigte Maßnahmen zur Abhilfe bei Problemen werden vorgestellt und das Planungsergebnis wird vom Entscheiderkreis final abgenommen.

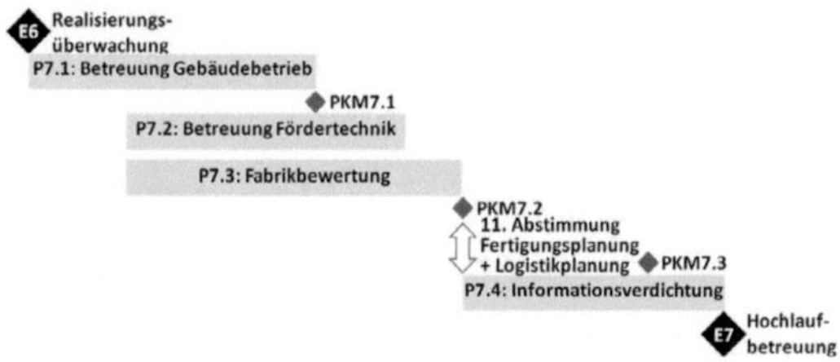

Abbildung 3-20: Ablaufplan der Hochlaufbetreuung

Im Entscheidungsmeilenstein sind ausgehend von der vorangegangenen Abnahme der Fabrik durch den Betreiber und der Bewertung alle Kriterien abzuhandeln und zu diskutieren (vgl. *Abbildung 3-21*). Dabei steht im Vordergrund, die positiven und negativen Aspekte der Planung zu berücksichtigen. Dies soll den Entscheiderkreis vor allem für Verbesserungen im Standardisierungskatalog sensibilisieren.

Entscheidungskriterium \ Phase / Meilenstein		Ziel-festlegung E1	Grundlagen-ermittlung E2	Konzept-planung E3	Detail-planung E4	Realisierungs-vorbereitung E5	Realisierungs-überwachung E6	*Hochlauf-betreuung E7*
Kosten	Aufwand / Nutzen	●	●	●	●	●	●	●
	Risiko	●	●	●	●	●	●	●
Zeit	Unmittelbare Prozessterminierung	●	●	●	●	●	●	●
	Globale Projektterminierung	●	●	●	●	●	●	●
Qualität	Strukturqualität	●	●	●	●	●	●	●
	Flussqualität	●	●	●	●			●
	Energieeffizienz			●	●			●
	Ergonomische Qualität			●	●			●
	Ästhetik		●	●	●			●
	Standardisierungs-qualität	●	●	●	●	●	●	●

Abbildung 3-21: Entscheidungskriterien bis Entscheidungsmeilenstein E7

Virtuelle Werkzeuge dieser Phase

Für die Endabnahme der Fabrik durch den Entscheiderkreis und die Darstellung der Fabrikbewertung durch den Nutzer werden alle Problempunkte sowohl durch eine Fotodokumentation als auch mit Hilfe einer Fabrik-Visualisierung, u.U. mit Simulationen der Fördertechnik, dargestellt.

3.2.8 Phase 8: Projektabschluss

Der Projektabschluss ist gemäß den Ausführungen aus der *VDI-Richtlinie 5200* nicht als Fabrikplanungsphase zu werten; in der Entscheidungsmethodik jedoch soll zur einheitlichen Darstellung auch von einer Planungsphase gesprochen werden, die keinen echten Entscheidungsmeilenstein hat.

Einzelschritte und Ergebnisse nach *VDI-Richtlinie 5200*

In der Richtlinie sind zwei parallele Prozesse vorgesehen [VDI-11; S. 21f.]:

- Projektbewertung: Hierbei wird ein Projektabschlussbericht erstellt, der die Bewertung der Fabrik und der Planung aus der vorhergehenden Phase, das gesammelte Projektwissen und die Abschlussdokumentation enthält.

- Wissensmanagement: Im Rahmen des Wissensmanagements wird das Wissen aus dem Projekt gesammelt, hinterlegt und nutzbar gemacht.

Entscheidungsmethodik dieser Phase

Im Zuge des durchgängigen Vorziehens bestimmter Elemente in der Entscheidungsmethodik ist auch die Projektbewertung bereits in der Phase 7 erfolgt. Auch Standards wurden bereits in der vorherigen Phase hinsichtlich möglicher Verbesserungen betrachtet. Somit besteht die Projektabschlussphase lediglich aus folgenden Schritten und Ergebnissen (siehe *Abbildung 3-22*), die in der Planungsmannschaft intern durchgeführt werden und nicht vom Entscheiderkreis abgenommen werden:

- P8.1: Zunächst wird die Zusammenarbeit der Beteiligen innerhalb der Fabrikstrukturplanung bewertet; die Potentiale werden im PKM8.1 gemeinsam besprochen.

- P8.2: Danach folgt die Bewertung der Zusammenarbeit mit den anderen Planungsbereichen, in erster Linie mit Fertigungs- und Logistikplanung. Dies wird in einem Abschlussgespräch mit beiden Bereichen beendet.

- P8.3: Parallel erfolgt der Prozess des Wissensmanagements, bei dem weitere Erfahrungen, die nicht bereits in der Fabrikbewertung und bei der Optimierung der Standards aufgenommen wurden, gesammelt und mit Hilfe eines geeigneten Werkzeugs für zukünftige Planungen zur Verfügung gestellt werden. Hierzu wird auch ein abschließendes Gespräch zum PKM8.2 mit Fertigungs- und Logistikplanung durchgeführt.

- Projektabschluss: Am Ende der achten Phase und des Fabrikplanungsprozesses steht der offizielle Projektabschluss als gemeinsames Gespräch der Planungsmannschaft.

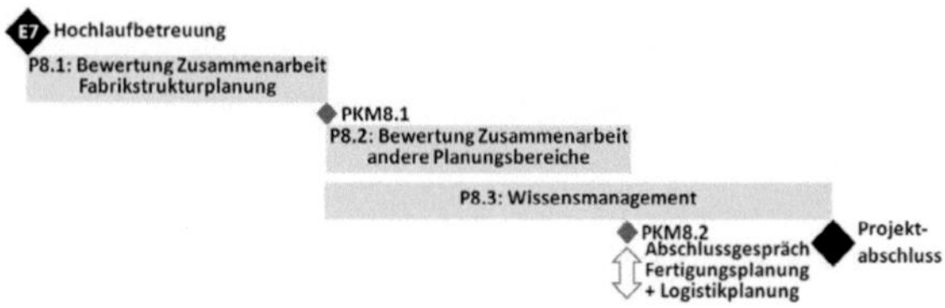

Abbildung 3-22: Ablaufplan des Projektabschlusses

Virtuelle Werkzeuge dieser Phase

Beim Projektabschluss werden üblicherweise nur dann virtuelle Werkzeuge eingesetzt, wenn für die Darstellung der Ergebnisse des Wissensmanagementprozesses Planungsdaten erforderlich sind.

3.3 Fabrikprojekt-Datenmanagement

Nach Darstellung des Prozesses der Fabrikstrukturplanung und damit auch des Prozesses der Datenerzeugung soll auf das Datenmanagement eingegangen werden. Je nach Strategie des fabrikplanenden Unternehmens und in Abhängigkeit des Anteils von Nachunternehmern an der Wertschöpfung in der Fabrikplanung werden drei Grundprinzipien im Datenmanagement vorgestellt und definiert, wobei schließlich die Entscheidungsorientierung vorgeschlagen wird. Allgemein werden unter Datenmanagement „alle organisatorischen und technischen Aufgaben, die der Konzeption und dem Entwurf der Daten sowie ihrer Haltung und Bereitstellung dienen“ [BrGW-11; S. 165], verstanden.

3.3.1 Funktionsorientierung

Unter Funktionsorientierung im Fabrikprojekt-Datenmanagement wird diejenige Sichtweise auf das Datenmanagement verstanden, bei der nur die Funktion aller Entscheidungsinstrumente über den Fabrikplanungsprozess hinweg sichergestellt ist. Es steht also die einwandfreie und zielorientierte Funktion der Entscheidungsinstrumente im Vordergrund.

Dies kann bedeuten, dass für jedes Werkzeug ein anderes Datenformat und eine andere Software verwendet wird. Des Weiteren kann dies bedeuten, dass über die Entscheidungsmeilensteine hinweg die Applikationen oder Datenformate für ein einzelnes oder mehrere Werkzeuge gewechselt werden, da sich eine bessere Funktion durch den Wechsel ergibt. Dies führt unter Umständen zu einer hohen Anzahl an Datenformaten, die gelesen, geschrieben und verändert werden müssen. Außerdem sind in vielen Fällen Konvertierungen erforderlich, die meist mit Informationsverlusten einhergehen. Diese Vorgehensweise ist nicht im Einklang mit einem durchgängigen Datenmanagement ohne Medienbrüche, wie es in der Vision der Digitalen Fabrik festgehalten ist [BrGW-11; S. 165].

Dennoch ist die Funktionsorientierung in der Fabrikplanung dann nicht unüblich, wenn sehr viele externe Planer mit der Projektierung betraut sind und nur die Entscheidungen als einzig notwendige Aufgabe und Pflicht des Auftraggebers wahrgenommen werden. Es wird nicht vorgeschrieben, wie die Daten abzuliefern sind, sondern vielmehr, welche Werkzeuge und vor allem welche Entscheidungsinstrumente für die jeweiligen Entscheidungsmeilensteine vorzusehen sind. Eine Fabrik-Visualisierung in Echtzeit und mit Fotorealismus kann mit verschiedenen Programmen und in verschiedenen Datenformaten durchgeführt werden. Mögliche Medienbrüche und Datenverluste sollten dann, vertraglich geregelt, von den externen Planern kompensiert werden und sollten nicht im Handlungsspielraum des Auftraggebers liegen.

Da jedoch nach Abschluss des Projekts Bestandspläne und -dokumente vorzuliegen haben und auch während der Planung Kontrollen möglich sein müssen, ist zu beachten, dass der Auftragnehmer auch allgemein lesbare Abschriften seiner Daten erzeugen muss. Hierzu können neben anderen allgemein lesbare Formate wie PDF oder DXF verwendet werden, die meist von Viewer-Applikationen geöffnet werden können.

Die Funktionsorientierung im Datenmanagement ist nicht sinnvoll, wenn Daten während der Planung beim Auftraggeber selbst erzeugt oder auch nur verändert werden müssen. Beim vorhandenen internen Planungssystem mit vielen eigens programmierten Spezialapplikationen, wie es beispielsweise in der deutschen Automobilindustrie in Form der VDA-Tools der Fall ist, wird die Funktionsorientierung im Datenmanagement nur dann eingesetzt werden, wenn komplette Objekte an Generalplaner vergeben werden.

3.3.2 Integritätsorientierung

Die gegensätzliche Sichtweise auf das Datenmanagement ist die Integritätsorientierung; unter ihr wird dasjenige Grundprinzip im Datenmanagement verstanden, bei dem die Integrität der Daten hinsichtlich Format, Aufbereitung und Erstellung über den gesamten Fabrikplanungsprozess an vorderster Stelle steht. Der deutliche Unterschied wird in *Abbildung 3-23* dargestellt: Bei der Funktionsorientierung wird die Funktion als kleine Facette des Datenmanagements vorangestellt, im Rahmen der Integritätsorientierung ist die Datenintegrität mit vielseitigen Gesichtspunkten von Bedeutung.

Abbildung 3-23: Schema von Funktions- und Integritätsorientierung

Häufig findet dieses Prinzip dann Anwendung, wenn das fabrikplanende Unternehmen ein eigenes Planungssystem betreibt und hierbei die Planungsdaten von externen Erstellern einlesen und bearbeiten will. Üblich ist in diesem Zusammenhang auch, dass die Daten teilweise extern und teilweise intern über den Planungsprozess hinweg erstellt und bearbeitet werden. Die frühen Phasen eines Projekts werden zeichnerisch meist im Hause betreut, dann werden die Daten nach außen gegeben und schließlich wird zum Ende des Projekts eine Bestandsdokumentation wieder ins Haus gegeben. Dies kann für verschiedene Gewerke in der Fabrikplanung unterschiedlich gehandhabt werden; für spezielle Zwecke der Planung, beispielsweise Fördertechnik, Krananlagenbau oder Bühnenbau, werden eigens programmierte Planungsmodule innerhalb der Planungssoftware verwendet, sodass häufig auch die externen Planer mit diesen Modulen arbeiten. Unter diesen zusammengefassten Rahmenbedingungen ist es unbedingt erforderlich, dass die Datenintegrität in den Vordergrund des Datenaustauschs gestellt wird. Wenn dann die Daten von externen Planungsdienstleistern im korrekten Format und in korrekter Aufbereitung im Unternehmen eintreffen, werden damit auch die Entscheidungsmeilensteine zum richtigen Zeitpunkt in der geforderten Qualität eingehalten und somit der Fortgang des Projekts sichergestellt.

Somit ergeben sich zwei verschiedene Sichtweisen auf das Datenmanagement, die in der Konsequenz beide auf verschiedene Art und Weise die Einhaltung der gesamten Entscheidungsmethodik hinsichtlich Zeit und Qualität sicherstellen.

3.3.3 Entscheidungsorientierung

Beide Extreme des Fabrikprojekt-Datenmanagements sind durch Vor- und Nachteile gekennzeichnet. Im Wesentlichen gilt es nun, einen generischen Ansatz zu beschreiben, der der Entscheidungsfindung an allen Fabrikmeilensteinen genügt. Das übergeordnete Datenmanagement für die Entscheidungsfindung findet sich prozessual in erster Linie in der Informationsverdichtung am Ende einer jeden Planungsphase.

Anforderungen an das Datenmanagement für die Funktion der Entscheidungsmethodik können folgendermaßen formuliert werden:

- Berücksichtigung aller Stellgrößen für die Entscheidungsfindung: Alle Daten für die jeweils vorgesehenen Entscheidungskriterien des Meilensteins sind zu sammeln.

- Bringschuld: Um die Vorbereitung des Meilensteins für die involvierten Planer zu vereinfachen, haben sie eine Bringschuld; eine Holschuld der Projektleitung ist nicht abzubilden.

- Einheitliche Ablage: Damit die Daten vom involvierten Kreis abgelegt und eingesehen werden können, muss eine einheitliche, projekt- und meilensteinorientierte Ablage erfolgen. Die langfristige Sicherung der Daten ist ebenfalls von Bedeutung.

- Entscheidungsrelevante Zusammenfassung: Die Datenablage und das komplette Datenmanagementsystem für die Entscheidungsmeilensteine beinhaltet nur entscheidungsrelevante Dokumente und keine Projektdokumente. Die Zusammenfassung enthält zudem das Protokoll der Meilensteinsitzung zur Dokumentation der Ergebnisse.

- Sicherung vor Manipulation: Nach Beendigung der Meilensteinsitzung müssen die Daten vor Manipulation gesichert werden, sodass der tatsächliche Entscheidungsstand dokumentiert ist.

Aus diesen Anforderungen ergibt sich eine eindeutige Ablagestruktur für ein Projektdokumentationsmanagementsystem, die in *Abbildung 3-24* zu sehen ist. Da auch für alle anderen Projektdokumente üblicherweise ein solches Dokumentationssystem existiert, ist eine Implementierung in dasselbe sinnvoll, wobei dann auch eine Verlinkung von Entscheidungsdokumenten, die gleichzeitig Projektdokumente sind, möglich ist. Um allerdings die Orientierung einheitlich zu regeln, wird eine Struktur zur Ablage festgelegt und nicht, wie häufig üblich, nur eine Ablage über Schlagworte festgelegt.

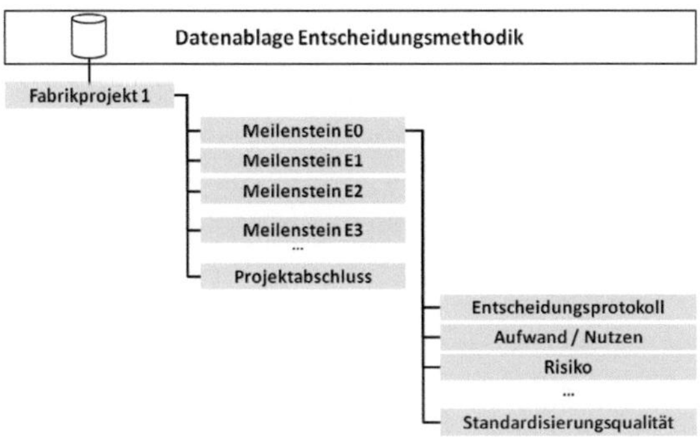

Abbildung 3-24: Datenablagestruktur für die Entscheidungsmethodik

Demzufolge wird die Struktur erst anhand des Projekts, dann anhand der Meilensteine der Entscheidungsmethodik und schließlich nach den Entscheidungskriterien bzw. dem Protokoll gemäß der Prozessbeschreibung gebildet. Über das Entscheidungsprotokoll ist auch eine Verlinkung auf die Dokumente zur Entscheidungsfindung über die einzelnen Kriterien möglich. Sofern Daten für die Entscheidungsfindung mehrerer Kriterien dieselben sind (z.B. Daten der Fabrik-Visualisierung), werden sie einmal im Baum unter einem Kriterium abgelegt und dann in den übrigen verlinkt.

Aus Sicht der Entscheidungsfindung ist es von größter Bedeutung, dass die für die Entscheidung relevanten Daten vorliegen; insbesondere trifft dies für die Virtual-Reality-gestützten Entscheidungen zu. Eine Ablage von Daten erfolgt in diesem Fall in der Form, dass das Format zur eigentlichen Entscheidung vorliegt und nicht der aufbereitete CAD-Datensatz. Der Datensatz sollte im Planmanagementsystem vorgehalten werden. Dieser Ansatz folgt stark der zuvor beschriebenen Funktionsorientierung, jedoch in diesem Fall nur für die Fabrik-Visualisierung.

Der Prozess der Informationsverdichtung folgt, wie schon in der Datenablage berücksichtigt, der Herbeiführung von Entscheidungen anhand der Kriterien. Dies führt dazu, dass im Rahmen des Prozesses die bis zum Meilenstein gemäß den einzelnen Kriterien vorliegenden Daten in Form von entscheidungsunterstützenden Dokumenten abgegeben, diese dann im PKM der Informationsverdichtung gesichtet und Verbesserungspotentiale festgestellt werden. Nach Abarbeitung der Potentiale werden die Dokumente in ihrem endgültigen Stand geordnet nach den Kriterien innerhalb des Meilensteins und des Projekts erneut eingestellt und dann im Meilensteintermin abgehandelt. Natürlich kann es vor allem bei verwandten Kriterien wie Aufwand und Risiko oder den verschiedenen Qualitätskriterien dazu kommen, dass ein Dokument für mehrere Kriterien dient; dann wird auch hier wieder eine Verlinkung durchgeführt, um Mehrfachablagen zu verhindern. Nach dem Entscheidungsmeilenstein kann kein Dokument verändert werden, was systemseitig zu regeln ist; lediglich das Protokoll des Meilensteins wird im Nachgang noch eingestellt und ist ebenfalls unveränderlich.

3.4 Meilensteinorientierter Virtual-Reality-Prozess

Das Grundgerüst der Entscheidungsmethodik sind einerseits die Prozesse, in denen Planungsergebnisse erzeugt und Alternativen abgewogen werden; andererseits sind die Entscheidungsmeilensteine die wesentlichen Elemente des Prozesses, die vor allem das Fortschreiten der Prozesskette ermöglichen. Aufgrund der großen Bedeutung der Entscheidungen wird der Virtual-Reality-Prozess innerhalb der Entscheidungsmethodik als Prozessinnovation isoliert dargestellt. Das Werkzeug der Fabrik-Visualisierung wird hierbei durchgängig eingesetzt; abgebildet werden die Planungsstände mit Hilfe der Visualisierung zu jedem Meilenstein von E1 bis E7 als ein Virtual-Reality-Modell (VR-Modell), welches für jedes Projekt den gleichen Titel trägt, um die Orientierung der Entscheider in der Prozesslandschaft zu unterstützen. Für den Projektbeginn (E0) und den Projektabschluss werden keine VR-Modelle benötigt.

Im Laufe des Fabrikplanungsprozesses erhalten diese VR-Modelle verschiedene Qualitäten, die abhängig vom Planungsstand und -umfang sind sowie vom Einsatz verschiedener Werkzeuge der virtuellen Fabrikplanung abhängen. Unterteilt werden diese Qualitäten in drei Merkmale:

- Echtzeit-Darstellung: Für alle Modelle gilt, dass sich die Entscheider in Echtzeit durch das Modell bewegen können, wobei es keine Rolle spielt, wie hoch die Detaillierung der Planung ist. Ausnahmen sind Fotos und vorgefertigte Filme aus der VR-Darstellung.

- Fotorealismus: Bis auf das Modell zum Meilenstein E1, wo noch wenige Daten zur Umgebung der Fabrik vorliegen, wird jedes Modell fotorealistisch dargestellt. Zum einen ist dies für die Maximierung der Immersivität von Bedeutung, um den Entscheidungsprozess zu unterstützen, zum anderen ist das unbedingt erforderlich, um über die Außenwirkung von Fabrikgebäuden oder die Anmutung von Oberflächen entscheiden zu können.

- Darstellung von Simulationsergebnissen: Allein die Ergebnisse der geometrischen und ästhetischen Planung sind für viele Beurteilungen und die Betrachtung von Alternativen nicht ausreichend. Deshalb werden Ergebnisse von Simulationen in die virtuelle Realität der Fabrik-Visualisierung eingebaut. Dies kann entweder über die Darstellung von statischen Planungsalternativen erfolgen oder über Falschfarbendarstellungen (z.B. bei Energiebetrachtungen an Bauteilen) oder eben durch die bewegte Fabrik-Visualisierung (z.B. bei der Materialflusssimulation).

Im Folgenden wird der VR-Prozess mit Hilfe der sieben VR-Modelle und den unterstützenden Planungs- und Prüfungsprozessen unter Angabe der wichtigsten Inhalte der Modelle beschrieben, wobei eine Zusammenschau in *Abbildung 3-25* zu sehen ist:

1. VR-Modell „Masterplan 1“: In der Masterplanung 1 werden die Daten für das erste VR-Modell erzeugt. Inhalte des Modells, das in Echtzeit dargestellt wird, sind Grundlagen zur Anordnung des Werkslayouts mit ersten Erkenntnissen zu Material-, Personen- und Informationsfluss als statische Prinzipdarstellungen.

2. VR-Modell „Masterplan 2“: Die Datengrundlage des ersten Modells wird durch die Masterplanung 2 weiter bearbeitet, wobei bereits eine einfache Ablaufsimulation den

Materialfluss im Werk und in Anlagenteilen darstellen soll. Die Fabrikstruktur, die aus dreidimensionalen Baukörpern mit ersten Details besteht, wird in fotorealistischer Qualität präsentiert.

3. VR-Modell „Standortentscheid“: Durch die dritte Überarbeitung des Masterplans und die Variantenerstellung entstehen tiefgehende Planungsalternativen, die einerseits in Simulationen abgesichert und optimiert werden müssen und andererseits durch das Fabrik-DMU geprüft werden. Diese Ergebnisse sind dann im Modell für den Standortentscheid für jede Standort- und Konzeptalternative zu zeigen. Neben dem Material- und Personenfluss als Indiz für funktionsfähige Prozesse in der Fabrik spielt die Errichtung und ein frühestmöglicher Zeitpunkt der Flächenübergabe an die Fertigungsplanung eine wichtige Rolle, sodass außerdem Bauabläufe dargestellt werden.

4. VR-Modell „Außenwirkung“: Über die Fein- und Genehmigungsplanung wird die gewählte Standort- und Konzeptvariante ausgeplant. Hierbei muss die gesamte Fabrikstruktur wieder im Fabrik-DMU geprüft werden. Hinsichtlich des Ablaufs werden weitere Simulationen durchgeführt, um auch Energieverbrauch und bauphysikalische Aspekte abzusichern. Im VR-Modell werden zur Beurteilung der Außenwirkung vor allem realistische Fassadenvarianten gezeigt sowie weitere Oberflächen, die außenwirkungsrelevant sind. Die Entscheidungen, die hier getroffen werden, sind wesentlich für den folgenden Ausschreibungsprozess und sind detailliert aufzubereiten.

5. VR-Modell „Baustelle“: Für die Aufbereitung dieses und der folgenden VR-Modelle kommt der Baustein des Fabrik-DMU nur noch bei massiven Änderungen fakultativ zum Einsatz. Für das Baustellenmodell ist es wesentlich, die Realisierung auszuplanen und entsprechend dem Vorgehen der Bauausführenden darzustellen und darüber zu entscheiden, ob das Vorgehen eine frühe Flächenübergabe an den Anlagenaufbau ermöglicht.

6. VR-Modell „Ist-Zustand“: Nach der Realisierung wird in der Abschlussdokumentation der tatsächlich ausgeführte Stand abgebildet. Für Optimierungen in der Ausführung kommen Simulationen zum Einsatz, die einen verbesserten Bauablauf für zukünftige Projekte beschreiben. Die gebaute Fabrik ist in der Fabrik-Visualisierung zu sehen.

7. VR-Modell „Lessons Learned“: In der Fabrikbewertung werden alle Problempunkte zeichnerisch aufgegriffen und mit Hilfe von simulativen Darstellungen je nach Bedarf verdeutlicht. Zudem werden die Problempunkte mit Fotoaufnahmen aufgezeigt und unter Umständen auch optimierten Lösungen gegenübergestellt. Dieses VR-Modell bildet den Abschluss des VR-Prozesses der Fabrikstrukturplanung und dient in erster Linie der Dokumentation und Diskussion von Verbesserungspotenzialen.

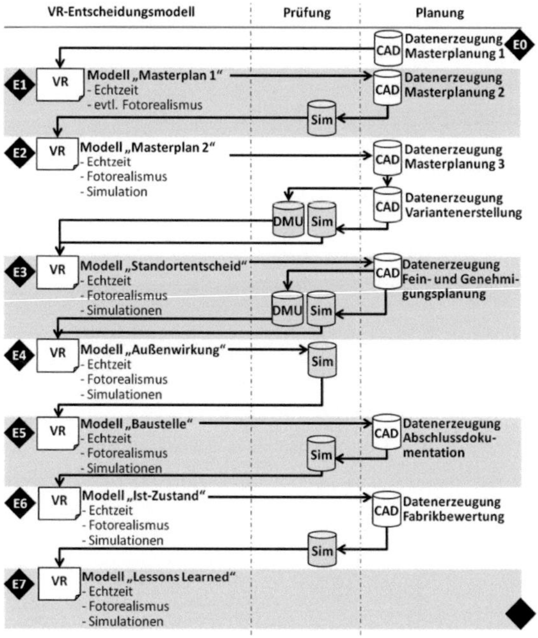

Abbildung 3-25: Überblick über den Virtual-Reality-Prozess

Im Verlauf eines jeden Fabrikprojekts, für welches die innovative Entscheidungsmethodik mit Unterstützung durch die virtuelle Realität Anwendung finden soll, kommen in den Meilensteinen E1 bis E7 die VR-Modelle zum Einsatz. Durch die Festschreibung der einzusetzenden Methoden und der wesentlichen Entscheidungsinhalte werden die Entscheider in der Anwendung der Methodik geschult. Aufgrund des Umfangs von Fabrikprojekten ist die Aufteilung in mehrere VR-Modelle mit unterschiedlichen Inhalten und zunehmender Detaillierung sinnvoll, da sonst der Entscheidungsfindungsprozess infolge einer Informationsüberladung behindert wird. Wie in der Umfrage zur Entscheidungsfindung aus *Kapitel 3.1.3* erläutert wurde, ist eine Aggregation der Planungsergebnisse wichtig, um Entscheidungen zu fördern. Dies wird insbesondere durch die Methodik aus Simulationen und Fabrik-DMU und den Teilprozess der Informationsverdichtung vor jedem Entscheidungsmeilenstein berücksichtigt. Im ersten Meilenstein werden grundlegende Anordnungen im Werks- und Hallenlayout gezeigt, was zu diesem Zeitpunkt in einer zweidimensionalen Darstellung erfolgen kann, was die Zweckmäßigkeit der Anwendung von zwei- und mehrdimensionalen Darstellungen unterstreicht. Auch spätere Layout-Entscheidungen können bei Bedarf derartig getroffen werden. Auf fünfdimensionale Entscheidungsvorlagen wird verzichtet, weil sie den Entscheidungsprozess ausgehend von den Umfrageergebnissen nicht fördern. Die Bedeutung der Größen des Projektmanagements kommt dahingehend zur Geltung, dass zu jedem Meilenstein alle drei Größen berücksichtigt werden:

- Qualität wird erlebbar durch die visuelle Darstellung der Fabrikstruktur.
- Kosten können ausgehend von diesen Darstellungen in ihrer Auswirkung sowohl aus funktionaler wie auch aus ästhetischer Sicht beurteilt werden.
- Zeit wird einerseits durch Bauablaufsimulationen erlebbar und andererseits wird Zeit in der Planung durch den Einsatz der Entscheidungsmethodik gespart.

3.5 Internationale Anwendbarkeit

Eine nicht vernachlässigbare Anforderung an die Entscheidungsmethodik ist die internationale Anwendbarkeit. Aufgrund der Tatsache, dass durch den Ausbau von Produktionsnetzwerken weltweit Fabrikprojekte von Unternehmen mit Hauptsitz in Deutschland durchgeführt werden, ist die Fabrikplanung häufig mit internationalen Umsetzungen und Anforderungen konfrontiert [ShGa-08; S. 37f.].

Die internationale Anwendbarkeit dieser Entscheidungsmethodik wird durch zweierlei Maßnahmen sichergestellt. Eine Maßnahme ist die Loslösung von hiesigen Verordnungen oder Gesetzen. Die Methodik wurde bewusst nicht komplett mit der *HOAI* synchronisiert, da diese Verordnung im Ausland nicht oder nur schwer umsetzbar ist. Auch wurden keine speziellen Genehmigungsverfahren für Fabrikprojekte berücksichtigt. Zwar ist die Methodik geprägt durch die Anwendung der *VDI-Richtlinie 5200*, doch spiegelt sie nicht die strikte Anwendung dieser wider, sondern vielmehr eine Operationalisierung dieser Empfehlung auf die Entscheidungsfindung in der Fabrikplanung.

Diese Tatsache führt direkt auf die zweite Maßnahme zur Sicherstellung der internationalen Anwendbarkeit: Die strikte Orientierung auf Entscheidungsmeilensteine bildet zwar in der prozessualen Darstellung ein festgelegtes Planungsvorgehen ab, das möglichst einzuhalten ist, jedoch ist es durchaus möglich, von dezidierten Schritten abzuweichen, solange die Planungsergebnisse den Ausführungsstandards des jeweiligen Lands entsprechen, die Standards des fabrikplanenden Unternehmens sichergestellt werden und vor allem die Entscheidungsinhalte und -qualitäten zu den Meilensteinen eingehalten werden. Der Prozess schreitet immer dann fort, wenn Entscheidungen getroffen werden konnten.

Bei der Fabrikplanung im Ausland ist es häufig der Fall, dass die Projektsteuerung im Inland stattfindet, um die Unternehmensführung schnell über die Ergebnisse unterrichten zu können. Dieses Vorgehen bietet sich auch bei Anwendung dieser Methodik an; um die Entscheidungsmeilensteine einzuhalten, sind von den fachkundigen Planern Entscheidungsergebnisse im jeweiligen Land zu liefern, um die Entscheidungen vom Führungskreis im Inland zu erhalten. Da mittlerweile auch einige Planungsdienstleister und fabrikplanende Unternehmen Erfahrungswissen und Kenntnisse der Gesetze und Gepflogenheiten in einigen Ländern, wie beispielsweise China oder Mexiko gesammelt haben, können auch fachkundige Planer im Inland beauftragt werden, sodass die internationale Anwendbarkeit auf diesem Kommunikationsweg doppelt abgesichert ist.

Die angestrebte Standardisierung in der Produktion ist zudem nur dann gleichmäßig zu überwachen und zu prüfen, wenn die Entscheidungsmethodik in gleicher Weise Anwendung findet, da der Entscheiderkreis die markanten Punkte für die Umsetzung der Standards so erlernen kann.

Wesentlich ist, die Entscheidungsmeilensteine für die Führungskultur und Funktionsweise des Unternehmens im Inland einerseits und die fremde Kultur, Gesetze und Gepflogenheiten im Ausland andererseits zu berücksichtigen. Die Faktoren zur interkulturellen Anwendung der Entscheidungsmethodik können an dieser Stelle aber nicht diskutiert werden.

3.6 Zusammenfassung

In diesem Abschnitt der Arbeit wird die Entscheidungsmethodik und der zugehörige Planungs- und Entscheidungsprozess für die Fabrikstrukturplanung entwickelt und beschrieben.

Zunächst werden hierzu die Grundlagen erläutert: Dies sind die notwendigen Kriterien der Entscheidungsfindung, die Planungsorganisation, die Ergebnisse der Umfrage zur Entscheidungsfindung, aus denen sich Anforderungen für die Methodik ergeben, sowie der Zusammenhang aus Planung und Entscheidung als Formulierung der Möglichkeiten des Planungsfortschritts.

Danach wird ausgehend von den Planungsphasen die Methodik mit den zugehörigen Teilprozessen entwickelt. Die einheitliche Vorgehensweise dient dabei der einfachen Orientierung und Beschreibung der Phasen, die sich in die Beschreibung der Prozessgrundlage, die Beschreibung der Entscheidungsmethodik selbst und die Anwendung von virtuellen Methoden gliedert.

Abschließend werden Handlungsalternativen für das Fabrikprojekt-Datenmanagement vorgestellt und eine entscheidungsorientierte Variante entwickelt sowie der meilensteinorientierte Virtual-Reality-Prozess herausgehoben. Die Darstellung der internationalen Anwendbarkeit beschließt diesen Abschnitt.

4 Einordnung der Fabrikentstehung in die Produktentstehung

Nach Aufstellung der neuen durchgängigen Fabrikplanungsmethodik mit einem entsprechenden Planungs- und Entscheidungsprozess ist zur Integration der Fabrikstrukturplanung in die Produktentstehung eine entsprechende Vorgehensweise zu definieren. Wesentliche Ziele hierbei sind, wie bereits in *Kapitel 1.4* dargestellt, die frühe Einsteuerung von Produkt- und damit einhergehenden Produktionsprämissen sowie die Prozessintegration über Meilensteine, die sowohl im Produktentstehungsprozess wie auch im Fabrikplanungsprozess vorhanden sind. Entlang dieser Meilensteine kann eine abhängige Integration erfolgen.

Für die Vorgehensweise einer Einordnung sind zunächst wichtige Rahmenbedingungen zu erfassen, die im Zuge einer solchen Einordnung dann auch zu prüfen sind. Danach werden zehn Schritte zur Integration der Fabrikentstehung in die Produktentstehung beschrieben. Diese Schritte werden schließlich im nachfolgenden *Abschnitt 5* validiert, sodass vom allgemein beschriebenen Fall auf zwei spezielle Fälle aus der Industrie eingegangen wird. Der Aufbau ist zusammenfassend in *Abbildung 4-1* dargestellt.

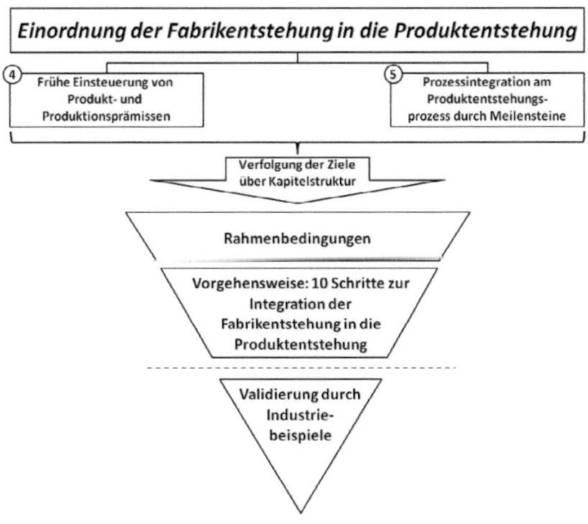

Abbildung 4-1: Ziele und Aufbau der Einordnung der Fabrikentstehung in die Produktentstehung

4.1 Rahmenbedingungen

Die Integration der Fabrikentstehung in die Produktentstehung durch Meilensteine aus dem vorgestellten Fabrikplanungsprozess bedarf unternehmensseitig dreier Rahmenbedingungen; diese drei Rahmenbedingungen betreffen das Produkt bzw. den Produktprozess, die Aufbauorganisation sowie die Fabrik bzw. geplante Fabrikprojekte (vgl. *Abbildung 4-2*).

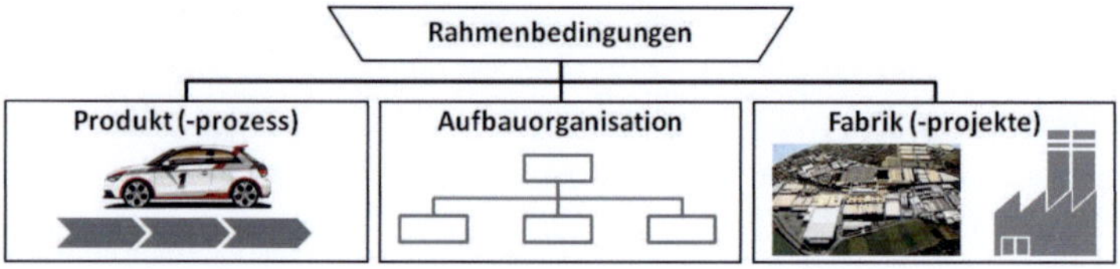

Abbildung 4-2: Rahmenbedingungen zur Einordnung der Fabrikentstehung in die Produktentstehung

Nachfolgend werden die Voraussetzungen ausführlich beschrieben:

1. Produkt (-prozess): Um eine entsprechende Implementierung der Fabrikplanung überhaupt zu ermöglichen, muss ein dafür erforderlicher Produktprozess vorhanden sein; dies setzt ein entsprechend zu entwickelndes und hinreichend komplexes Produkt voraus. Es muss also im weitesten Sinne ein produktbezogener Geschäftsprozess im Unternehmen bereits vordefiniert sein, der die zeitliche Entwicklung des Produkts entlang seines Lebenszykluses beschreibt. Meist besteht eine Prozesslandschaft in Unternehmen aus mehreren Geschäftsprozessen, sodass ein entsprechendes Prozessmanagement vorhanden ist und somit die Integration des produktbezogenen Fabrikstrukturplanungsprozesses vereinfacht wird. Als Mindestvoraussetzung müssen im produktbezogenen Geschäftsprozess wenige wichtige Meilensteine und Teilprozesse vorhanden sein, an denen der Fabrikplanungsprozess eingeordnet werden kann.

2. Aufbauorganisation: Des Weiteren muss innerhalb der Aufbauorganisation des Unternehmens mindestens eine entscheidungskompetente Instanz bezüglich der zu treffenden fabrikplanerischen Entscheidungen vorhanden sein; es ist als Minimalgrundlage die Entscheidungskompetenz ausreichend, da die Planungskompetenz einschließlich der Entscheidungsvorbereitung als externe Dienstleistung eingekauft werden kann. Besser für die aufbauorganisatorische Implementierung wäre jedoch eine Abteilung innerhalb der Organisation, welche sich mit Produktionsplanung beschäftigt, da hier die Aufgaben der Planung der Fabrikstruktur, wenn auch nur hinsichtlich der Entscheidungen, fachlich besser integriert werden

kann. Im Idealfall ist eine Fabrikplanungs-Aufbauorganisation vorhanden, wie sie in *Kapitel 3.1.2* vorgestellt und unterteilt wurde. Die drei Stufen der aufbauorganisatorischen Implementierung der Fabrikstrukturplanung sind in *Abbildung 4-3* schematisch abgebildet. Beim Einsatz externer Planer sind diese rechtzeitig in den neuen Prozess einzuführen, sodass ein Verständnis über die Vorgehensweise, vor allem bezüglich der Entscheidungsorientierung, aufgebaut werden kann.

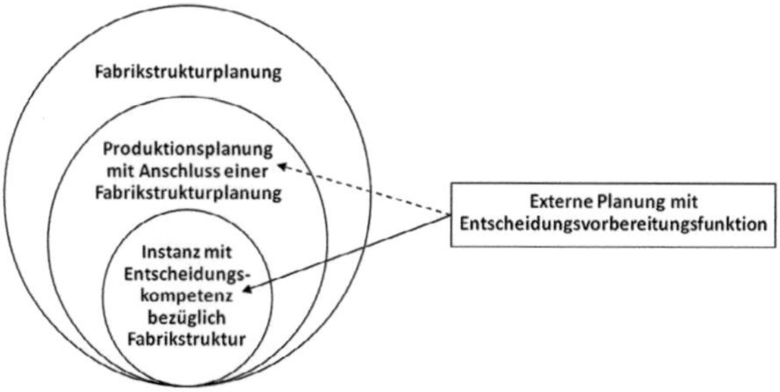

Abbildung 4-3: Möglichkeiten der aufbauorganisatorischen Implementierung der Fabrikstrukturplanung

3. Fabrik (-projekte): Außerdem sollen zur Nutzung der Methodik und des produktbezogenen Planungsprozesses der Fabrikstruktur entsprechende Fabriken mit Umbauten oder Fabrikprojekte als Neubauten vorliegen. Dabei ist es nicht erforderlich, dass die Projekte einen besonderen Umfang aufweisen, da Methodik und Prozess durch die Formulierung der Entscheidungskriterien, die für jede Projektgröße relevant sind, skalierbar sind; dies bedeutet, dass die Anwendung sowohl für komplette Neubauten und Umstrukturierungen von Werken wie auch von Teilen einer Fabrik, z.B. einer Halle oder eines zuhängenden Hallenbereichs, erfolgen kann. In Fällen kleineren Umfangs sind die Entscheidungsinhalte zur Werksstruktur auszublenden.

4.2 Vorgehensweise

Nachfolgend wird die Vorgehensweise in zehn Schritten zur Einordnung der Fabrikentstehung in die Produktentstehung erläutert. Dabei werden die aufeinander aufbauenden Schritte nacheinander dargestellt. In *Abbildung 4-4* sind die zehn Schritte zusammengefasst, wobei die Schritte zur Prozessmodellierung schematisiert abgebildet sind.

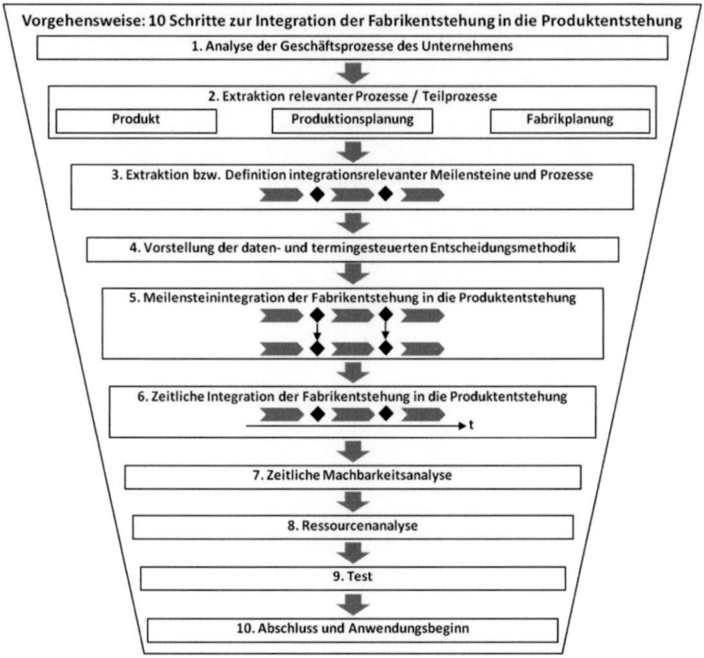

Abbildung 4-4: Darstellung der zehn Schritte zur Integration der Fabrikentstehung in die Produktentstehung

1. Analyse der Geschäftsprozesse des Unternehmens: Zunächst wird die gesamte Prozesslandschaft des Unternehmens analysiert; hierbei werden die Zusammenhänge der einzelnen Prozesse analysiert. Außerdem wird ein allgemeines Verständnis über die Geschäftsprozesse des Unternehmens generiert. An dieser Stelle wird festgestellt, ob die für die Einordnung erforderlichen produktbezogenen Prozesse vorhanden sind.

2. Extraktion relevanter Prozesse bzw. Teilprozesse: Nach der allgemeinen, allumfassenden Analyse werden die relevanten Prozesse für die Einordnung erst identifiziert und dann extrahiert. Hierbei werden zuerst produktbezogene Prozesse herausgegriffen, die eng im Zusammenhang mit der Produktentwicklung bzw. der Entstehung des Produkts bis zum Produktionsbeginn stehen; diese produktbezogenen Prozesse haben erhöhte Relevanz für die spätere Einordnung selbst, wenn ein Zusammenhang von Produkt und Fabrikstruktur hergestellt werden kann. Im nächsten Teilschritt werden, sofern diese vorhanden sind, produktionsplanungsbezogene Teilprozesse identifiziert und extrahiert; die Zusammenarbeit von Produktionsplanung, Logistikplanung und Fabrikstrukturplanung ist von großer Wichtigkeit für die Erstellung der Produktions-

stätten; vor allem die Abstimmungen zwischen Produktionsplanung und Fabrikplanung, die auch in den *Kapiteln 3.2.1 bis 3.2.8* erläutert wurden, sind hierbei von Bedeutung bzw. in der Einordnung abzustimmen. Im abschließenden Schritt der Prozessextraktion sind eventuell vorhandene Fabrikplanungsprozesse zu identifizieren und extrahieren, da diese im neuen Prozessmodell aufgehen sollten bzw. eine Überführung von Teilprozessen und Meilensteinen vorzubereiten ist. Es stellt sich bei allen drei Extraktionsschritten stets die Frage, wie die vorhandenen Prozesse des Unternehmens zur neuen Methodik und zum Prozess passen können, wo Überschneidungen bestehen und wie kontraproduktive Vorgehensweisen abgestellt bzw. mit der neuen Vorgehensweise auf eine Linie gebracht werden können.

3. Extraktion bzw. Definition integrationsrelevanter Meilensteine und Prozesse: Nach der Extraktion aller Prozesse der Dimensionen Produkt, Produktionsplanung und Fabrikplanung werden die tatsächlich integrationsrelevanten Prozesse und Meilensteine ausgesucht; sofern sehr wenige Meilensteine und Teilprozesse für die Integration vorliegen, ist festzustellen, ob zusätzlich erforderliche Meilensteine und Prozesse definiert werden müssen. Hier liegt das Hauptaugenmerk auf zu definierenden Meilensteinen, in denen der erforderliche Inhalt bezüglich Produkt oder Produktionsplanung abgestimmt wird. Meilensteine sind grundsätzlich leichter und schneller zu definieren als Prozesse, was außerdem nicht im Aufgabenbereich der Fabrikplanung liegt, sodass hier Konfliktpotential liegen kann; dies gilt es durch die Projektleitung abzustellen.

4. Vorstellung der daten- und termingesteuerten Entscheidungsmethodik: Vor der Integration der Fabrik- in die Produktentstehung wird die reine Entscheidungsmethodik ohne entsprechende Operationalisierung auf die Prozesslandschaft des jeweiligen Unternehmens vorgestellt, sodass im Unternehmen das Verständnis für diese Methodik sichergestellt wird.

5. Meilensteinintegration der Fabrikentstehung in die Produktentstehung: In einem gemeinsamen Workshop aller Beteiligten im Unternehmen wird eine Meilensteinintegration durchgeführt. Hierzu erzeugt das Projektteam der Integration jedoch zunächst einen Integrationsvorschlag, sodass eine Diskussionsgrundlage besteht.

6. Zeitliche Integration der Fabrikentstehung in die Produktentstehung: Nach der Meilensteinintegration ist die zeitliche Integration durchzuführen; hierzu ist es zunächst unbedingt erforderlich, dass lediglich die zeitlichen Vorgaben von Produktseite berücksichtigt werden; die Zeitvorgaben (meist Monatsangaben) aus dem Produktentstehungsprozess, die für die Meilensteine bestehen, werden bei zeitlicher Überlappung mit einem Fabrikmeilenstein direkt übertragen, bei zeitlicher Verschiebung

wird eine Zeitverschiebung im Projektteam diskutiert und vordefiniert, sodass schließlich für den gesamten Fabrikplanungsprozess bzw. seine Meilensteine eine zeitliche Einordnung vorhanden ist, die allein dem in der Fabrik zu produzierenden Produkt gehorcht; diese Vorgehensweise betont an dieser Stelle noch einmal den eigentlichen Geschäftsprozess der Erzeugung von Gütern, dem die Fabrikstrukturplanung unterzuordnen ist.

7. Zeitliche Machbarkeitsanalyse: Aufgrund der umfangreichen Vordefinition der ablaufenden Prozesse der daten- und termingesteuerten Entscheidungsmethodik, die generisch für die Industrie anwendbar ist, ist eine Machbarkeitsanalyse hinsichtlich der prozessualen Abfolge nicht erforderlich. Allerdings ist nun von Nöten, die zeitliche Machbarkeit des Fabrikplanungsprozesses infolge der Abhängigkeiten zum Produktprozess zu prüfen. Es stellen sich demzufolge insbesondere folgende zwei Fragen: Ist die Planung in den geforderten Zeitspannen realistisch leistbar? Ist der Bau, also die Errichtung der Fabrikstruktur, in den vorgesehenen Zeitspannen machbar? Hierzu zählt insbesondere die Zeitspanne zwischen Baubeginn und Flächenübergabe an die Produktionsplanung für die Maschinenaufstellung. Sofern sich zu knapp bemessene Zeitspannen aus dem Produktprozess ergeben, kann nachfolgend geprüft werden, ob durch übliche in der Bauplanung und Bauabwicklung eingesetzte Beschleunigungsmaßnahmen eine Einhaltung der Zeitspannen möglich wäre; hierzu sind auch Zeiträume für die Entscheidungen im Unternehmen zu berücksichtigen, wobei diese durch Einsatz der Entscheidungsmethodik auf ein Minimum sinken, jedoch allgemeine terminliche Probleme im Unternehmen zu Verzögerungen führen können. Wird festgestellt, dass auch Beschleunigungsmaßnahmen nicht dienlich sind bzw. dass man sich solcher Maßnahmen nicht dauerhaft in der Fabrikplanung bedienen will, sind die zeitlichen Angaben der Meilensteine anzupassen und zu entzerren. Hierzu hilft vor allem das im Planungsprozess eingesetzte Frontloading, wodurch Produktprämissen sehr früh eingesteuert werden können, sodass die Planung sehr früh einen hohen Reifegrad erzielt. Des Weiteren ist zu prüfen, ob bestimmte Abhängigkeiten zwischen Produkt und Fabrikstruktur tatsächlich sehr spät erst hinreichend bekannt sind, sodass eventuell eine zeitliche Entspannung der Prozesse möglich ist. Insgesamt hängt die Machbarkeitsanalyse sehr stark von der zeitlichen Dauer des Produktprozesses ab: Bei beispielsweise langen Produktprozessen der Pharmaindustrie kann die Fabrikstrukturplanung durch das Frontloading zeitig im Prozess beginnen, sodass trotz spätem Baubeginn bis zur Flächenübergabe genügend Zeit für den Bau besteht.

8. Ressourcenanalyse: Nach der zeitlichen Betrachtung der Machbarkeit sind die erforderlichen Ressourcen zu analysieren und eventuell erforderliche Anpassungen sind vorzunehmen. Dies betrifft ausgehend von der zeitlichen Betrachtung zunächst

die personelle Kapazität; es ist folglich festzulegen, welche Planungsinhalte und welche Schritte der Methodik (CAD – DMU und Simulation – Visualisierung) intern und welche durch externe Planungspartner erfolgen sollen bzw. ausgehend von der personellen Situation im Unternehmen und der zeitlichen Situation im Planungsprozess extern erfolgen müssen. Parallel hierzu ist zu beachten, welche Ressourcen aus informationstechnologischer Hinsicht im Unternehmen vorhanden sind; auch dies betrifft die Planungsinhalte und die Methodenschritte sowie das Datenmanagement zur Entscheidungsunterstützung. Sind demnach bestimmte IT-Werkzeuge im Unternehmen nicht vorhanden, ist die Beschaffung zu diskutieren bzw. die Auslagerung an einen externen Partner zu veranlassen, was unter Umständen auch Auswirkungen auf die Personalressourcen haben kann.

9. Test: Nach Festlegung aller Parameter hinsichtlich der Meilensteinplanung, der Zeitplanung und der Ressourcenplanung kann ein Test des Prozesses, des Methodenteils sowie eines oder mehrerer Meilensteine stattfinden. Der Test sollte sich, sofern externe Planer involviert sind, auch auf diese erstrecken. Idealerweise werden ausgehend von einem aktuell vorhandenen oder bereits abgeschlossenen Projekt Daten für eine Planungsphase verwendet, welche im CAD geplant werden, einer Kollisionsprüfung oder auch einer Simulation unterzogen werden, um eine Visualisierung durchzuführen. Parallel sind die entsprechenden ablauf- und aufbauorganisatorischen Elemente zu testen, sodass dann auch der Entscheidungsmeilenstein mit einer Entscheidungssituation durchgeführt werden kann, der in einem Entscheidungsprotokoll dokumentiert wird. Die Daten für die Entscheidung sind im entsprechend vorgesehenen Datenmanagementsystem abzulegen. Die Tests sind allesamt zu dokumentieren; daraus wird eine fortlaufenden Liste offener Punkte erstellt, wo die Fehler bis zur Abstellung verfolgt werden, sodass die Methodik und der Prozessplan fortlaufend weiterentwickelt werden. Nach Abschluss des Tests und des Fehlerabstellprozesses ist die daten- und termingesteuerte Entscheidungsmethodik der Fabrikplanung unter Berücksichtigung der Produktentstehung einsetzbar.

10. Abschluss und Anwendungsbeginn: Nach Abschluss der Test- und Fehlerabstellphase wird das gesamte Einführungsprojekt abgeschlossen und die Methodik kann in die erste Anwendung bei einem Fabrikplanungsprojekt gehen. Zur Vereinfachung des Anfangs und der Sicherstellung einer konsistenten Datenbasis für die CA-Werkzeuge ist es sinnvoll, mit einem Projekt in der Phase 1 zu beginnen, da bei einem Quereinstieg unter Umständen bestimmte Prämissen zur Entscheidung schon getroffen sein und die Daten inkonsistent sein können. Außerdem wird die Methodik so, den Fabrikplanungsphasen folgend, vom Groben ins Feine erlernt.

Für die Einführungsvorgehensweise sind darüber hinaus Erfolgsfaktoren neben den eingangs erklärten unbedingt erforderlichen Rahmenbedingungen dokumentiert worden, die sich aus einer Literaturrecherche, aber auch aus den Erfahrungen aus der Validierung ergeben haben, weshalb diese in der Validierung im *Kapitel 5.4* zu finden sind.

4.3 Zusammenfassung

Der vorliegende *Abschnitt 4* der Arbeit befasst sich mit der Einordnung der Fabrikentstehung in die Produktentstehung, d.h. mit der Einordnung des in *Abschnitt 3* beschriebenen Fabrikplanungsprozesses in die Entstehung eines beliebigen industriell in einer Fabrik herzustellenden Produkts.

Hierzu werden zunächst die erforderlichen Rahmenbedingungen bzw. Mindestvoraussetzungen für die Einordnung erläutert; hierzu zählen Erfordernisse hinsichtlich eines vorhandenen Produktprozesses, einer Aufbauorganisation als Entscheidungsinstanz für die Fabrikplanung sowie Fabrikumbauvorhaben oder geplante Fabrikneubauprojekte.

Im Anschluss wird die Vorgehensweise zur Einordnung anhand eines Prozesses in zehn Schritten erläutert. Dieses generische Vorgehen dient somit der Einordnung der Fabrikentstehung in die Produktentstehung für ein Industrieprodukt, für welches ein Prozessmodell als Produktprozess, Produktentstehungsprozess oder ein ähnlicher produktbezogener Prozess vorhanden ist.

5 Validierung in der Industriepraxis

Der Hauptteil der Arbeit in den *Abschnitten 3 und 4* beschreibt den entscheidungsgesteuerten Fabrikplanungsprozess sowie die Vorgehensweise zur Integration und zeitlichen Einordnung in die Produktentstehung. Dieser im Zusammenhang zu betrachtende Gesamtansatz soll nun durch die Validierung in der Industriepraxis zur Anwendung kommen, sodass die Anwendbarkeit nachgewiesen ist.

Wie in *Abbildung 5-1* dargestellt, werden hierzu zwei Beispiele aus der Industrie herangezogen:

- Für die Automobilindustrie und das Produkt Automobil findet die Validierung an einem Beispiel der AUDI AG statt.
- Für die pharmazeutische Industrie wird eine Validierung bei der Roche Diagnostics GmbH durchgeführt.

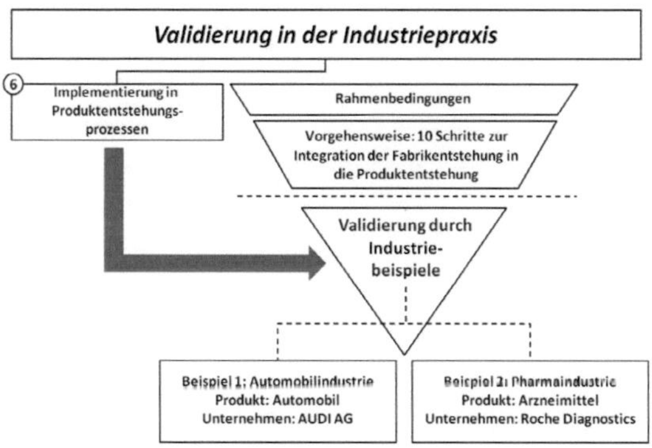

Abbildung 5-1: Ziel und Aufbau der Validierung in der Industriepraxis

5.1 Validierung in der Automobilindustrie

Wie bereits erwähnt, wird das erste Validierungsbeispiel in der Automobilindustrie bei der AUDI AG durchgeführt. Am Standort Ingolstadt werden die Fabrikplanungen für diverse Standorte des Unternehmens durchgeführt und somit besteht auch der Bedarf zur Integration der Fabrikentstehung in die Produktentstehung; außerdem werden bei Audi bereits einige innovative CA-Methoden im Fabrikstrukturplanungsumfeld eingesetzt, wobei aber eine durchgängige Methodik, wie sie im Rahmen dieser Arbeit beschrieben wurde, noch nicht zum Einsatz kommt. Somit bestand von Unternehmensseite besonderes Interesse, sich auf diesem Gebiet weiterzuentwickeln und Möglichkeiten der Entscheidungsorientierung und der durchgängigen IT-Anwendung einzuführen. Entsprechend der in *Abschnitt 4* beschriebenen Vorgehensweise werden zur Validierung des Ansatzes zunächst die Rahmenbedingungen bei Audi überprüft, sodass nachfolgend die Implementierung stattfinden kann. Die Validierung der Ansätze aus *Abschnitt 3*, also Entscheidungsmethodik und Prozessmodell der Fabrikplanung selbst, erfolgt im Rahmen des Anwendungstests, sodass auch dieser Teil der Arbeit validiert werden kann.

5.1.1 Prüfung der Rahmenbedingungen bei der AUDI AG

Die drei benannten Rahmenbedingungen wurden zu Beginn der Validierung geprüft, um festzustellen, ob die daten- und termingesteuerte Entscheidungsmethodik der Fabrikplanung implementiert werden kann.

Produktprozess

Typisch für die Automobilindustrie sind umfangreiche Prozessmodelle, um die meist sehr großen Unternehmen prozessual steuern zu können. So besitzt auch Audi eine Prozesslandschaft, die sich in verschiedene Ebenen und auch Schwerpunkte gliedert; neben anderen Prozessen findet sich somit auch ein Produktprozess, der die Entstehung eines Automobils von Fahrzeugprojektbeginn bis zur Markteinführung des Fahrzeugs beschreibt. Aus Gründen der Geheimhaltung wird für die hier vorliegende Validierung ein aus der Literatur stammender Produktprozess eines Automobils hergenommen, der im Allgemeinen dem Produktprozess eines Premium-Automobils entspricht und bereits in *Kapitel 2.7.2* vorgestellt wurde.

Die weiterführende Betrachtung der Geschäftsprozesse in einem Unternehmen der Automobilindustrie findet im Rahmen der Geschäftsprozessanalyse für die Einordnung in *Kapitel 5.1.2* statt.

Aufbauorganisation

Weiterhin ist die Aufbauorganisation des Unternehmens zu prüfen, um sicherzustellen, dass zumindest eine Entscheidungsinstanz für Fabrikstrukturen vorhanden ist. Auch diese Rahmenbedingung ist gegeben: Es liegt ein Bereich für die Produktions- und Werksplanung vor, der sowohl operative Planungen durchführt wie auch Entscheidungen trifft, wobei bestimmte Entscheidungen durch das Topmanagement oder den Vorstand getroffen werden. Der Einsatz von externen Planungspartnern erfolgt zur Abdeckung von Kapazitätsspitzen und zur Beantwortung spezieller Fragestellungen.

Fabrikprojekte

Schließlich ist zu prüfen, ob Umbauten an Bestandsfabriken vorliegen bzw. ob Neubauten im Sinne neuer Fabrikprojekte anstehen, sodass die Methodik zur Anwendung kommen kann. Im Zuge der Wachstumsstrategie der AUDI AG und aufgrund des hohen Fabrikbestands, der ständig zu Bestandsänderungen führt, finden sich diverse Einsatzmöglichkeiten, die auch im Zuge der Validierung auf verschiedene Art und Weise zum Einsatz kommen. Diese Projekte werden nachfolgend kurz vorgestellt, wenngleich nicht alle im Validierungsteil dieser Arbeit detailliert erwähnt werden; es soll nachgewiesen werden, dass die Projekte zur Validierung tauglich sind:

- Neubau der Karosseriebauhalle N60 am Standort Ingolstadt: Beim Neubau der Karosseriebauhalle N60 am Hauptsitz der AUDI AG in Ingolstadt handelt es sich um ein Fabrikstrukturprojekt, welches für die Fertigung der neuen Generation des Audi A3 erforderlich wurde. Es entstand eine zweistöckige 30 Meter hohe Halle mit einer Länge von 219 Metern und einer Breite von 134 Metern [AUDI-10]. Aufgrund der Lage innerhalb der bestehenden Werksgrenzen handelt es sich um eine Erweiterung und somit um ein Brownfield-Projekt. Die Investitionen in die Fabrikstruktur beliefen sich auf etwa 100 Millionen Euro. Aufgrund der Ausmaße der Gebäudestruktur, der Wechselwirkungen mit der übrigen Werksstruktur und dem finanziellen Umfang des Projekts handelt es sich um eine der größten Strukturveränderungen am Standort Ingolstadt. Da die Halle als Struktur für den Karosseriebau des A3-Nachfolgers dient, besteht ein Zusammenhang zu dessen Produktentstehung. Eine durchgängige virtuelle Planung wurde durchgeführt.

- Ausbau des Werks Györ (Ungarn): Ein weiteres Fabrikstrukturprojekt zur Generierung von Anwendungsfällen ist der Werksausbau am ungarischen Standort Györ der AUDI AG. Dort bestand bereits eine Motorenfertigung sowie die Fahrzeugmontage des Audi TT; als weitere Komponenten entstehen ein Presswerk, ein Karosseriebau sowie eine Lackiererei, sodass diese Fabrik zu einem vollständigen Fahrzeugwerk ausgebaut wird. Ab 2013 sollen in den neuen Strukturen jährlich etwa 125.000 Fahrzeuge gefertigt werden, wobei es sich hierbei um den Audi TT und ein neues Derivat der A3-Familie handeln wird [AUDI-11b]. Aufgrund der Tatsache, dass es sich um eine Erweiterungsmaßnahme handelt, kann von einem Brownfield-Projekt gesprochen werden. Wird jedoch das Baufeld als solches betrachtet, welches sich auf einem neuen Areal außerhalb der ursprünglichen Werksgrenzen befindet, kann auch von einem Greenfield-Projekt gesprochen werden. Dieses Strukturprojekt erfüllt mit seinen Anwendungsfällen dieselben Anforderungen wie das vorherige Projekt, dient jedoch zusätzlich zur Sicherstellung der internationalen Anwendbarkeit.

- Neubau des Komponentenwerks Münchsmünster: Zur Entlastung des Stammwerks in Ingolstadt wird im nahe gelegenen Münchsmünster ein Komponentenwerk errichtet. Auf dem etwa 40 Hektar großen Gelände, von dem zunächst 27 Hektar erschlossen werden, entstehen Fertigungsstätten für Fahrwerkskomponenten sowie eine Aluminium-Gießerei und ein Presswerk. Im Jahr 2013 sollen die ersten Teile produziert werden. Aufgrund der Lage auf einem weitgehend unbebauten Grundstück mit vorhandener Erschließung als Industriepark handelt es sich um ein Greenfield-Projekt.

- Masterplan des Areals der Technischen Entwicklung am Standort Ingolstadt: Abschließend soll ein Projekt zur Anwendung kommen, das vor allem aus Sicht der Strukturellen Planung von Bedeutung ist. Die Werksstruktur am Standort Ingolstadt soll speziell im nördlichen Teil der Technischen Entwicklung neu geordnet werden, weshalb hierzu intensive Untersuchungen stattfinden. Insbesondere Masterpläne für die langfristige Entwicklung des Standorts werden hierbei generiert und im Rahmen einer Projektentwicklung diskutiert. Für die Validierung der Meilensteine E1 und E2 ist diese Projektentwicklungsmaßnahme besonders geeignet und ist als strategisches Strukturprojekt oder Vorprojekt zu werten. Es handelt sich um ein Brownfield-Projekt, da weitestgehend neue Gebäude im Kontext der Bestandsgebäude städtebaulich eingeplant werden.

5.1.2 Einordnung am Beispiel der AUDI AG

Nachdem in *Kapitel 3* der Fabrikplanungsprozess mit der Entscheidungsmethodik entwickelt wurde, sind jetzt die Meilensteine der Fabrikentstehung in Zusammenhang zur Produktentstehung von Automobilen zu setzen. Dies soll ermöglichen, dass das Fabrikprojekt im Rahmen des Produktentstehungsprozesses (PEP) entlang des Fahrzeugprojekts gesteuert werden kann; daraus soll eine am Produktentstehungsprozess orientierte Fabrikplanung erarbeitet werden, wie es vereinfacht in *Abbildung 5-2* dargestellt ist.

Abbildung 5-2: Zusammenführung von Fahrzeug- und Fabrikprojekten

Grundsätzlich steht das Produkt als Wertschöpfungselement an erster Stelle, weshalb der Prozess der Fabrikplanung dem Produktentstehungsprozess zu folgen hat. Ausgehend von den Meilensteinen im Produktbereich werden dann die Fabrikmeilensteine und damit auch die dazwischenliegenden Prozesse in die Produktentstehung eingeordnet, wie es in *Abschnitt 4.2* beschrieben wurde und nachfolgend durchgeführt wird.

Schritt 1: Analyse der Geschäftsprozesse der AUDI AG

Automobilhersteller unterteilen ihre Prozesslandschaft häufig in verschiedene Hauptprozesse. Audi hat hierbei beispielsweise eine Unterteilung in vier Geschäftsprozesse vorgenommen, die in *Abbildung 5-3* zu sehen sind: Das sind der Produktprozess, der Kundenauftragsprozess, die Serviceprozesse vor Kunde und die Zusammenfassung aller steuernden und unterstützenden Prozesse [Send-09; S. 71].

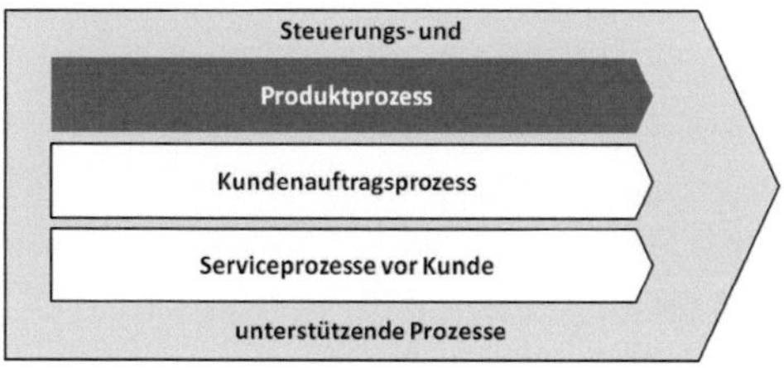

Abbildung 5-3: Geschäftsprozesse der Automobilhersteller [nach Form-11; S. 2]

Schritt 2: Extraktion relevanter Prozesse bzw. Teilprozesse der AUDI AG

Die Produktentstehung wird üblicherweise über den Produktentstehungsprozess, oder eben auch Produktprozess, in Teilprozesse und Meilensteine mit festgelegten Inhalten definiert. Dabei umfasst der Produktentstehungsprozess die drei großen Aufgabenbereiche der strategischen Produktplanung, der Produktentwicklung und der Produktionssystementwicklung [GaPW-09; S. 39]. Die Produktionssystementwicklung setzt sich in diesem Zusammenhang aus den beiden wesentlichen Komponenten der Fertigungsplanung und der Fabrikstrukturplanung zusammen. Die Fabrikentstehung ist im hier behandelten Zusammenhang nicht als Phase der Realisierung einer Fabrik zu verstehen [Helb-10; S. 115], sondern als der gesamte Prozess von dem ersten Planungsschritt bis zum Hochlauf der Fabrik.

Die Extraktion der für die Fabrikentstehung relevanten Prozesse und Meilensteine aus dem Referenzprozessmodell aus *Kapitel 2.7.2* erfolgt nach folgenden Kriterien:

- Standort-Relevanz: Werden Entscheidungen in Bezug auf den Standort getroffen? Dabei sind vor allem Produktentscheidungen von Bedeutung, die zu einer Erhöhung der Produktionskapazitäten führen und somit den Aufbau eines neuen oder die Erweiterung eines bestehenden Standorts erfordern.

- Struktur-Relevanz: Werden innerhalb der Prozesse und Meilensteine Entscheidungen getroffen, die massive Änderungen am Layout herbeiführen oder das Potential dazu haben? Hierbei werden keine Produktänderungen im Detail berücksichtigt, die in geringem Maße Flächenänderungen herbeiführen, da sonst der komplette Fahrzeugentwicklungsprozess von Bedeutung wäre.
- Termin-Relevanz: Erfordert der Anlauf eines Prozesses oder der zugehörige Meilenstein, dass innerhalb der Fabrikplanung bereits ein bestimmter Teilprozess beginnt oder eine Entscheidung getroffen wurde?

Schritt 3: Extraktion bzw. Definition integrationsrelevanter Meilensteine und Prozesse der AUDI AG

Nach Prüfung der Teilprozesse und Meilensteine nach diesen drei Kriterien ergibt sich eine reduzierte Darstellung, wie sie in *Abbildung 5-4* ersichtlich ist. Folgende Meilensteine, die in ähnlicher Form auch von *Wildemann* beschrieben werden [Wild-05; S. 266ff.], sind für die Fabrikplanung von Bedeutung:

- Projektplanungsstart (PPS): Mit diesem Meilenstein startet das Fahrzeugprojekt und somit der zugehörige Produktentstehungsprozess.
- Strategischer Projektbeginn (SP): Zum strategischen Projektbeginn stehen Projektziele ausgehend von der Unternehmens- und Produktstrategie fest.
- Projektdefinition (PD): Das Projekt wird ausgehend vom zu erstellenden Produkt definiert; ein dazu erforderlicher Eigenschaftskatalog liegt vor.
- Projektentscheid (PE): Im Meilenstein zum Ende der Konzeptentwicklung stehen die Entscheidung über Weiterführung des Projekts und Übergabe der Konzepte in die Serienentwicklung an.
- Design-Entscheid (DE/LH1): Die endgültige Entscheidung über das Design des Produkts wird getroffen. Daraus ergibt sich das erste Lastenheft (LH1).
- Launch-Freigabe (LF): Das Produkt wird für den Launch in den verschiedenen Märkten freigegeben.

- Produktions-Versuchs-Serie (PVS): Zu diesem Zeitpunkt beginnen die ersten Versuche, das neue Fahrzeug auf den vorgesehenen Linien unter Einarbeitung von Werkzeugen und Betriebsmitteln zu bauen.

- Null-Serie (0S): Dieser Meilenstein stellt den Beginn der Null-Serie bzw. Vorserie, also der Produktion von Fahrzeugen unter seriennahen Bedingungen auf der Linie [Shöm-12; S. 88], dar.

- Produktionsbeginn (Start of Production, SOP): Zu diesem Zeitpunkt beginnt die Serienproduktion des Fahrzeugs.

- Markteinführung (ME): Das Fahrzeug ist im Handel und für den Kunden dort erhältlich.

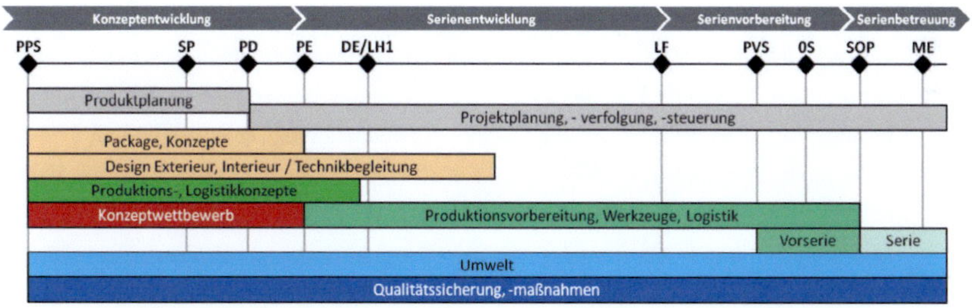

Abbildung 5-4: Relevantes Produktprozessmodell für die Fabrikplanung

Neben den vorgestellten Meilensteinen spielen vor allem die Prozesse eine wesentliche Rolle für die Eingabegrößen der Fabrikplanung; teilweise benennen die vorgestellten Meilensteine den Beginn der gleichnamigen Prozesse. Da stetige Wechselwirkungen, z.B. zur Produktionsplanung als Abteilung und zur Produktionsvorbereitung als Prozess, in der Entscheidungsmethodik bereits eingearbeitet sind, werden diese nicht in der Einordnung herausgearbeitet. Vielmehr wird die Zusammenarbeit und Abhängigkeit meilensteinorientiert formuliert, da eine ständige Abstimmung zwischen der Vielzahl an Prozesspartnern nicht realistisch und möglich ist; so finden beispielsweise keine Abstimmungsrunden zwischen Produktplanung und Fabrikstrukturplanung statt, wenngleich die endgültigen Ergebnisse aus der Produktplanung für die Fabrik von Bedeutung sind. Dennoch sollen diese Prozesse und Abhängigkeiten zur Verdeutlichung nachfolgend gesondert dargestellt werden:

- Produktplanung: Für den Begriff und den Prozess der Produktplanung existieren in der Literatur viele Deutungen [SpSt-94; S. 39]. Deshalb wird für die Erläuterung des Prozesses die konsolidierte Definition nach *VDI-Richtlinie 2220* verwendet, nach welcher Produktplanung die systematische Suche und Auswahl zukunftsträchtiger Produktideen und deren Weiterverfolgung beinhaltet, wobei die Unternehmensziele die

Basis hierfür bilden [VDI-80; S. 2]. Da die systematische Suche ein kontinuierlicher Geschäftsprozess ist, wird im Rahmen des Produktprozesses lediglich die Weiterverfolgung einer bestimmten Idee, nämlich jene des jeweiligen Fahrzeugprojekts, verstanden. Für die Fabrikplanung relevante Ergebnisse daraus sind beispielsweise Produktinhalte, Stückzahlen und Zeitpunkt der Markteinführung [Shöm-12; S. 87]; so wird es erst möglich, einen Projektzeitplan aufzustellen.

- Projektplanung, -verfolgung und -steuerung: Dieser Prozess, welcher nach der Produktplanung über das gesamte Fahrzeugprojekt abläuft, obliegt der Fahrzeugprojektleitung und beinhaltet die klassischen Funktionen des Projektmanagements. Steuernde Größen haben Einfluss auf das Fabrikprojekt; insbesondere wichtig ist jedoch die Einbindung des Fabrikprojekts als Teil des Fahrzeugprojekts. Hierzu kann die eingebundene Entscheidungsmethodik einen erheblichen Beitrag leisten.

- Package, Konzepte: Das Package ist ein in der Fahrzeugentwicklung üblicher Begriff für die Anordnung der Komponenten und bezeichnet gleichermaßen den Prozess zur Lösung von Zielkonflikten in der Komponentenanordnung; er ist eigentlich Teil der kompletten Fahrzeugentwicklung, steht aber hier für den Teilprozess bis zur Verabschiedung eines Fahrzeugkonzepts [GrFe-11; S. Q26]. Aus dem Fahrzeugkonzept ergeben sich in enger Abstimmung mit dem Produktionskonzeptprozess viele Schnittstellen und damit Eingangsgrößen, die für die Konzeptplanung in der Fabrikprojektierung relevant sind. Beispielsweise sind besonders der Einsatz bestimmter Werkstoffe und die erforderlichen Fügeverfahren wesentliche Faktoren, welche den Flächenbedarf im Karosseriebau und im Presswerk bestimmen.

- Design Exterieur, Interieur / Technikbegleitung: Aufgrund der Tatsache, dass das Automobil als Produkt dem Käufer gegenüber immer stärker emotionalisiert wird, spielt das Design innen wie außen eine wesentliche Rolle für den Verkauf der Fahrzeuge und damit auch für die Fertigung und den Fertigungsort [EbHA-04; S. 335ff.]. Das Design im Interieur und Exterieur steht in enger Verbindung zur Konstruktion des Fahrzeugs und damit auch zur möglichen Fertigung und Montage von Teilkomponenten und dem Gesamtfahrzeug; demzufolge spielt eine fertigungs- und montagegerechte Produktgestaltung eine wesentliche Rolle [KaEt-12;S. 601-606]. Die Technikbegleitung stellt die technische Machbarkeit der gestalterischen Elemente fortlaufend sicher. Sie beeinflusst die Fabrikstruktur einerseits durch den Flächenbedarf für verschiedene Verfahren und andererseits auch ausgehend von Entscheidungen über Eigen- oder Fremdfertigung. Dies kann bis zur kompletten Umgestaltung der Werksstruktur führen, wenn beispielsweise die Fahrzeuglackierung fremdvergeben wird.

- Produktions- und Logistikkonzepte: In der Konzeptplanung der Produktion werden ausgehend von den Fahrzeugkonzepten Produktionsszenarien konzipiert und abgewogen; Gleiches gilt für die Logistikplanung. Aufgrund des massiven Frontloadings werden zumeist intensiv ausgeplante Ideallayouts und -konzepte auf das jeweilige Fahrzeugprojekt operationalisiert. Die Konzeptplanung der Fabrikplanung arbeitet zu diesem Zeitpunkt auf derselben Sachebene und benötigt deshalb umfangreiche Informationen durch das Simultaneous Engineering. Aufgrund dieses Sachverhalts sind in der Entscheidungsmethodik drei Abstimmungsrunden zwischen Fabrikstruktur- und Fertigungsplanung vorgehalten.

- Konzeptwettbewerb: Der Konzeptwettbewerb stellt den Prozess der Bewertung und der abschließenden Entscheidung über ein Produktions- und Logistikkonzept dar. Dieser Wettbewerb geht eng einher mit der Standortentscheidung am Ende der Konzeptplanung in der Fabrikplanung (vgl. *Abschnitt 3.2.3*). Nach Entscheidung über ein Konzept wird es fertiggestellt und in die Detailplanung überführt.

- Produktionsvorbereitung, Werkzeuge, Logistik: Im Rahmen der Produktionsvorbereitung läuft die Detailplanung der Fertigung und Montage ab sowie die Ausführung und abschließende Abnahme der Anlagen und Prozesse. Parallel hierzu werden Werkzeuge für Karosserieelemente des Fahrzeugs erstellt und zur Serienreife gebracht, was für die Fabrikplanung von untergeordneter Bedeutung ist. Aufgrund von Änderungen aus Produktions- und Logistikfeinplanung ist eine enge Abstimmung mit der Fabrikplanung erforderlich, um veränderte Parameter für die Fabrikstruktur frühestmöglich noch zu berücksichtigen. Dies gilt nur vor der Maschinenaufstellung, da nachher die Struktur bereits fertiggestellt ist.

- Vorserie: Mit dem Meilenstein der Produktions-Versuchs-Serie beginnt der Vorserienprozess. Die in der Serienentwicklung definierten Prozesse laufen nicht von Beginn an optimal ab und nicht alle Interdependenzen sind bekannt [Lühr-06; S. 31], weshalb im Zuge eines Anlaufmanagements für das Fahrzeugprojekt eine seriennahe Produktionsfahrweise zur Validierung gestartet wird. Der Hochlauf der Fabrikstruktur beginnt bereits zuvor, sodass die Gebäude- und Fördertechnik erprobt werden kann.

- Serie: Der SOP stellt den Beginn des Serienprozesses dar; zu Beginn wird die Serienproduktion hochgefahren, sodass schnellstmöglich, meist unter zuvor festgelegten idealen Stückzahlen pro Tag, die Kammlinie der so genannten Anlaufkurve erreicht wird, um die betriebswirtschaftlich relevanten Anlaufverluste auszugleichen [Lühr-06; S. 31]. Beispielhaft ist in *Abbildung 5-5* eine Anlaufkurve dargestellt. Der Anlauf geht einher mit dem Ende des Hochlaufs der Fabrikstruktur und erfordert eine enge

Abstimmung. Die Infrastruktur als ein Faktor für den Erfolg des Anlaufs des neuen Fahrzeugs muss zu jedem Zeitpunkt funktionstüchtig sein, weshalb eine Absicherung des Hochlaufs vor dem SOP durchgeführt werden muss.

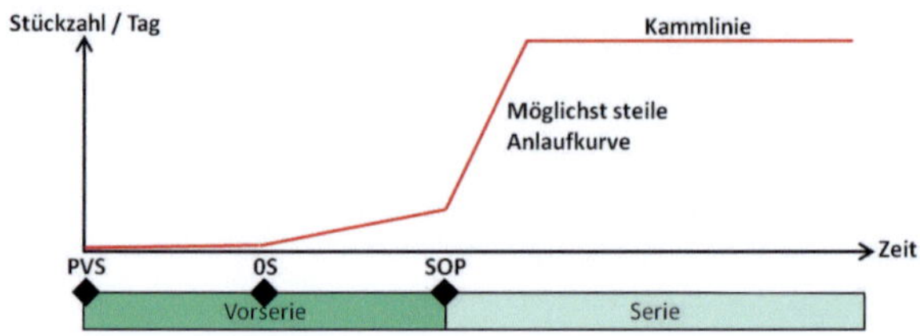

Abbildung 5-5: Exemplarische Anlaufkurve eines Fahrzeugprojekts

- Umwelt: Umweltschutzvorgaben und damit -maßnahmen haben für die Automobilindustrie eine zentrale Bedeutung. Deshalb finden diese Themen in einem eigenen Prozess Anwendung auf die gesamte Wertschöpfungskette und somit auch auf die Produktion und Fabrikstruktur. Vor allem Genehmigungsverfahren und Auflagen in Bezug zur Struktur werden über diesen Prozess gesteuert, sodass eine enge Abstimmung mit dem Fabrikplanungsprozess erforderlich ist.

- Qualitätssicherung und -maßnahmen: Die Qualitätssicherung führt über den gesamten Produktprozess Maßnahmen zur Generierung der geforderten Qualität aus. Im Zuge der Entscheidungsmethodik werden für die Fabrikstruktur mehrere Qualitätskriterien gesteuert, die als denkbare Konsequenz zukünftig auch teilweise von der Qualitätssicherung für die Fabrikstruktur gesteuert werden könnten, was allerdings nicht Gegenstand dieser Arbeit ist. Andere Kriterien aus qualitätssichernden Maßnahmen, wie beispielsweise die Erfordernis bestimmter Reinräume in Bereichen der Lackiererei haben unmittelbaren Einfluss auf die Fabrikplanung.

Schritt 4: Vorstellung der daten- und termingesteuerten Entscheidungsmethodik bei der AUDI AG

Aufgrund der intensiven Begleitung des Forschungsprojekts war die daten- und termingesteuerte Entscheidungsmethodik bei der AUDI AG bereits hinreichend bekannt, sodass keine spezielle Vorstellung mehr notwendig war. Dennoch wurden zur Auffrischung noch einmal alle Prozesse und Meilensteine sowie die Entscheidungskriterien erläutert.

Schritt 5 und Schritt 6: Meilenstein- und zeitliche Integration der Fabrikentstehung in die Produktentstehung bei der AUDI AG

Nachdem die relevanten Meilensteine und Prozesse aus dem Referenz-Produktprozess extrahiert und vorgestellt worden waren, konnte nun die Integration der Entscheidungsmethodik in den Produktprozess durchgeführt werden. Hierzu wurden identifizierte Interdependenzen zwischen Fabrikplanungsprozess und Referenz-Produktprozess berücksichtigt. Ausgehend von Zuordnungen ergab sich dann die Einordnung der kompletten Entscheidungsmethodik mit den zugehörigen Prozessen.

Die Schritte 5 und 6 der Einordnung wurden zusammengefasst, da sie zum einen aufgrund der großen Kenntnis der Entscheidungsmethodik bei der AUDI AG zusammen durchgeführt werden konnten und zum anderen sich die Zeitangaben auf Abstände zwischen Meilensteinen des Produktprozesses und der Meilensteine in der Methodik beschränken; die Zeitangaben des Produktprozesses selbst dürfen nicht veröffentlicht werden, was jedoch die Integration an sich qualitativ nicht mindert.

Um die Übersichtlichkeit der Prozessdarstellungen zu garantieren, werden nur die von der Einordnung betroffenen Prozesse unmittelbar visualisiert; die übrigen Teilprozesse, Eingangsgrößen und Zwischenmeilensteine für Prozesskettenmeilensteine werden ausgeblendet und verhalten sich entsprechend den Erläuterungen aus *Kapitel 3.2.*

Die phasenweise Darstellung der Unterteilung ist durch die Entscheidungsmeilensteine bzw. Phasen eines Fabrikprojekts sowie durch die Phasen der Produktentstehung gekennzeichnet:

- Projektstart: Zunächst wird der Projektbeginn des Produkt- und des Fabrikplanungsprozesses betrachtet, der in der untenstehenden *Abbildung 5-6* visualisiert ist. Zum Projektplanungsstart (PPS) beginnt das Fahrzeugprojekt; aufgrund der anfangs zu definierenden Prämissen kann das Fabrikprojekt nicht zeitgleich beginnen. Die ersten Eingangsgrößen aus dem Fahrzeugprojekt liegen beim strategischen Projektbeginn (SP) und werden dann an die Fabrikplanung weitergegeben. Dies sind im Einzelnen die Prämissen aus der Produktionsstrategie, das Produktportfolio, der Zeit- und Kostenrahmen sowie eine erste Standortauswahl für den Planungsbeginn. Der Meilenstein SP und E0 finden somit quasi zeitgleich statt. Die Zielfestlegung (Phase 1) der Fabrikplanung dauert bis zum Meilenstein der Projektdefinition (PD), da einerseits für die Projektdefinition Ziele der Fabrikplanung erforderlich sind und andererseits aus der Projektdefinition Daten für die nachfolgende Grundlagenermittlung (Phase 2) vorliegen.

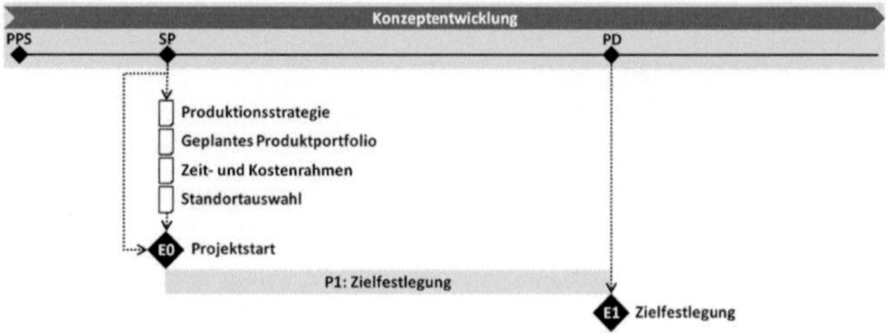

Abbildung 5-6: Fabrikplanungsphase 1 im Produktprozess

- Konzeptphase des Produkts und der Fabrik: Mit dem Meilenstein der Projektdefinition wird die Grundlagenermittlung (Phase 2) der Fabrikplanung begonnen. Als Arbeitsergebnisse der Projektdefinition für die Fabrikplanung gehen Produktdaten, Produktionsdaten sowie allgemeine Immobilien- und Grundstücksdaten ein, die im Rahmen einer strategischen Ausrichtung zu Projektbeginn erarbeitet werden können. Nach der Grundlagenermittlung folgt die Konzeptplanung (Phase 3) ebenfalls noch vor dem nächsten Meilenstein des Projektentscheids im Referenz-Produktprozess. Der Meilenstein E3 der Fabrikplanung und der Projektentscheid fallen zusammen, da am Ende der Konzeptplanung die Standortentscheidung aus mehreren Alternativen hinsichtlich Standort und Layout-Konzept getroffen wird. Dieser Abschluss durch den Projektentscheid stellt das Ende der Konzeptphase dar, in der auf Produktseite die Konzeptentwicklung und auf Fabrikseite ebenfalls die Konzeptplanung beendet wird. Grafisch aufbereitet ist die Einordnung in *Abbildung 5-7*.

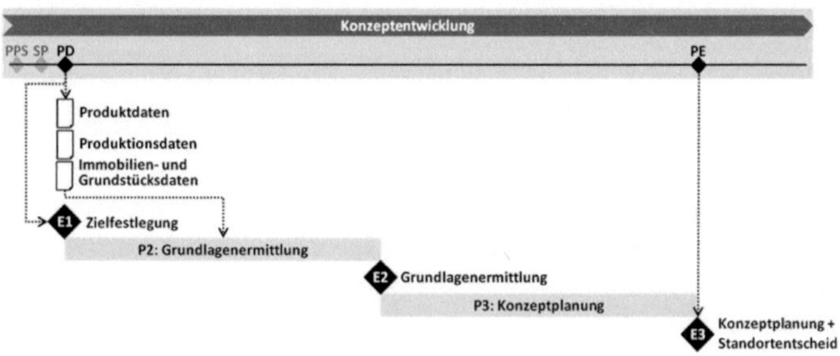

Abbildung 5-7: Fabrikplanungsphasen 2 und 3 im Produktprozess

- Serienentwicklung und Bauvorbereitung: Infolge des Projektentscheids, der mit dem Standortentscheid und der Verabschiedung eines Fabrikkonzepts einhergeht, kann die Detailplanung beginnen, welche sich untypischerweise in zwei Teile gliedert, wie in *Abschnitt 3.2.4* hinreichend erläutert wurde. Da der Meilenstein E4 die zwei Teile trennt, beginnt die Realisierungsvorbereitung (Phase 5) unmittelbar danach. Im Meilenstein E4 werden anmutungsrelevante Entscheidungen getroffen, die wesentlich für das weitere Fortschreiten des Projekts auf Basis von genauen Spezifikationen in den Ausschreibungen sind. Als nächster Meilenstein für Fabrikplanung und Produktprozess kann der Design-Entscheid (DE) verifiziert werden; spätestens zu diesem Zeitpunkt muss die Planung abgeschlossen sein bzw. die Realisierung des Projekts vorbereitet sein, da ein späterer Baubeginn sonst das Fahrzeugprojekt behindert. Aufgrund der endgültigen Entscheidung über das Design des Fahrzeugs ist zum Design-Entscheid sowohl die Außenwirkung des Fahrzeugs als auch zuvor im Meilenstein E4 die Außenwirkung der Fabrik entschieden. Somit grenzen die Meilensteine Projektentscheid und Design-Entscheid, wie in *Abbildung 5-8* dargestellt, die Phasen 4 und 5 innerhalb der Serienentwicklung ein.

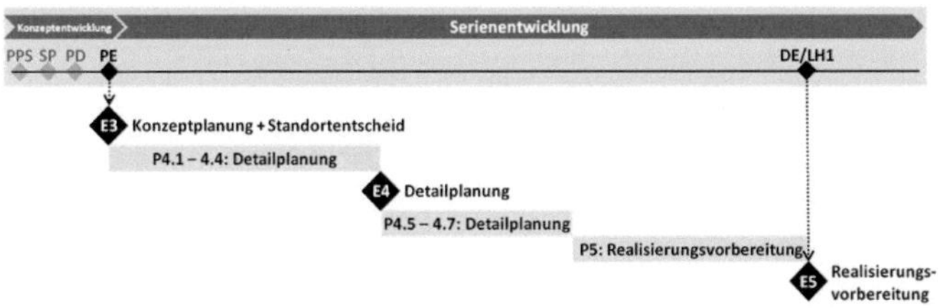

Abbildung 5-8: Fabrikplanungsphasen 4 und 5 im Produktprozess

- Serienentwicklung und Bauphase: Der Fabrikaufbau, der als Planungsprozess im Rahmen der Realisierungsüberwachung abläuft, wird in die Serienentwicklungsphase eingeordnet, was in *Abbildung 5-9* grafisch verdeutlicht ist. Mit dem Design-Entscheid und dem Ende der Realisierungsvorbereitung wird die Realisierungsüberwachung begonnen. Die eigentliche Bauphase muss dann bis zur Launch-Freigabe (LF) ablaufen; dies ist dem Beginn des Serienvorbereitungsprozesses geschuldet, zu dem die Flächen für die Fertigungsplanung zur Verfügung stehen müssen. Deshalb wird die Launch-Freigabe und die Flächenübergabe (10. Abstimmung Fertigungsplanung) bzw. das Ende der Abnahmen zusammengelegt. Die übrigen Teilprozesse der Realisierungsüberwachung können auch in der Serienvorbereitung noch abgewickelt werden, was zeitnah passieren muss, da der Meilenstein mit dem Fertigstellungsbericht der Baumaßnahmen schnellstmöglich abgehalten werden soll. Eine zeitliche Einordnung ergibt sich aus einer Rückwärtsterminierung in der folgenden Phase.

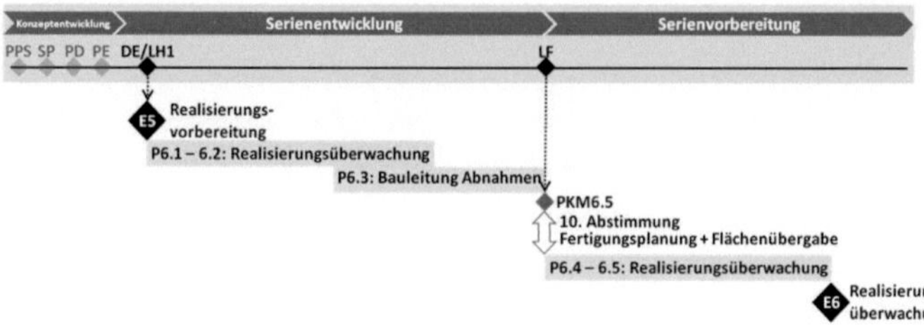

Abbildung 5-9: Fabrikplanungsphase 6 im Produktprozess

- Serienvorbereitung und Hochlauf der Fabrik: Im Rahmen der Serienvorbereitung des Produktprozesses wird von Seiten der Fabrikplanung die Hochlaufbetreuung durchgeführt, was grafisch in *Abbildung 5-10* zusammengefasst ist. Die wesentliche Einordnung des Endes der Realisierungsüberwachung und des Beginns der Hochlaufbetreuung erfolgt über den Produktmeilenstein zur Produktions-Versuchs-Serie (PVS). Wenn die PVS startet, muss der Hochlauf der Gebäude und der zugehörigen Technischen Gebäudeausrüstung bereits weitgehend sichergestellt sein, sodass ein Vorlauf von zwei Monaten vor PVS veranschlagt wird. Zunächst beginnt die Hochlaufbetreuung mit der Betreuung des Gebäudebetriebs, zudem beginnt ein Monat vor dem PVS-Meilenstein die Betreuung des Fördertechnikhochlaufs; dadurch wird sichergestellt, dass zum PVS die Fördertechnik weitgehend funktionstüchtig für die Versuchs-Serie zur Verfügung steht. Der PKM7.1 steht deshalb auch zum Meilenstein PVS an. Die Betreuung des Hochlaufs der Fördertechnik muss spätestens ein Monat vor dem Meilenstein der Null-Serie (0S) beendet sein. Es wird dann von einem einwandfreien Betrieb des Gebäudes und der Fördertechnik ausgegangen. Der Meilenstein E7 der Hochlaufbetreuung findet zum Produktmeilenstein 0S statt.

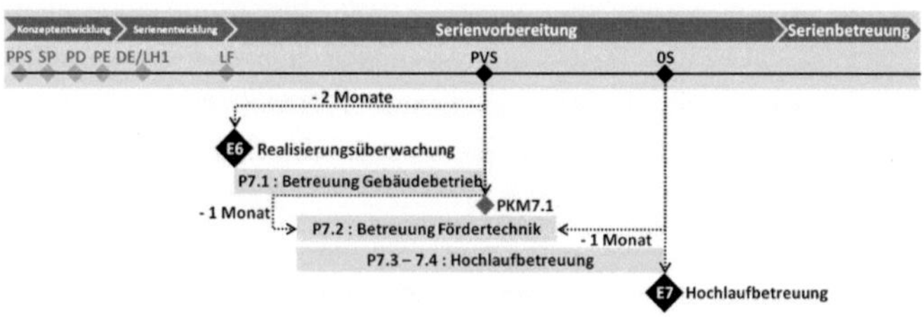

Abbildung 5-10: Fabrikplanungsphase 7 im Produktprozess

- Produktionsbeginn, Serienbetreuung und Projektabschluss: Nach dem Meilenstein 0S folgt der Produktionsbeginn (SOP) und damit die Serienphase des Produkts. Damit wird das Fabrikprojekt abgeschlossen, wobei die Zusammenhänge in *Abbildung 5-11* zu sehen sind. Mit den Meilensteinen 0S und E7 beginnt die Projektabschlussphase der Fabrikplanung; der Meilenstein zum Projektabschluss findet zum SOP statt. Damit ist das Fabrikplanungsprojekt zu Ende. Nachdem die Fabrik auch Teilfunktionen des ganzheitlichen Marketings (u.a. Erlebnisführungen durch das Werk bei Abholung des Neufahrzeugs) bei Automobilherstellern erfüllt, sei an dieser Stelle noch darauf verwiesen, dass die Fabrik zur Markteinführung (ME) des Produkts vermarktungsfähig sein sollte, was bereits durch die Hochlaufbetreuung sichergestellt wurde.

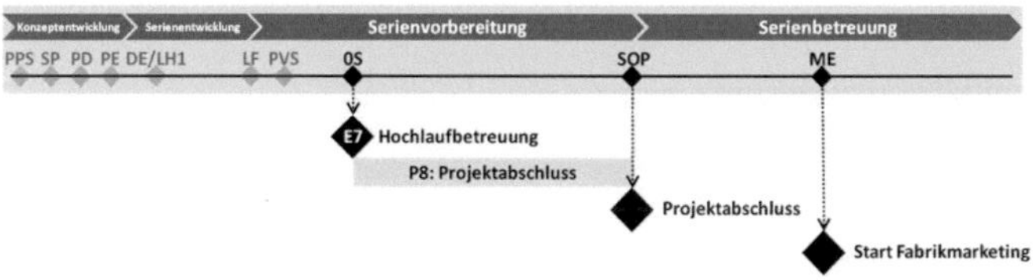

Abbildung 5-11: Fabrikplanungsphase 8 im Produktprozess

Schritt 7: Zeitliche Machbarkeitsanalyse des Prozessvorschlags für die AUDI AG

Bereits während der Durchführung der Schritte 5 und 6 zur Implementierung des Fabrikplanungsprozesses in die Produktentstehung von Automobilen wurde intensiv auf die zeitliche Machbarkeit geachtet; deshalb wurden auch bereits in den beiden Schritten, wie oben auch in den Prozessschaubildern dargestellt, die zeitlichen Verschiebungen zwischen einigen Meilensteinen des Produkts und der Fabrik durchgeführt.

Insgesamt wurden dann anhand der Zeitangaben der Meilensteine des Produktentstehungsprozesses die Zeitangaben für die Planung sowie für die Bauphase analysiert und auf ihre Funktion hin überprüft. Es konnte zusammenfassend festgestellt werden, dass die Machbarkeit theoretisch vorliegt und auch ausgehend von den Erfahrungen vergangener Projekte, die zwar nicht mit der Methodik, jedoch mit ähnlichen Zeiträumen für Planung und Bau durchgeführt wurden, praktisch gegeben ist.

Schritt 8: Ressourcenanalyse bei der AUDI AG

Aufgrund der langfristigen und intensiven Auseinandersetzung mit dem vorliegenden Forschungsprojekt und dem Ablauf ähnlicher vorheriger Forschungsprojekte, die vor allem im technischen Bereich der 3-D-CAD-Planung und dem Fabrik-DMU abliefen, war eine umfassende Ressourcenanalyse bei Audi hinfällig. Die erforderliche Software und auch andere Kapazitäten waren aufgrund der betrieblichen Erfordernisse und dem Forschungsstand bereits in der Form vorhanden, dass viele Prozessschritte hinsichtlich ihrer technischen Funktion sichergestellt waren. Des Weiteren wurde als Teil der Ressourcenanalyse der Prozessplan der Virtual-Reality-Anwendungen zusätzlich detailliert ausformuliert. So wird deutlich, zu welchem Zeitpunkt im Produktprozess welche virtuellen Methoden eingesetzt werden und damit eine hohe Planungssicherheit erreicht wird. Die Erläuterungen zu Planung, Prüfung und Entscheidung und den zugehörigen virtuellen Methoden findet sich in *Abschnitt 3.4*.

In *Abbildung 5-12* sind der Produktprozess einschließlich der Produktmeilensteine, die Fabrikmeilensteine sowie die Einordnung des Virtual-Reality-Prozesses dargestellt. Die Abhängigkeiten der Integration des VR-Prozesses sind durch Pfeile verdeutlicht. Im Wesentlichen ist noch einmal zu betonen, dass jeder Entscheidungsmeilenstein mit Hilfe eines VR-Modells durchlaufen wird.

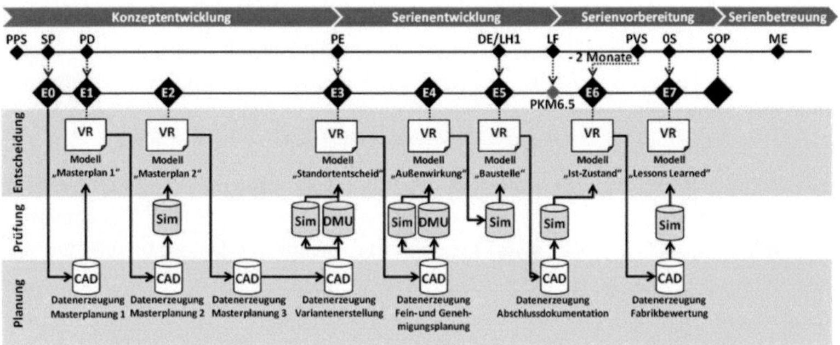

Abbildung 5-12: Virtual-Reality-Prozess im Referenz-Produktprozess

Des Weiteren ist in der nachfolgenden *Abbildung 5-13* der Aspekt des entscheidungsorientierten Datenmanagements schematisch aufgegriffen. Für jeden Entscheidungsmeilenstein im Projekt wird eine Ordnerablage erzeugt, wie im Rahmen der Datenhaltung diskutiert wurde. Ausnahme ist hierbei der Projektabschluss: Es wird zwar kein VR-Modell mehr erzeugt, jedoch werden die Dokumente des Projektabschlusses in der Datenbank des Fabrikprojekts aufbewahrt und damit für Folgeprojekte zugänglich. Zusammengefasst und implementiert wird die Datenablage der einzelnen Meilensteine im bereits vorhandenen Projektkommunikationsmanagementsystem (PKMS), sodass kein weiteres System eingeführt werden muss. Entscheidungsrelevante Pläne und Dokumente wurden auch bisher dort abgelegt.

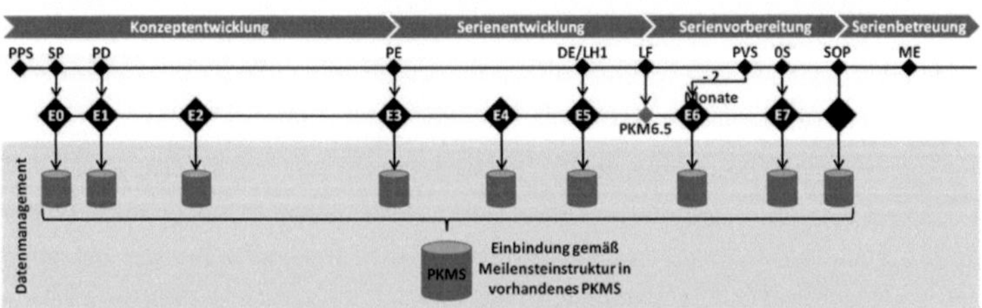

Abbildung 5-13: Datenmanagement entlang der Meilensteine

Schritt 9 und Schritt 10: Test und Anwendungsbeginn bei der AUDI AG

Nach den vorhergehenden Analyse- und Prozessmodellierungsschritten wurde der Test des Einsatzes der Methodik bei Audi durchgeführt. Dies ging aufgrund der hohen Kenntnis der Methodik und des Prozesses mit dem Anwendungsbeginn einher. Die hierzu verwendeten Fabrikprojekte wurden bereits in *Kapitel 5.1.1* dargestellt. Aufgrund des im Zuge des Forschungsprojekts sehr umfangreich exerzierten Anwendungstests können nachfolgend nur einige Beispiele herausgegriffen werden, die allerdings die Anwendbarkeit der Methoden und des prozessualen Vorgehens beweisen:

- Test und Validierung des Planungs- und Prüfungsprozesses: Der Planungs- und Prüfungsprozess zur Abbildung eines VR-Modells für den jeweiligen Meilenstein stellt sich im Fabrikplanungsprozess in zwei Varianten dar: Entweder er durchläuft in der Prüfungsphase das Fabrik-DMU und eine oder mehrere Simulationen oder der Prüfungsprozess wird nur durch Simulationen methodisch unterstützt. Im Rahmen der Validierung konnten bei Einführung des Fabrikplanungsprozesses anhand von Entscheidungsmeilensteinen die folgenden zwei Varianten validiert werden, die in *Abbildung 5-14* ersichtlich sind. Bereits implementiert ist die genannte Variante mit Fabrik-DMU und Simulation sowie eine Variante, in der nur das Fabrik-DMU zum Einsatz kommt, weil zu diesem Zeitpunkt nicht allumfassend ein Einsatz von Simulationstools möglich ist.

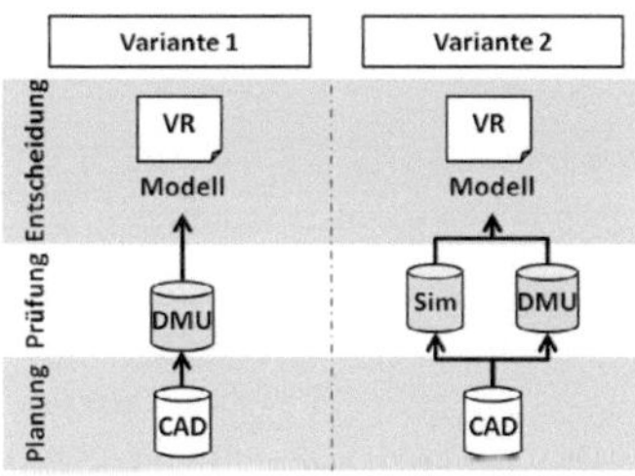

Abbildung 5-14: Validierte Varianten des Planungs- und Prüfungsprozesses

Die Vorgehensweise zur Prüfung mittels Fabrik-DMU nach der Datenerzeugung, die gewerkeweise stattfindet, kam bei allen genannten Fabrikprojekten zur Anwendung. Die CAD-Daten, die für die drei Gewerke der Umsetzungsplanung getrennt voneinander, aber unter Berücksichtigung der baulichen Strukturen, erstellt werden, kommen im Rahmen der Prüfungen durch das Fabrik-DMU zusammen. Hierbei findet eine Baubarkeits- und Kollisionsprüfung statt, wie sie in den vorherigen Abschnitten mehrmals beschrieben wurde. Bei der Datenbereitstellung,- prüfung und -übergabe zu den Bearbeitern für die VR-Modelle wurden zwei verschiedene Möglichkeiten getestet (siehe *Abbildung 5-15*).

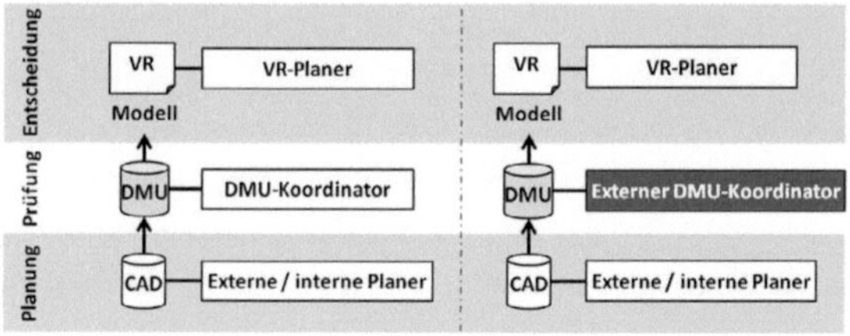

Abbildung 5-15: DMU-Koordination im Planungs- und Prüfungsprozess

Ursprünglich wurde der komplette Prozess durch einen DMU-Koordinator innerhalb der Umsetzungsplanung wahrgenommen; dieser forderte die Modelle der einzelnen Gewerke ein, prüfte auf Baubarkeit und Kollisionsfreiheit und koordinierte im Rahmen der Prozesskettenmeilensteine den Fehlerabstellprozess. So konnte nach Erreichen der Fehlerfreiheit das Modell rechtzeitig vor dem Entscheidungsmeilenstein an die VR-Bearbeitung weitergegeben werden. In diesem Zusammenhang zeigte sich, dass die DMU-Koordination eine neue Aufgabe im Rahmen der Abwicklung von Fabrikplanungsprojekten ist, die einerseits essentiell für die Funktion des virtuellen Planungsprozesses und andererseits für die Übergabe korrekter Daten zur Aufbereitung des VR-Modells von enormer Bedeutung ist. Für die Einhaltung des Prozesses und der Termine zeigte sich, dass ein interner Mitarbeiter gegenüber den externen Planungsdienstleistern der Datenerzeugung am besten agieren kann. So entstand innerhalb der Umsetzungsplanung eine Datendrehscheibe für die Zusammenführung und Prüfung der Daten vor der Generierung des VR-Modells. Wenngleich die VR-Planer für die Vorbereitung des Entscheidungsmeilensteins interne Mitarbeiter sind (analog zur Vorbereitung des DKM-Meilensteins im Produktprozess), wurde dennoch jene Vorgehensweise getestet, die DMU-Koordination an einen externen Partner zu vergeben, der gleichzeitig auch für Teilumfänge der Datenerzeugung zuständig war. Diese Konstellation erwies sich als weitestgehend funktionsfähig im Hinblick auf den Prozess, führte jedoch im Hinblick auf die Qualität der Baubarkeits- und Kollisionsprüfung nicht zum gewünschten Ergebnis eines adäquaten Fehlerabstellprozesses. Da Datenerzeugung und technische Prüfung in der Hand desselben Dienstleisters lagen, fand oftmals keine qualifizierte Datenprüfung sowohl hinsichtlich der Datenintegrität als auch im Hinblick auf die technische Machbarkeit der Planung statt.

Die Prüfung sowohl mittels Fabrik-DMU als auch durch Simulation fand bei wenigen ausgewählten Planungsumfängen in den zuvor genannten Projekten statt. In erster Linie wurden mittels Ablaufsimulation die Fördertechnikplanung geprüft und bei

Bedarf Änderungen in der Planung vorgenommen. Des Weiteren wurde zum Zwecke der ergonomischen Prüfung eine Belichtungssimulation im Innenbereich der Halle N60 durchgeführt. Alle simulativen Prüfungsverfahren wurden vom DMU-Koordinator eingeleitet. Von einer Beauftragung externer Dienstleistern wurde abgesehen. Bauablaufsimulationen, wie sie ebenfalls zur Validierung der Baustellensituation vorgesehen sind, wurden bei der AUDI AG bisweilen noch nicht durchgeführt, wenngleich die technischen Möglichkeiten durch diverse Software bereits gegeben sind. Weitere Simulationstools sind in Prüfung und werden fortlaufend umgesetzt, sodass der umfassende Prüfungsprozess aus der Entscheidungsmethodik sukzessive eingeführt werden kann. Im Speziellen spielen zu prüfende Verkehrsflüsse eine wichtige Rolle bei der Planung der Bestandswerke in Ingolstadt und Neckarsulm.

Im Zuge der Validierung von Planungs- und Prüfungsprozess sind die nachfolgenden Potentiale identifiziert worden, die zur weiterführenden operativen Umsetzungsoptimierung der daten- und termingesteuerten Entscheidungsmethodik beitragen:

1. Datenerzeugung: Im Rahmen der Datenerzeugung werden die Ebenen (Layer) in der CAD-Software festgelegt, auf denen die einzelnen Bauteile liegen. Hierzu wurde je nach gewerkeorientierter Planart ein Fundus an Ebenen festgelegt. Für die Überführung eines geprüften Modells in ein VR-Modell werden die Ebenen genutzt, um die Darstellungsparameter und -qualität im Modell zu definieren. Dies geschieht über ein festgelegtes Mapping automatisiert. In einigen Fällen jedoch ist dieses Mapping nicht funktionsfähig, da die aus der Ebenenaufteilung resultierende Granularität nicht ausreichend ist. Ein Beispiel kann dies verdeutlichen: In den Projekten für die Anwendungsfälle kamen pro Baumodell mehrere Bodenbeläge (Steinzeug, Beschichtung, Nadelvlies in Büros etc.) zur Ausführung, welche im Planungsmodell alle auf der Ebene für Bodenbeläge lagen. Zur Visualisierung und zur Beurteilung des Entscheidungskriteriums Ästhetik kann die Zuweisung von nur einer einzigen Materialeigenschaft mit den entsprechenden visuellen Merkmalen erfolgen, sodass das Mapping in diesem Fall nicht funktioniert und eine aufwendige manuelle Zuweisung erforderlich wird. Zur Lösung und weitestgehenden Automatisierung der Erzeugung der VR-Modelle ist es demzufolge notwendig, eine feinere Ebenenstruktur für optisch sichtbare und ästhetisch relevante Bauteile zu definieren. Die Definition und weitere Unterteilung von Ebenen wird im Rahmen des Projekts Digitales Fabrikmodell vorbereitet (vgl. Beispiel in *Abbildung 5-16*). Beispielhafte Unterteilungsmerkmale sind in erster Linie Materialien, da hierdurch der visuelle Charakter eineindeutig definiert werden kann. Damit wird der Großteil der in der Standard-Fabrik zur Ausführung kommenden Materialien berücksichtigt; Spezialfälle in geringer Anzahl können manuell bearbeitet werden.

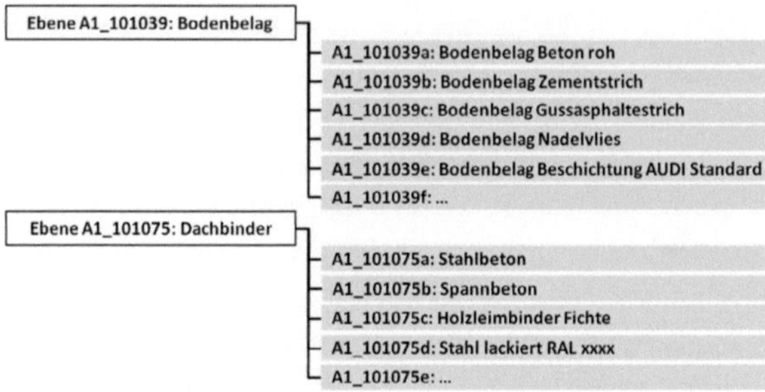

Abbildung 5-16: Beispiele für differenzierte Ebeneneinteilung

2. Schnittstelle von Prüfung zur Visualisierung: Des Weiteren wurden Potentiale bei der Übergabe der geprüften Daten aus dem Fabrik-DMU zur Visualisierung erkannt. Da alle Daten im Laufe der Fabrikplanung über das Fabrik-DMU für die Entscheidungsfindung zu einem VR-Modell zusammengefasst werden, stellt es durchaus eine Arbeitserleichterung dar, die Daten über eine definierte Schnittstelle direkt aus dem Fabrik-DMU gemäß den entsprechenden Richtlinien der Visualisierung zu überführen. Das automatisierte Mapping von Ebenen und Materialien kann in diesem Zuge mit dem geprüften Modell direkt durchgeführt werden, sodass einerseits die originären, aber geprüften CAD-Daten und die VR-tauglichen Daten als Ergebnis des Prüfungsprozesses vorliegen. Außerdem sind im Sinne der durchgängigen Simulationsstrategie weitere Datenschnittstellen zu schaffen, die es ermöglichen, die Ergebnisse der Ablaufsimulation im Rahmen der Fabrik-Visualisierung sichtbar zu machen. Hierzu sind Aktivitäten bei Audi, im Volkswagen-Konzern und dem VDA-Arbeitskreis Digitale Fabrik zu Gange.

3. Modifizierter Planungsterminplan: Um den Prozess der Planung und Prüfung vor den Entscheidungsmeilensteinen in terminlich vorgesehener Form zu gewährleisten, sind in Zukunft Planungsterminpläne von der Umsetzungsplanung und im Vorfeld auch schon von der Strukturellen Planung zu generieren, welche die drei Prozessschritte Planung – Prüfung – Entscheidung explizit vorsehen, damit die Teilprozesse zeitlich festgelegt sind; darüber hinaus sind für die Datenübergaben Zeitpunkte zu definieren, um Ergebnisse termingerecht einfordern zu können. In diesem Zusammenhang ist innerhalb der Organisation ein Umdenken von der planungsgetriebenen Projektarbeit zur entscheidungsgetriebenen Projektarbeit erforderlich; dieser Prozess wurde durch das schrittweise Umsetzen von Entscheidungsmeilensteinen im Fabrikplanungsprozess, welches zwangsweise einen dementsprechenden Planungs- und Prüfungsprozess nach sich zieht, bei der AUDI AG bereits begonnen. Hierbei sind vor allem die Projektleiter und Teilprojektleiter in der Pflicht, die Ergebnisse entsprechend den Pla-

nungsterminplänen auch tatsächlich einzufordern. In Bezug auf die Zusammenarbeit mit externen Planungsdienstleistern hat sich hierbei etabliert, im Rahmen des Wettbewerbs mit wenigen Firmen zu kooperieren, welche die Prozesse und Methoden im Unternehmen kennen.

- Test und Validierung der Entscheidungsmeilensteine: Aufgrund von Abhängigkeiten zwischen Planung, Prüfung und Entscheidung wurden bereits Prozesse und Potentiale aufgeführt, die im Zusammenhang mit Entscheidungsmeilensteinen stehen, jedoch operativ im Planungs- und Prüfungsprozess auszuführen sind. Zur Abgrenzung wird im Folgenden nur der Entscheidungsprozess im Sinne der Meilensteine betrachtet. Für alle Anwendungsfälle zur Entscheidungsfindung gilt, dass die VR-Modelle auf einer Power Wall im Hause der AUDI AG gezeigt wurden. Ausgehend von der Erfahrung aus dem DKM-Meilenstein des Produkts waren die Entscheidungsträger aus Topmanagement und Vorstand an entsprechende Entscheidungslagen bereits gewöhnt, sodass keine speziellen Lernmaßnahmen im Umgang mit VR-Werkzeugen erforderlich waren. Neben dem Entscheiderkreis waren in den genannten Beispielen auch immer die Projektleitung und ausgewählte Planer anwesend, sodass die Erfahrungen mit der neuen Technik in der Fabrikplanung breit gestreut werden konnten. Die Führung durch die Modelle wurde im Rahmen der vorhergehenden Prozesskettenmeilenstein festgelegt, um die Diskussionen über nicht ausreichend abbildbare Details in den VR-Aufnahmen zu vermeiden, wenngleich dadurch eine geringe Einflussnahme auf die Entscheidungsfindung selbst provoziert wurde; dieses Vorgehen ist auch bei Produktabnahmen üblich. In Echtzeit waren dennoch Bewegungen durch das Modell möglich, wenn nicht ein vorgefertigter Film gezeigt wurde.

Zu Beginn der Umsetzung eines Meilensteins in der Fabrikplanung für die Beurteilung von Merkmalen der Außenwirkung wurde lediglich auf eine Entscheidung der sichtbaren Fassadenoberflächen im Außenbereich Wert gelegt. Gründe für die Aufbereitung eines solchen VR-Modells waren die hohen Kosten für die Aufstellung einer Musterfassade am Objekt selbst und die gleichzeitig schlechte Aussagekraft bei einer Musterfassade, welche nur einen kleinen Bruchteil der Wandfläche verkleidet; bei der Karosseriebauhalle N60 am Standort Ingolstadt war aufgrund der enormen Ausmaße der Wandflächen dieser Effekt so deutlich, dass eine Entscheidung mit Hilfe der Fabrik-Visualisierung initiiert wurde (vgl. Varianten aus *Abbildung 5-17*).

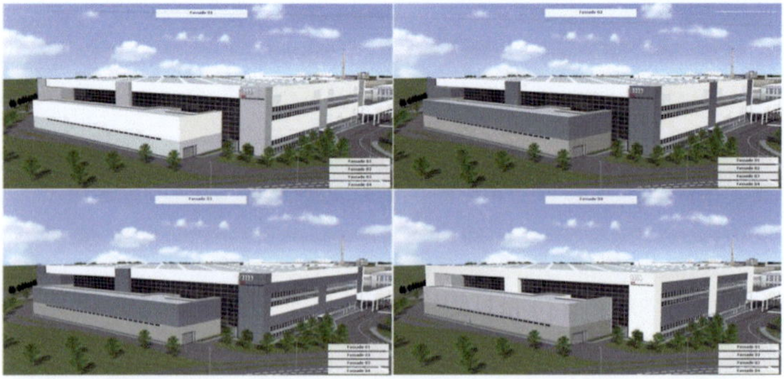

Abbildung 5-17: Fassadenvarianten der Halle N60 zur Beurteilung

Im Vordergrund der Fassadenbetrachtung der Halle N60 stand die globale Beurteilung der jeweiligen Fassadenvariante und deren Einfügen in die Umwelt, sowohl außerhalb als auch innerhalb der Werksgrenzen. Zudem sollte aufgrund der exponierten Lage der Halle am nordöstlichen Rand des Ingolstädter Werks ein repräsentativer Charakter erzielt werden. Infolge der positiven Erfahrungen und der gesteigerten Entscheidungsqualität wurde daraufhin der Fassadenentscheid als wesentliches Element in der Fabrikstrukturplanung aufgenommen, wobei allerdings die operative Umsetzung nicht an Zeitpläne und Entscheidungsmeilensteine gekoppelt wurde; deshalb wurde zur Steuerung dieser Aktivitäten die neue Methodik erstmals eingesetzt. Als erstes Ergebnis wurde der einfache Fassadenentscheid als Beurteilungsmeilenstein weiterer Details ausgebaut, sodass auch umfangreiche Planungsergebnisse aus der Detailplanung verabschiedet werden konnten. Dies stellt die erste Umsetzungsstufe des Meilensteins E4 dar, der im Rahmen der Werkserweiterung in Györ erstmals zur Anwendung kam. Insbesondere die Planung des zentralen Gebäudes wurde über Fabrik-Visualisierung verabschiedet; aufgrund der ausbaufähigen Integration von Simulationsdaten bzw. -ergebnissen, wie schon bei der Validierung des Planungs- und Prüfungsprozesses berichtet wurde, wurden die Kriterien zur Flussqualität und zur Energieeffizienz durch einen Bericht der Fachbereichsvertreter und entsprechender Diskussion abgehandelt. Hervorzuheben ist die detaillierte Vorgehensweise bei der Abhandlung der ästhetischen Merkmale des zentralen Gebäudes. Wurde beim Vorgängerprojekt N60 weitgehend die globale Anmutung der Fassade beurteilt, so wurden hier auch detaillierte Betrachtungen durchgeführt, was die Qualität dieser Art der Visualisierung unterstreicht. Aufgrund der repräsentativen Funktion dieses Gebäudes wurde auf die Außenwirkung insbesondere geachtet; entsprechende Darstellungen aus der Fabrik-Visualisierung sind in untenstehender *Abbildung 5-18* zu sehen. Zusammenfassend konnte die Ausführbarkeit des Meilensteins E4 in der definierten Vorgehensweise nachgewiesen werden.

Abbildung 5-18: Ansichten aus der Fabrik-Visualisierung zum Projekt Györ

Chronologisch nach der Etablierung des Meilensteins E4 bei der Planung der Halle N60 wurde aufgrund der guten Erfahrungen die Erweiterung der Entscheidungsmethodik positiv aufgenommen; durch den Status aktueller Projekte stand danach die Masterplanung des Geländes der Technischen Entwicklung im Vordergrund. Zur Sicherung einer hochwertigen Darstellung und in Anbetracht der umfassenden Veränderungen am Standort wurde dazu für das Werk Ingolstadt zunächst ein digitales 3-D-Geländemodell erstellt, welches die aktuellen Gegebenheiten der Topographie darstellte. Auf diesem Modell aufbauend wurden dann Masterplan-Entscheidungen für das oben bereits erwähnte Projekt zur Neuordnung des Bereichs der Technischen Entwicklung in Ingolstadt durchgeführt. Im Zusammenhang mit diesen Entscheidungsmeilensteinen stand außerdem die Verkehrsplanung in unmittelbarer Umgebung des Werks, weshalb Teile aus der Fabrik-Visualisierung mit Hilfe eines Films auch in kommunalen Institutionen gezeigt wurden, um die Abhängigkeiten zwischen der Werksneuordnung, der Bebauung mit neuen Parkhäusern und damit der Verkehrssituation zu erörtern. Zum Entscheidungsmeilenstein E1 nach der Zielfestlegung wurde ein auf das Geländemodell aufgesetztes erstes Modell gezeigt; zum Meilenstein E2 wurde ein bereits detailliertes Modell gezeigt, welches auch für die Entscheidungsfindung in Zusammenarbeit mit der Kommunalpolitik genutzt wurde. Die Berücksichtigung der Entscheidungskriterien und die methodische Umsetzung in beiden Meilensteinen für dieses Projekt war umfassend. Speziell für die Berücksichtigung der Verkehrsanbindung im Norden des Werks wurden entsprechende bauliche Strukturen bereits mit in die Planung einbezogen und auch visualisiert (siehe *Abbildung 5-19*).

Abbildung 5-19: Verkehrsanbindung als Entscheidungsumfang im Masterplan

Vor dem Meilenstein E4 bei der Planung der Werkserweiterung in Györ wurden auch hier die Meilensteine E1 und E2 durchlaufen. Bereits in der frühen Phase nach der Zielfestlegung wurde hierbei ein hochwertiges 3-D-Modell generiert, welches zur Entscheidung vorgelegt wurde (siehe *Abbildung 5-20*). Auch in der frühen Phase hat sich damit der Einsatz der Entscheidungsmethodik als sinnvoll erwiesen; gleichzeitig musste jedoch festgestellt werden, dass im Sinne des Frontloadings, welches durch die Methodik erforderlich wird, die Datenbasis sehr früh an Detaillierung gewinnen muss. Dies führt dazu, dass die Projektleiter bereits zu Beginn des Projekts interne und externe Planer mit der Erzeugung von CAD-Daten beauftragen müssen, um die Einhaltung der Meilensteine zu garantieren. Zuvor wurde in der frühen Phase der Fabrikstrukturplanung häufig mit einfachen Planungswerkzeugen gearbeitet. Der Vorteil der Lösung mittels Frontloading bestätigte sich jedoch spätestens bei der Vorbereitung auf die Detailplanung, als bereits hochwertige Daten aus den vorherigen Phasen vorlagen und dadurch der Planungs- und auch der Vorbereitungsprozess für die Entscheidungsfindung erheblich verkürzt werden konnten. Die Abhandlung der Entscheidungskriterien hat sich auch bei den Meilensteinen E1 und E2 als funktionsfähig erwiesen; wie im zuerst vorgestellten Anwendungsbeispiel konnte jedoch die Integration der Ablaufsimulation nicht validiert werden, weil noch keine entsprechende IT-Lösung vorlag.

Abbildung 5-20: Auszüge aus dem Masterplan der Werkserweiterung Györ

Abbildung 5-21 zeigt eine typische Entscheidungssituation, die im Rahmen eines zusammengelegten Termins der Meilensteine E2 und E4 für das Komponentenwerk Münchsmünster stattfand; aufgrund der Schwierigkeiten im Projektanlauf konnten die Masterplan-Entscheidungen nicht rechtzeitig getroffen werden. Zudem wurde der Meilenstein E3 nicht durchlaufen, was zu einer zusammenfassenden Darstellung der Werksstruktur und der anmutungsrelevanten Oberflächen im Werk führte. Dabei zeigte sich deutlich, dass Entscheidungen in der frühen Phase deutlich erhöhte Planungssicherheit liefern, da im zusammengefassten Termin Diskussionen zum Werkslayout und zu allgemeinen Fragestellungen der Kubatur aufkamen. Somit ist an diesem Beispiel, welches nicht im Rahmen der definierten Meilensteine mit den zugehörigen Inhalten abgewickelt wurde, als Gegenprobe die Plausibilität der Anzahl der Meilensteine in der frühen Phase gerechtfertigt worden.

Abbildung 5-21: Entscheiderkreis in Diskussion vor der Powerwall

Der Meilenstein E3 wurde ebenfalls mit Hilfe von Anwendungsfällen aus den Projekten Györ und Münchsmünster durchgeführt; allerdings wurde grundlegend verschieden vorgegangen. Im Projekt Györ wurde für den Meilenstein E3 der virtuelle Plan aus dem Meilenstein E2, der bereits eine hohe Qualität aufwies, weiter detailliert und die Erkenntnisse aus der Konzeptplanungsphase wurden aufgenommen, sodass sich im Sinne des veranschlagten Frontloadings die Planungsqualität als äußerst hoch erwies. Der Meilenstein konnte entsprechend den Vorgaben methodisch und entscheidungsperspektivisch korrekt durchgeführt werden, wobei die geringen Defizite wie beim Meilenstein E4 ebenfalls vorhanden waren. Auf eine eigene Darstellung wird deshalb verzichtet. Hingegen kam in der Konzeptplanungsphase des Komponentenwerks Münchsmünster keine dreidimensionale Planung zur Anwendung, wie es in der Methodik vorgesehen wurde. Dies führte einerseits zu einer nicht hinreichenden Bearbeitung der Entscheidungskriterien, weil einige Fragestellungen nicht ausreichend im 2-D-Modell beantwortet werden konnten, wodurch sich die Detaillierung der Ergebnisse der Konzeptplanung verzögerte. Andererseits führte diese Vorgehensweise zu einem erheblichen Mehraufwand bei der Erzeugung der Daten und Feinplanung für den Meilenstein E4, wo zwangsweise aufgrund der umfassenden Bewertung von Kriterien der Anmutung ein dreidimensionales fotorealistisches VR-Modell erforderlich ist. Dies führte zur Erkenntnis, dass die prozessuale Anwendung der Methodik mit den vorgesehenen Meilensteinen und Entscheidungskriterien nicht ohne eine ganzheitliche virtuelle Planung funktionsfähig ist.

Auch der Abgleich der tatsächlich gebauten Fabrik mit der Planung und die Fabrikbewertung wurde im Rahmen des Entscheidungsmeilensteins E7 bereits im Rahmen erster Einführungen durchgeführt. Dabei wurden die Bauten der Erweiterung des Standorts Györ betrachtet. Die Vorgehensweise zur Darstellung der bewerteten Fabrik in virtueller Realität als Nachbetrachtung hat sich in diesem Anwendungsbereich ebenfalls etabliert, wobei eine planmäßige Durchführung dieses Meilensteins für einige Projektmitglieder noch als befremdlich galt, da keine die Umsetzung betreffenden Entscheidungen mehr zu treffen waren. Eine weitere Erprobung dieser Anwendung und damit der Ausbau der Fabrikbewertung als Nachbetrachtung der Planung ist angedacht und wird vor allem durch die strategische Umsetzung der neuen Methodik erfolgen.

In *Abbildung 5-22* ist die fertiggestellte Automobilfabrik am Standort Györ als Modell aus virtuellem und realem Bild zu sehen; im Rahmen des Projektabschlusses der Fabrikstruktur sollte dies insbesondere zum Ausdruck bringen, dass die Visualisierung stets den Planungs- und schließlich auch den realen Bauzustand der Fabrikstruktur abbildet.

Abbildung 5-22: Virtuelles und reales Teilabbild der Automobilfabrik in Györ

Die Integration als Initiative aus dem Forschungsprojekt wurde an dieser Stelle beendet; im Gegenzug wurden einige weitere strategische Schritte zur umfangreichen Einbindung dieser Methodik beschlossen, die bei der AUDI AG fortgeführt und im folgenden *Kapitel 5.1.3* kurz angerissen werden.

5.1.3 Weitere strategische Umsetzungsprojekte bei der AUDI AG

Neben der Integration in und durch einzelne Fabrikstrukturprojekte ist für die nachhaltige Implementierung vor allem die strategische Umsetzung des Ansatzes von Bedeutung. Dies erfordert eine Berücksichtigung der Methodik innerhalb der Strategie der involvierten Geschäftsbereiche und Abteilungen; daraus geht die Einführung der erforderlichen

Prozesslandschaft in die Gesamtprozesslandschaft des Unternehmens hervor. Deshalb wurden nach der erfolgreichen Beendigung des zugehörigen Forschungsprojekts zwei Strategieprojekte fortgeführt.

Projekt Digitales Fabrikmodell

Das Projekt Digitales Fabrikmodell ist ein zusammen mit der hier vorgestellten Forschungsarbeit initiiertes Vorhaben zur Umsetzung einer integralen virtuellen Planungsmethodik mit Entscheidungsmeilensteinen in der Fabrikstrukturplanung der AUDI AG am Standort Ingolstadt. Auslöser des Projekts war einerseits die Anforderung zur Umsetzung der Forschungsergebnisse und andererseits der Auftrag aus dem Management zur Ausweitung von virtuellen Entscheidungen; dieser Auftrag resultierte in erster Linie aus den ersten operativen Visualisierungen. Des Weiteren wurde die Vernetzung von bereits operativ eingesetzten Fabrik-DMU-Werkzeugen mit dem Entscheidungsfindungsprozess gefordert. Aufgrund des Umfangs der mit dem Projekt einhergehenden Veränderungsprozesse wurde es als Teilprojekt im Projekt Digitale Fabrik bei der AUDI AG definiert.

Die Ziele des Projekts sind vielschichtig, greifen massiv in die aktuelle Tätigkeiten der Werksplaner ein und lassen sich aus den Zielen der Integration der Fabrikentstehung in die Produktentstehung ableiten.

Fabrikentstehungsprozess für Auslandsstandorte

Neben der Pflege des Prozesses der Produktentstehung mit verschiedenen Kriterien wurde bei der AUDI AG außerdem ein Fabrikentstehungsprozess für Auslandsstandorte definiert. Ausgehend von den strategischen Wachstumszielen, der erforderlichen Zusammenarbeit von vielen verschiedenen Abteilungen innerhalb des Unternehmens und des Volkswagen-Konzerns wurde eine einheitliche Definition erforderlich. Zudem wurde dieser Prozess für die Sicherstellung der Umsetzung der Standardfabrik erforderlich.

Die Definition und Etablierung des Fabrikentstehungsprozesses soll im Rahmen eines unternehmensübergreifenden Projekts stattfinden. Ein wichtiges Ziel des Projekts ist die Optimierung der Aufbau- und Ablauforganisation für Auslandsprojekte, wobei neben anderen Aktivitäten vor allem die Planungsprozesse im Vordergrund stehen; des Weiteren sind Rollenprofile für Prozessbeteiligte festzulegen. Zwei wesentliche Ziele, die im Zusammenhang mit dem hier festgelegten Fabrikplanungsprozesses stehen, sind die Erstellung prozess- und meilensteinbezogener Werkzeuge sowie die Verankerung dieser Werkzeuge in einem Handbuch für Auslandsprojekte.

Folglich werden im Rahmen des Fabrikentstehungsprozesses für Auslandsstandorte nachstehende aufgeführte Inhalte der Entscheidungsmethodik implementiert:

1. Die Entscheidungsmethodik für die Fabrikstrukturplanung geht in die Definition der ganzheitlichen Planungsprozesse für Auslandsprojekte ein.

2. Die virtuellen Methoden im Planungsprozess für die Fabrikstruktur werden in Form von konkreten prozess- und meilensteinbezogenen Werkzeugen in den Fabrikentstehungsprozess implementiert. Die Sammlung von „Best Practices“ auch aus Erfahrungen vom Projekt Digitales Fabrikmodell steht im Vordergrund.

3. Die Verankerung sowohl einer allgemeinen Prozessbeschreibung des Strukturplanungsprozesses als auch der Anwendung der definierten Werkzeuge in einem Handbuch wird angestrebt. Grundlage hierfür ist die vorliegenden Arbeit mit den allgemeinen Prozessschaubildern und Beschreibungen.

5.2 Validierung in der Pharmaindustrie

Das zweite Beispiel zur Validierung kommt aus dem Bereich der Pharmaindustrie und wurde bei der Roche Diagnostics GmbH durchgeführt. Am Standort Mannheim wurde eine entsprechende Implementierung und anschließende Validierung in der Abteilung für die Planung und Durchführung von Produktionsprojekten der zukünftig herzustellenden Arzneimittel vorgenommen. In dieser Unternehmenseinheit laufen sowohl die Planung des Produktionsprozesses ab wie auch die Planung der Produktionsanlagen und der Fabrikstruktur.

Aufgrund der eingeschränkten Möglichkeiten der Implementierung der erforderlichen IT-Landschaft, was bei Audi ausgehend vom Forschungsprojekt leichter vorzunehmen war, liegt das Hauptaugenmerk der Validierung auf der prozessualen Komponente, wenngleich auf die Methodenbausteine zu einer möglichen Integration verwiesen wird. Grundlegende CA-Methoden und auch Planungen im dreidimensionalen Raum sind bei Roche ebenfalls vorhanden, sodass von einer soliden Basis zum Methodenaufbau ausgegangen werden kann. Somit wird entsprechend den Ausführungen aus *Kapitel 4.1* zunächst eine Prüfung der Rahmenbedingungen vorgenommen und nachfolgend die Vorgehensweise zur Einordnung der Fabrikentstehung in die Produktentstehung gemäß *Kapitel 4.2* exerziert.

5.2.1 Prüfung der Rahmenbedingungen bei Roche Diagnostics

Vor der Durchführung der eigentlichen Integration der Fabrikentstehung war auch bei Roche eine Prüfung der wichtigsten Rahmenbedingungen erforderlich; diese Prüfung wurde unmittelbar beim ersten Gespräch mit dem Management der Planungsabteilung durchgeführt, um die Machbarkeit der praktischen Umsetzung sicherzustellen.

Produktprozess

Wie bereits im *Kapitel 2.7.4* beschrieben wurde, sind Prozessmodelle in der pharmazeutischen Industrie von einer deutlichen Orientierung zur Entwicklung der Medikamente geprägt, die andere Geschäftsprozesse, wie beispielsweise die Fabrikplanung, nur rudimentär betrachtet.

Ähnlich stellt es sich auch bei Roche Diagnostics dar, deren Prozessmodelle für die Planung von Produktionsprozessen und Fabrikstrukturen nur dann ad hoc in Form von Projektzeitplänen aufgestellt werden, wenn konkrete Projekte vorliegen. Somit wird der Prozess aus *Kapitel 2.7.4* zur Integration herangezogen, da er der Praxis entspricht und die Umstände in der Pharmaindustrie abbildet. Eine weitere Betrachtung der Geschäftsprozesse findet in der Einordnung selbst statt.

Aufbauorganisation

Die in der Validierung der vorliegenden Arbeit unterstützende Abteilung „Engineering Projects“ bei Roche ist für die Prozessplanung sowie für die Fabrikplanung zuständig. Dort werden zusammen mit externen Dienstleistern die Planungsergebnisse operativ erstellt und auch die entsprechenden Entscheidungen getroffen; bei großen Produktprojekten wird die Geschäftsführung in den Entscheidungsprozess mit einbezogen. Somit liegt eine planende sowie eine entscheidende Instanz im Unternehmen vor, sodass auch diese Rahmenbedingung erfüllt ist.

Fabrikprojekte

Die Roche Diagnostics GmbH betreut diverse Arzneimittelprojekte, sodass sich daraus eine Vielzahl von Fabrikprojekten ergibt; der Schwerpunkt liegt hierbei im modularen Umbau von vorhandenen Fabrikanlagen. Dies resultiert natürlich aus gewachsenen Werksstrukturen an den Standorten, aber vor allem aus dem Wandel in der pharmazeutischen Industrie weg von der chemischen Herstellung der Wirkstoffe hin zur biotechnologischen Herstellung, beispielsweise mittels Fermentation. Hieraus ergeben sich große Investitionsvolumina, um alte Anlagen abzubauen und Neubauten in Bestandsfabriken zu errichten.

5.2.2 Einordnung am Beispiel von Roche Diagnostics

Ausgehend von der Einordnungsvorgehensweise, welche in *Kapitel 4.2* beschrieben wurde, erfolgt nun die Einordnung am Beispiel des Arzneimittelentwicklungsprozesses der Roche Diagnostics GmbH für den Standort Mannheim. Auch hier steht, wie bei der Einordnung für die Automobilindustrie, die Vernetzung des Produkts, in diesem Fall eben des Arzneimittels, mit der Fabrikstruktur im Fokus.

Schritt 1: Analyse der Geschäftsprozesse der Roche Diagnostics GmbH

Wie in der Pharmaindustrie üblich, unterteilt sich die Prozesslandschaft im Unternehmen in die Wertschöpfungsprozesse und die Unterstützungsprozesse, wie es in *Abbildung 5-23* zu betrachten ist. Die Wertschöpfungsprozesse untergliedern sich für ein Produkt chronologisch in die Forschung und Entwicklung, gefolgt von der Produktion und dem Vertrieb. Die Unterstützungsprozesse bilden Nebenfunktionen im Unternehmen ab, um die Kernprozesse der Wertschöpfung zu gewährleisten. [Komu-11; S. 129]

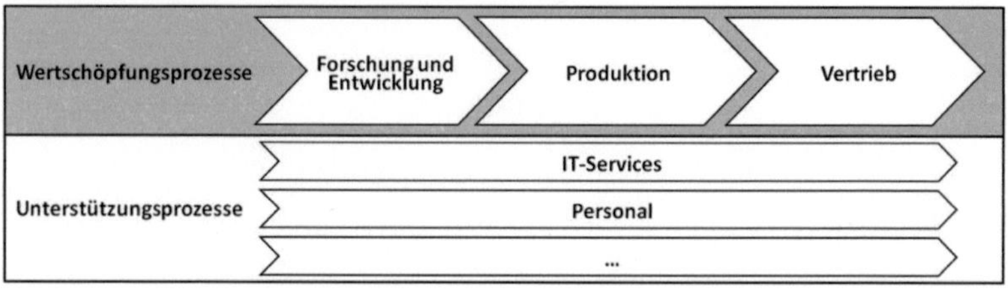

Abbildung 5-23: Prozesslandschaft der Pharmaindustrie [in Anlehnung an Komu-11; S. 129]

Für die weiteren Betrachtungen wird in erster Linie der Forschungs- und Entwicklungsprozess herausgegriffen, wobei der Prozess der Produktionsvorbereitung eingeschlossen ist bzw. eingeschlossen sein muss, um die Vernetzung zwischen Produktions- und Fabrikplanung sicherstellen zu können.

Weiterhin ist festzuhalten, dass im hier dargestellten Beispiel der Fabrikplanungsprozess als Teil der Wertschöpfungsprozesse, ähnlich wie die Produktionsprozessplanung, gesehen wird; teilweise wird der Fabrikstrukturplanungsprozess mit der Erweiterung der allgemeinen Bauplanung eines Unternehmens häufig in die Unterstützungsprozesse eingeordnet.

Schritt 2: Extraktion relevanter Prozesse bzw. Teilprozesse der Roche Diagnostics GmbH

Somit wird aus dem Geschäftsprozessmodell der Wertschöpfungsprozess der Forschung und Entwicklung mit den vorgreifenden horizontalen Verbindungen zu Produktion und Vertrieb herausgegriffen und zur weiteren Betrachtung behandelt. Dem entsprechen exemplarisch die Darstellungen aus *Kapitel 2.7.4*.

Eine weitere Untersuchung der Prozesse erfolgt gemäß den Kriterien des *Schritts 2* aus der Einordnung für die Automobilindustrie in *Kapitel 5.1.2*; die Kriterien sind die Standort-, Struktur- sowie die Termin-Relevanz.

Schritt 3: Extraktion bzw. Definition integrationsrelevanter Meilensteine und Prozesse der Roche Diagnostics GmbH

Im Rahmen der Extraktion der integrationsrelevanten Meilensteine für die Fabrikstrukturplanung ergab sich folgende Auswahl:

- Projektstart: Aus der Wirkstoffsuche heraus startet mit einem erfolgversprechenden Wirkstoff ein Arzneimittelprojekt.

- Start Phase I, II und III: Die Meilensteine zu Beginn einer klinischen Phase stellen im Sinne der Produktreife wichtige Zeitpunkte zur Weiterführung des Projekts und schließlich auch für ein Eintritt der Fabrikplanung in das Projekt dar.

- Ende Phase III: Zum Ende der Phase III muss die Qualifizierung und Validierung der Prozessanlagen sichergestellt sein. Dies betrifft auch die Fabrikplanung im Sinne einer Rückwärtsterminierung zur Sicherstellung der Flächenübergabe an die Prozessplanung.

- Zulassungsantrag: Teile des Zulassungsantrags stammen aus der abgeschlossenen Qualifizierung und Validierung; denn die Zulassungschargen müssen mit den final qualifizierten und validierten Anlagen und Maschinen hergestellt werden.

- Zulassung, SOP: Sobald die Zulassung erfolgt ist, beginnt die Produktion und somit muss die Fabrikplanung auch hier nach der Qualifizierung für Probleme zur Verfügung stehen. Jedoch übernimmt der Fabrikbetreiber mit der Instandhaltung den operativen Produktionsbetrieb.

Im Sinne einer Neuplanung einer Produktionsstätte spielen die nachgelagerten Prozesse keine übergeordnete Rolle; ausgehend von Ergebnissen der klinischen Phase IV können zwar Änderungen an der Fabrikstätte resultieren, jedoch sind diese im Regelfall durch das Gebäudemanagement, zuständig für kleinere Umbauten, auszuführen. Die extrahierten Meilensteine und Prozesse sind in *Abbildung 5-24* dargestellt.

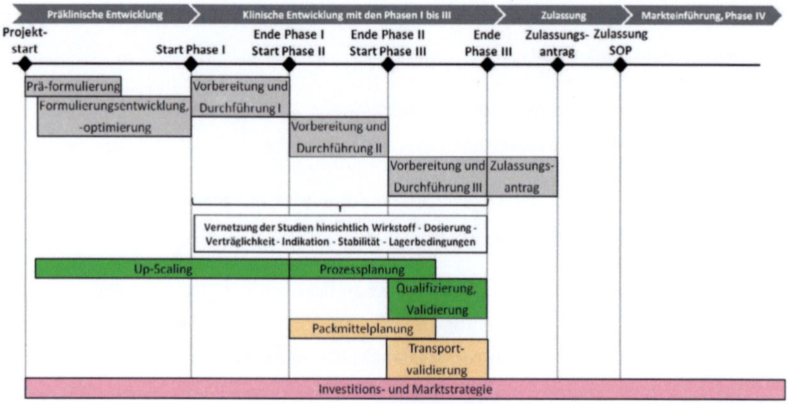

Abbildung 5-24: Relevantes Arzneimittelentwicklungsmodell für die Fabrikplanung

Auf eine gesonderte Ausführung der extrahierten Prozesse wird verzichtet, da dies bereits bei der Beschreibung aller Prozesse der Arzneimittelentwicklung in *Kapitel 2.7.4* geschah.

Schritt 4: Vorstellung der daten- und termingesteuerten Entscheidungsmethodik bei der Roche Diagnostics GmbH

Die detaillierte Vorstellung der daten- und termingesteuerten Entscheidungsmethodik im Hause der Roche Diagnostics GmbH erfolgte zusammen mit der Vorstellung des vorliegenden Forschungsprojekts. Dabei wurde auch die Erfordernis zu einer solchen Einordnung bei Roche erkannt.

Schritt 5 und Schritt 6: Meilenstein- und zeitliche Integration der Fabrikentstehung in die Produktentstehung bei der Roche Diagnostics GmbH

Nach Vorstellung der Entscheidungsmethodik mit den relevanten Meilensteinen und der Extraktion der Produktmeilensteine für die Einordnung der Fabrikplanung in die Produktentstehung von Pharmaprodukten konnte nun die Integration durchgeführt werden.

Aus der speziellen Ausprägung des Arzneimittelentwicklungsprozesses ergeben sich hierfür einige Besonderheiten, die in der Diskussion mit Vertretern von Roche Diagnostics identifiziert wurden und kurz beschrieben werden sollen:

- Enorme Dauer des Gesamtprozesses: Identisch mit den Gesamtdauern aus der Literatur wurde beschrieben, dass der Gesamtprozess der Arzneimittelentwicklung sehr lange dauert; man nannte 10 bis 15 Jahre für ein neues Produkt.

- Erfolgsraten und Einstieg der Planung: Da die Erfolgsraten von Wirkstoffen in den frühen Phasen des Prozesses sehr gering sind, ist ein Einstieg der Planung nicht vor der Phase II sinnvoll. Hier wird erfahrungsgemäß mit der Prozess- und Fabrikplanung begonnen. Dafür wird üblicherweise etwa ein halbes Jahr aufgewandt, wobei Konzepte für die Fabrik zusammen mit einem Standort schon bekannt sind. Eine weite Vorverlagerung der Konzeptentwicklung und der Standortsuche ist hingegen nicht sinnvoll, da dadurch Ressourcen gebunden werden, wenngleich das Projekt noch keine hohe Erfolgsaussicht hat.

- Abweichungen in den klinischen Studien: Ausgehend von Abweichungen durch anders erwartete Ergebnisse der klinischen Studien kommt es nicht selten vor, dass Produktprojekte ins Stocken kommen, weil bestimmte Teile der Studien wiederholt werden müssen oder schon festgelegte Parameter wieder in Frage gestellt werden. Dies kann zur Folge haben, dass das Projekt aus Produktions- und Fabriksicht angehalten werden muss, da eventuelle Änderungen der Anlagen und damit der Fabrikstruktur möglich sind. Diese Stopps im Projekt können beispielsweise durch das Anhalten an einem Entscheidungsmeilenstein oder, bei Änderungen, durch das erneute Durchlaufen von Planungsphasen abgebildet werden.

Die beschriebenen Besonderheiten der Pharmaindustrie werden in der Integration berücksichtigt; die Einordnung erfolgt in Teilschritten, um die Übersichtlichkeit zu wahren:

- Projektstart: Zwischen dem Projektstart des Produktprojekts und dem Beginn der ersten klinischen Phasen liegen zwischen 4 und 6,5 Jahren. Aufgrund dieses großen Zeitfensters ist ein Projektbeginn in der Fabrikplanung zum Projektstart des Produktprozesses nicht sinnvoll. Ein Beginn nach dem Start der klinischen Phase I ergibt sich aus der Vorausbetrachtung, da zu Beginn der Phase II ein Konzept zusammen mit einem Standortentscheid vorzuliegen hat, um die Detailplanung sofort beginnen zu können und zeitliche Engpässe auszuschließen. Somit wird die Phase der Zielfestlegung mit dem Meilenstein E0 vier Monate vor dem Start der Phase II begonnen (vgl. *Abbildung 5-25*). Aus dem Investitions- und Markstrategieprozess ergeben sich hierfür auch schon entsprechende strategische Kenngrößen für den Planungsstart; außerdem sind Grundlagen zum Wirkstoff aus der Prä-formulierung bekannt sowie produktionstechnische Kenngrößen aus dem frühen Up-Scaling.

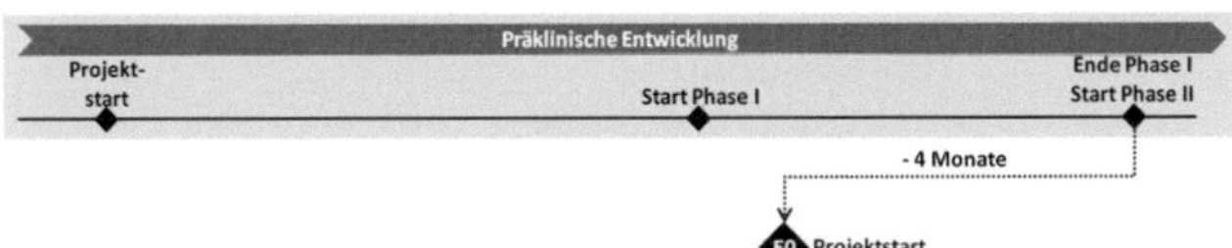

Abbildung 5-25: Beginn der Planungsphase 1 im Pharmaproduktprozess

- Frühe Phase der Fabrikplanung bis zum Standortentscheid: Mit dem Beginn der Phase II in der klinischen Entwicklung beginnt üblicherweise die Fabrikplanung, da die Wahrscheinlichkeit des Erfolgs für das Medikament zunehmend steigt. Bis zum Baubeginn der Fabrikbauwerke bleibt dann lediglich ein Zeitraum von etwa sechs Monaten, weshalb die Planungsphase 4 zusammen mit der klinischen Phase II beginnen muss; hierbei sind schon Konzepte und Standorte geklärt, sodass eine Detailplanung auch tatsächlich in diesem Zeitfenster realistisch ist. Um aber nicht zu früh in ein Projekt einzusteigen, welches noch scheitern kann, werden die Phasen 2 und 3 nur sehr knapp vor dem Start der Phase II durchgeführt. Zusammenfassend sind die Einordnungsdetails in *Abbildung 5-26* zu sehen.

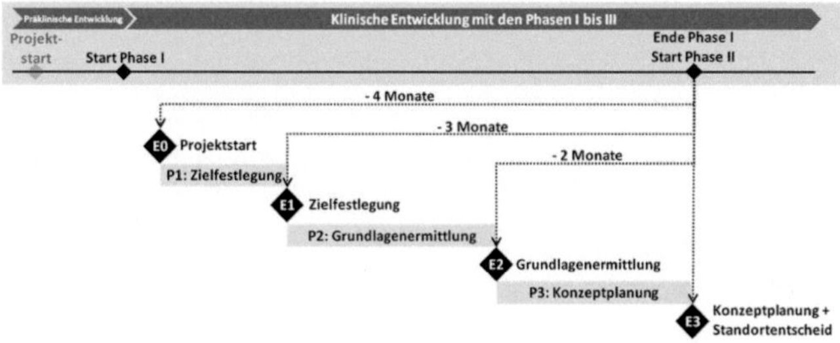

Abbildung 5-26: Frühe Phase der Fabrikplanung im Pharmaproduktprozess

- Planung bis zum Baubeginn: Mit der klinischen Phase II endet die Konzeptplanung, wodurch Fabrikstrukturkonzepte und der Standort entschieden sind, sodass die Detailplanung beginnen kann. Im Gespräch mit Roche wurde deutlich, dass bis zum Baubeginn ein Zeitfenster von etwa einem halben Jahr realistisch ist; daraus ergibt sich die Einordnung des Meilensteins E4 der Detailplanung und des Meilensteins E5 der Realisierungsvorbereitung, die den Baubeginn darstellt. Die zeitlichen Vorgaben ergeben sich, wie in den nachfolgenden Einordnungen dargestellt ist, auch aus der Zeitvorgabe für die Bauphase selbst und die nachfolgende Maschinenaufstellung der Prozessplanung. Die Integration dieser Phasen ist in *Abbildung 5-27* dargestellt.

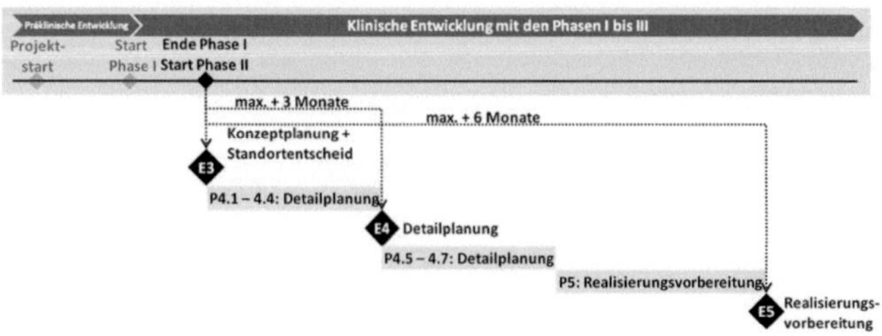

Abbildung 5-27: Planung bis zum Baubeginn im Pharmaproduktprozess

- Bauphase: Mit dem Meilenstein E5 beginnt die Bauphase für die Fabrikstruktur. Ausgehend von Maschinenbestellfristen bis zu deren Aufstellung ergibt sich aus den Zeitplänen der Prozessplanung eine zeitliche Einordnung der Flächenübergabe, was sich im Gespräch mit Roche als praxistauglich erwies und in *Abbildung 5-28* visualisiert ist. Das Ende der Realisierungsüberwachungsphase mit dem Meilenstein E6 liegt parallel zum Beginn der klinischen Phase III, wenn die Qualifizierung und im Nachgang die Validierung stattfinden.

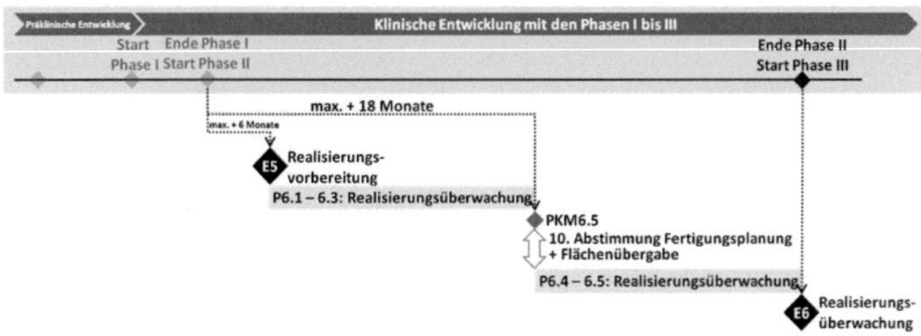

Abbildung 5-28: Bauphase im Pharmaproduktprozess

- Hochlauf der Fabrik und Fabrikprojektabschluss: Die Qualifizierung sowie die Validierung müssen aus Sicht der Fabrikstrukturplanung dann durch die Hochlaufbetreuung unterstützt werden, da der Fabrikbetrieb zum ersten Mal aufgenommen wird. Dies gilt sowohl für die Strukturen der Prozessanlagen als auch für die Gebäude mit den Verpackungsanlagen. Die Hochlaufbetreuung bietet hierbei Unterstützung für die qualifizierungs- und validierungsrelevanten Aspekte, die für die nachfolgende Zulassung des Medikaments durch die Behörden erforderlich sind. Als Beispiel hierfür kann der erforderliche Betrieb der Gebäudetechnik für Reinräume genannt werden. Wenn der Zulassungsantrag geschrieben und eingereicht ist, kann der eigentliche Produktionsbetrieb mit dem Erhalt der Zulassung aufgenommen werden. Die Betreuung des Gebäudes liegt dann beim Fabrikbetreiber bzw. dem zuständigen Gebäudemanagement. Die Phase des Projektabschlusses wird nachfolgend aufgenommen, wobei für das Wissensmanagement sowohl die Erkenntnisse aus dem Zulassungsantrag als auch die Anmerkungen der Behörden nach erfolgter Zulassung von Bedeutung sind. Die Bewertung der Zusammenarbeit der Planungsbereiche liegt parallel zum Meilenstein Zulassungsantrag. Ein Monat nach erfolgter Zulassung wird der Wissensmanagementprozess beendet und es erfolgt der Projektabschluss. Zusammenfassend ist die Integration dieser Phasen in *Abbildung 5-29* visuell beschrieben.

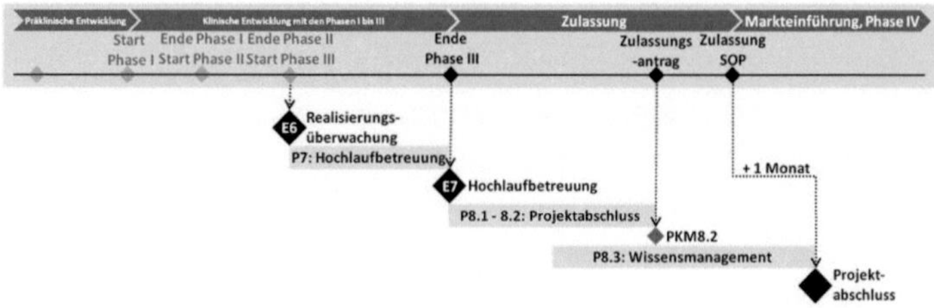

Abbildung 5-29: Hochlauf und Projektabschluss im Pharmaproduktprozess

Schritt 7: Zeitliche Machbarkeitsanalyse des Prozessvorschlags für die Roche Diagnostics GmbH

Ausgehend von der Zusammenarbeit bei der Erstellung des Prozessvorschlags bei Roche wurden viele zeitliche Abhängigkeiten bereits aus der Erfahrung heraus als praxistauglich eingestuft bzw. unmittelbar bei der Prozessintegration diskutiert und verabschiedet. Dies geht aus den dargestellten Abhängigkeiten im vorherigen Schritt hervor, sodass die zeitliche Machbarkeitsanalyse nicht explizit durchgeführt wurde; stattdessen wurde im Rahmen eines Prozessreviews nach der Erstellung des Prozessvorschlags die Machbarkeit aus zeitlicher Hinsicht abschließend bestätigt.

Schritt 8: Ressourcenanalyse bei der Roche Diagnostics GmbH

Die Aufgabenstellung im Rahmen der Validierung in der Pharmaindustrie war in erster Linie prozessualer Natur; die Methodenintegration als Vorschlag entlang des Prozesses wurde durchgeführt, wobei die nachfolgende Ressourcenanalyse jedoch aufgrund von Kapazitätsgründen bei Roche entfallen musste. Außerdem war es in einem Stufenmodell das Ansinnen, sich zunächst mit im Unternehmen vorhandenen Methoden mit dem Prozessablauf vertraut zu machen, um dann über weitere Schritte zu entscheiden.

Schritt 9 und Schritt 10: Test und Anwendungsbeginn bei der Roche Diagnostics GmbH

Die Machbarkeit des Prozessvorschlags an sich wurde durch die Roche Diagnostics GmbH bestätigt; nachfolgende Anwendungstests ausgehend von diesem Prozessmodell mit den im Hause vorhandenen Methoden wurden zugesichert. Die Entscheidungsmethodik als solche wird hierbei zunächst nicht mit einem VR-Modell durchgeführt, sondern mit Hilfe von Entscheidungsvorlagen zu bestimmten Meilensteinen, die in Papierform alle relevanten Informationen für die Entscheider enthalten. Hierbei wird dann, wie in der Entscheidungsmethodik vorgeschlagen, im Rahmen der Durchsprache ein Protokoll unterzeichnet, um die notwendige Verbindlichkeit aller Entscheidungsträger zu erreichen. Die hier vorgeschlagene methodische Vorgehensweise als Dreisprung von Planung, Prüfung und Entscheidung wurde als plausible Vorgehensweise bestätigt.

5.3 Erreichung der Ziele der Arbeit

Eine Validierung der Ansätze sollte zum einen zeigen, dass die Anwendbarkeit der Methodik und der formulierten Prozesse in der Praxis der industriellen Produktion und der zugehörigen Fabrikplanung besteht, zum anderen muss sie auch darlegen, dass die in *Kapitel 1.4* formulierten Ziele erreicht wurden. Deshalb wird an dieser Stelle die Zielsetzung der Arbeit noch einmal aufgegriffen und als Sypnose aus der Validierung in der Automobil- und der Pharmaindustrie die Erreichung der Ziele anhand dieser Beispiele beschrieben; dabei werden die theoretischen Ansätze aufgegriffen und deren Anwendung gemeinsam in *Abbildung 5-30* dargestellt.

Abbildung 5-30: Ziele der Arbeit und deren Erreichung

Nachfolgend werden die sieben Ziele zusammen mit der Beschreibung der Umsetzung ausführlich beschrieben; weiterhin werden jeweils Vorteile der daten- und termingesteuerten Entscheidungsmethodik der Fabrikplanung unter Berücksichtigung der Produktentstehung im Vergleich zum aktuellen Stand in Wissenschaft und Industrie aufgezeigt:

1. Virtueller Planungs- und Prüfungsprozess: In jeder Planungsphase werden ausgehend von der Datenerstellung die Planungsergebnisse über Fabrik-DMU und Simulation geprüft und optimiert, bevor aus den Planungsdaten das VR-Modell für die Entscheidungsunterstützung erzeugt wird. Im Rahmen der Validierung bei der AUDI AG

konnte der dreiteilige Prozess verifiziert und getestet werden; bei Roche war eine Integration nicht möglich, die Vorgehensweise wurde jedoch prozessual verifiziert, da bereits ähnliche Prozessschritte im Hause üblich sind und eine Erweiterung in diese Richtung denkbar ist.

Vorteile: Im Vergleich zu in der Industrie vielfach üblichen Planungsmethodiken, bei denen vielfach beobachtet werden konnte, dass teilweise chaotisch Daten erstellt und Fehler abgestellt werden, kann mit Hilfe des definierten Planungs- und Prüfungsprozesses das Planungsergebnis zu jeder Phase geprüft und optimiert werden, bis eine Lösung vorhanden ist, auf der Entscheidungen aufbauen können. Außerdem wurde eine feste Integration des Fabrik-DMU als Kollisions- und Baubarkeitsprüfung kombiniert mit Simulationswerkzeugen beschrieben; diese Werkzeuge werden heute oftmals nur ad hoc zur Fehlerabstellung und Optimierung in der Fabrikplanung eingesetzt.

2. Entscheidungsmethodik mit Entscheidungskriterien und Meilensteinen: Ausgehend vom Planungs- und Prüfungsvorgehen aus dem ersten Ziel der Arbeit wurde ein einheitliches Entscheidungsvorgehen für jeden der sieben Entscheidungsmeilensteine definiert; Rückgrat dieser Entscheidungen sind hierfür festgelegte Kriterien, die abhängig vom Reifegrad der Planung variieren. Für die Dokumentation der Entscheidungen wurde ein einheitliches an den Kriterien angelehntes Entscheidungsprotokoll entworfen, welches mit dem Datenmanagement und entsprechenden Entscheidungsvorlagen verknüpft ist. Die Entscheidungen zu diesen Meilensteinen wurden bei Audi im Rahmen von Anwendungstests operativ validiert; bei Roche wurde das Entscheidungsvorgehen vorgestellt und die Praxistauglichkeit bestätigt.

   Vorteile: Meilensteine in der Fabrikstrukturplanung werden heute in vielen Unternehmen nicht gelebt, weil die Datenbasis für Entscheidungen nicht definiert ist und Entscheidungsinhalte nicht bekannt sind. Mit Hilfe der dreistufigen Methodik aus Planung, Prüfung und Entscheidung werden die Entscheidungsdaten eindeutig festgelegt und auf ihre Entscheidungstauglichkeit hin optimiert. Der Inhalt der Entscheidung ist durch die in den Meilensteinen differenzierten Kriterien festgesetzt, sodass der Entscheiderkreis anhand eines Schemas vorgehen kann und die getroffenen Entscheidungen ausgehend von den Vorlagen im Protokoll dokumentiert werden können. Dies bringt in der Praxis eine höhere Entscheidungsqualität, kürzere Entscheidungswege und eine bessere Nachvollziehbarkeit durch die Dokumentation.

3. Datenmanagement für die Entscheidungsmethodik: Für die sieben Entscheidungsmeilensteine wurde eine Datenmanagementstruktur definiert, welche zur transparenten Ablage der Entscheidungsvorlagen (einschließlich VR-Entscheidungsmodelle) nach den Entscheidungskriterien gemäß dem Protokoll dient. Ein Vorschlag für den Ein-

satz dieser Ablagestruktur in einem Projektkommunikationsmanagementsystem wurde bei der AUDI AG im Rahmen der Validierung durchgeführt. Bei Roche wurde die Ablagestruktur mit den Entscheidungsvorlagen in Papierform verglichen, wo ebenfalls eine entsprechende Strukturierung möglich ist.

Vorteile: Die Nachvollziehbarkeit von Entscheidungen wird dadurch erreicht, dass gemäß den Entscheidungskriterien die Vorlagen abgelegt bzw. verlinkt werden. Durch die Unveränderlichkeit der Ablage nach Abschluss des Meilensteins sind Entscheidungen gleichbleibend dokumentiert. Da in vielen Unternehmen Projektkommunikationsmanagementsysteme im Einsatz sind, wurde bei der AUDI AG ein Vorschlag zur Strukturierung in einem solchen System gemacht. Die entscheidungsorientierte Ablage schließt hierbei die zusätzliche Ablage nach anderen Merkmalen nicht aus.

4. Frühe Einsteuerung von Produkt- und Produktionsprämissen: Konsequent über alle Planungsphasen, vor allem aber in den frühen Phasen, wurden Eingangsgrößen aus der Produktentwicklung zur Einsteuerung in die Fabrikplanung definiert. Dadurch ergibt sich eine Vorverlagerung von Prämissen im Vergleich zum Prozess nach VDI 5200. Diese positiven Effekte wurden in der Werksplanung bei Audi bestätigt, wobei der frühe Reifegrad der Fabrikstruktur besonders hervorgehoben wurde. Ebenso wurde dies bei Roche bestätigt, wobei in der Arzneimittelentwicklung der eigens dafür vorgesehene Prozess des Up-Scalings zusätzlich vorverlagernd wirkt.

   Vorteile: Die Vorverlagerung durch die dezidierte Einsteuerung von definierten Größen in die Fabrikplanung, welche erheblichen Einfluss auf die Fabrikstruktur haben, ist besonders deutlich im Vergleich zum Regelprozess der VDI-Richtlinie 5200 zu erkennen; aber auch in Prozessmodellen der betrachteten Hersteller wurde eine Vorverlagerung durch Anwendung des neuen Fabrikplanungsprozesses erreicht. Wenn auch spätere Änderungen am Produkt und der Produktion zu Anpassungen in der Fabrikstruktur führen, wird durch diese Vorverlagerung früh ein besonders hoher Reifegrad erreicht, der sich positiv auf die Zeit- und Kostenplanung auswirkt. Hierdurch gewinnt ein Fabrikprojekt im Vergleich zur Anwendung von herkömmlichen Prozessmodellen enorm an zeitlicher und finanzieller Sicherheit; darüber hinaus können sehr früh in der Planung bestimmte Qualitäten bereits definiert werden.

5. Prozessintegration am Produktentstehungsprozess durch Meilensteine: Anhand einer Vorgehensweise aus zehn Schritten wurde die Prozessintegration der Meilensteine und damit des Fabrikplanungsprozesses in einen beliebigen Produktentstehungsprozess erarbeitet; im Vorfeld müssen hierzu bestimmte Rahmenbedingungen geprüft werden. Die Prozessintegration ermöglicht die Verfolgung der Meilensteine der Fabrikstrukturplanung in Abhängigkeit des Produktentwicklungsfortschritts und bietet damit einen unmittelbaren Zusammenhang von Produkt und Fabrikstruktur. Exemp-

larisch wurde in der Validierung bewiesen, dass die Prozessintegration funktionsfähig formuliert wurde, was an einem Automobil- und einem Arzneimittelentwicklungsprozess gezeigt wurde.

<u>Vorteile:</u> *Der Zusammenhang zwischen Fabrikstruktur und Produkt war bislang nur unzureichend erforscht; somit war eine Terminsteuerung der Fabrikstrukturplanung ausgehend vom dort herzustellenden Produkt nicht möglich. Der Zusammenhang von Produktentwicklung, zum Teil auch der Produktionsplanung, und der Fabrikstrukturplanung führt zu einem hohen Prozessverständnis der Fabrikplaner hinsichtlich geforderter Planungsergebnisse zu den definierten Meilensteinen. Darüber hinaus sind ausgehend von der Einordnung von Fabrik- und Produktentstehung zeitliche Machbarkeitsanalysen möglich. Die Fabrikstrukturplanung hat im Gegensatz zum Prozessmodell nach VDI 5200 zusätzlich die Möglichkeit, sich in einen Produktentstehungsprozess einzuordnen und ist nicht produktunabhängig im Planungsvorgehen verortet.*

6. Validierung in der Industriepraxis: Alle vorhergehenden Ziele wurden zunächst theoretisch ausgehend vom wissenschaftlichen Bedarf formuliert, dann durch wissenschaftliche und teilweise industrielle Erkenntnisse erreicht und schließlich im Rahmen der Validierung in zwei sehr verschiedenen Industriezweigen, der Automobilindustrie sowie der Pharmaindustrie, erprobt. Ziel war es zu zeigen, dass die Implementierung der Fabrikentstehung in die Produktentstehung in der beschriebenen Form funktionsfähig ist, was in beiden Anwendungsfällen erreicht wurde.

   <u>Vorteile:</u> *Die vorliegende Arbeit wurde ausgehend von diesem Ziel nicht nur auf einem wissenschaftlich-theoretischen Fundament gegründet, sondern erhält durch die Validierung in der Industriepraxis zusätzlich zwei Beispiele für die praktische Umsetzung. Zudem wird die Vorgehensweise zur Implementierung der Fabrik- in die Produktentstehung als Handlungsleitfaden durch die Anwendungsbeispiele verdeutlicht und besser nachvollziehbar. Weiterhin hatten die Unternehmen einen Nutzen durch die strukturierte Beleuchtung ihrer Planungsprozesse.*

Daraus geht insgesamt hervor, dass die gesetzten Ziele der Arbeit im Rahmen des Hauptteils und der Validierung erreicht wurden.

5.4 Erfolgsfaktoren

Um abschließend aus der Validierung ein weiteres Resümee für den praktischen Einsatz zu ziehen, sollen noch wenige effektive Erfolgsfaktoren für die Einführung der Entscheidungsmethodik im Umfeld von Unternehmen aufgelistet werden. Diese Erfolgsfaktoren lehnen sich an den festgelegten Faktoren an, die *Longmuß* für die wirksame Einführung eines Referenz-Produktentstehungsprozesses in Unternehmen niederschrieb [Long-03; S. 67]:

1. Klarer Auftrag der Einführung durch die Unternehmensleitung
2. Treiber mit notwendiger Handlungsvollmacht, Budget und Anerkennung im Unternehmen
3. Ernsthafte Einbeziehung aller relevanter und betroffener Abteilungen
4. Anerkennung des Prozesses durch die Verantwortlichen der Abteilung als klares Signal der Unterstützung eines Referenz-PEP
5. Eigene Abteilung zur Einführung des PEP mit Überblick über die Gesamtperspektive

Analog zu diesen Erfolgsfaktoren können für die Einführung der Entscheidungsmethodik für die Fabrikplanung zusammen mit der Vernetzung zum Produktprozess folgende Erfolgsfaktoren formuliert werden:

1. Auftrag: Sowohl durch die Unternehmensleitung als auch durch die Organisationseinheiten der Fabrikplanung muss der Auftrag zur Einführung der Methodik erteilt werden. Insbesondere durch die Einführung des Fabrikentstehungsprozesses für Auslandsstandorte wurde dieser Auftrag bei Audi konkretisiert und durch die Unternehmensleitung getragen.
2. Treiberrolle: Sobald die erforderlichen und entsprechend qualifizierten Mitarbeiter in einer eigens gegründeten Abteilung zusammengefasst sind, müssen sie mit einem Budget und den erforderlichen Vollmachten ausgestattet werden. Einschlägige Projekterfahrung aus Change-Projekten einerseits wie auch Erfahrung aus den betroffenen Fachbereichen andererseits ist hierzu notwendig; idealerweise werden Change-Manager und Projektleiter aus der Fabrikstrukturplanung eingesetzt.
3. Ganzheitlicher Ansatz: Zur Umsetzung ist ein ganzheitlicher Ansatz zu wählen, der alle betroffenen Fachbereiche berücksichtigt. Wenn der Prozess ganzheitlich ausgerollt wird und alle danach arbeiten müssen, steigt gleichzeitig auch die Akzeptanz.
4. Projektmarketing: Die Führungskräfte der betroffenen Abteilungen sind zunächst über die Veränderungen zu unterrichten, die dann dezidiert in den Fachbereichen gegenüber ihren Mitarbeitern die Methodik mit Prozess erläutern.

5. Freiraum: Den Mitarbeitern im Fachbereich, die nicht in einer Treiberrolle sind, ist genug Freiraum zu bieten, sodass eine ausreichende Auseinandersetzung mit den Prozessmodellen möglich ist. Außerdem gilt zu berücksichtigen, dass die ersten Einsätze mit neuen Prozessen mehr Zeit in Anspruch nehmen als vorherige Prozesse; beabsichtigte Einsparungseffekte und höhere Qualitäten in der Planung werden nach der Einführungsphase ersichtlich.

6. Mensch – Prozess – System: Grundsätzlich sind bei der Einführung immer erst die Menschen zu betrachten, dann die Prozesse und erst zum Ende die für die Umsetzung erforderlichen Systeme. Die notwendige IT-Landschaft sollte immer nach den Prozessen und den Menschen, die mit ihr arbeiten, gestrickt sein.

Unter Berücksichtigung der genannten Faktoren ist die Erfolgswahrscheinlichkeit am höchsten, wobei sie sich bei den in der Validierung genannten Projekten bereits bestätigen ließ.

5.5 Zusammenfassung

Im Rahmen des fünften Kapitels der Arbeit wird die Validierung der daten- und termingesteuerten Entscheidungsmethodik der Fabrikplanung durchgeführt. Hierzu wird je ein Beispiel aus der Automobil- und der Pharmaindustrie ausgewählt. Im Zuge dieser Validierungsbeispiele können die Vorgehensweisen aus den *Abschnitten 3 und 4* bestätigt werden.

Die Validierung in der Automobilindustrie erfolgt bei der AUDI AG als Integration des Fabrikplanungsprozesses in die Produktentstehung von Automobilen. Hierzu werden die zehn Schritte der Einordnung durchlaufen und zusätzlich zwei weitere strategische Projekte vorgestellt, die sich aus dem internen Forschungsprojekt zur vorliegenden Arbeit ergeben.

Im Rahmen der Validierung in der Pharmaindustrie wird zusammen mit der Roche Diagnostics GmbH eine Integration des Planungsprozesses in die Arzneimittelentwicklung durchgeführt; hierbei ist der Schwerpunkt auf der prozessualen Einordnung, weniger auf der Implementierung der zugehörigen IT-Lösungen.

Nach der Validierung wird ausgehend von der Zielformulierung aus *Kapitel 1.4* aufgezeigt, dass die Zielsetzung der Arbeit erreicht wird. Außerdem werden ausgehend von einer bekannten Veröffentlichung und den Erfahrungen aus der Validierung Erfolgsfaktoren für die Einführung der daten- und termingesteuerten Entscheidungsmethodik zusammen mit dem Planungsprozess formuliert.

6 Zusammenfassung und Ausblick

Zum Abschluss der Arbeit wird eine Zusammenfassung formuliert sowie ein Ausblick für die Fortführung der Thematik und ähnlicher Themen gegeben.

6.1 Zusammenfassung

Die vorliegende Arbeit beschreibt die Erstellung einer daten- und termingesteuerten Entscheidungsmethodik mit zugehörigem Prozess für die Fabrikplanung; insbesondere das Zusammenspiel von Fabrikplanung und Produktentstehung ausgehend von Prozessen mit ausgewählten Meilensteinen wird zur Vernetzung betrachtet. Ausgehend vom Aufbau der Arbeit aus *Kapitel 1.5* erfolgt eine Nachbetrachtung und Zusammenfassung der Arbeit; die Zielerreichung wird dabei nicht fokussiert, da diese bereits in *Kapitel 5.3* dargestellt wurde.

Die Einführung in die Thematik wird in *Abschnitt 1* durchgeführt. Es erfolgen eine Darstellung der Bedeutung der Fabrikstruktur für produzierende Unternehmen, Parallelen von Fabrik- und Produktentwicklung sowie die Identifikation von Trends in der Fabrikplanung und die Ableitung der Ziele der Arbeit einschließlich dem Aufbau.

Im *Hauptkapitel 2* der Arbeit zur Darstellung des aktuellen Stands in Wissenschaft und Industrie werden zunächst die Begrifflichkeiten der Fabrikplanung, eine Definition der Digitalen Fabrik sowie Projekt und Projektmanagement gegeben. Es wird dabei explizit betont, dass die Fabrikplanung hier als solche im engeren Sinne, also als Fabrikstrukturplanung verstanden wird; deshalb werden beide Begriffe im Fortlauf der Arbeit synonym verwendet und von der Produktionsplanung abgegrenzt. Die Planungsphasen nach *VDI-Richtlinie 5200* werden vorgestellt, die als Grundlage für eine allgemeinwissenschaftliche und in allen Industriezweigen einsetzbare Entscheidungsmethodik mit Prozess dienen. In der Fabrikplanung typische Planungsdisziplinen werden einerseits aus Sicht der Bauplanung als auch aus Sicht der Fabrikplanungslehre nach *Aggteleky* dargestellt. Als technisch-methodische Basis werden die Methoden der Fabrikplanung und der Projektsteuerung vorgestellt. Als Exkurs wird auch das Building Information Modeling als Entwicklung einer integralen Planungsmethodik im Bauwesen vorgestellt. Da die Standardisierung von Fabriken innerhalb des Planungsprozesses eine wesentliche Säule darstellt, wird deren aktueller Stand in der Industrie ebenfalls beschrieben. Der Produktentstehungsprozess hat in der Arbeit zweierlei Bedeutungsschwerpunkte: Einerseits wird der Planungsprozess in die Produktentstehung als abhängiger Prozess eingeordnet; andererseits leitet sich der Entscheidungsprozess mittels Visualisierung vom Prozess des Daten-Kontroll-Modells (DKM) in der Produktentstehung ab. Für die Validierungsbeispiele aus Automobil- und Pharmaindustrie werden die zwei für diese Industrien einschlägigen Prozesstypen betrachtet.

Der Hauptteil beginnt mit dem *Abschnitt 3,* in dem die Aufstellung der Entscheidungsmethodik und des Prozesses erfolgt; hierzu werden zunächst methodische Grundlagen betrachtet: Die Entscheidungskriterien, also die Kriterien, die im Rahmen der Entscheidungsfindung abzuarbeiten sind, werden ausgehend von den drei Projektmanagementgrößen Kosten, Zeit und Qualität formuliert, wobei speziell die Standardisierung von Fabriken im Entscheidungskriterium zur Standardisierungsqualität mündet. Um die Kriterien mathematisch greifbar zu machen, werden Erfüllungsgrade für die meisten Kriterien mittels Formeln definiert. Weiterhin wird eine Planungsorganisation zu Grunde gelegt. Schließlich werden die Ergebnisse der Umfrage zur Entscheidungsfindung, welche die vorgesehenen methodischen Schritte im weiteren Vorgehen der Arbeit als erforderlich beschreibt, in der Fabrikplanung vorgestellt. Die phasenorientierte Entscheidungsmethodik wird dann ausgehend von den sieben Phasen aus der *VDI-Richtlinie 5200* formuliert, wobei für jede Phase ein methodisch einheitliches Vorgehen an den Tag gelegt wird: Zuerst werden als Grundlage die Schritte aus der Richtlinie knapp beschrieben, dann wird die Entscheidungsmethodik dieser Phase mit den Teilprozessen formuliert und danach die virtuellen Werkzeuge zur entsprechenden Phase dargestellt. Nach der Entscheidungsmethodik werden drei verschiedene mögliche Modelle des Datenmanagements erläutert, wobei für die Entscheidungsmethodik selbst ein entscheidungsorientiertes Datenmanagement veranschlagt wird. Ein besonderes Augenmerk liegt außerdem auf dem meilensteinorientierten Virtual-Reality-Prozess, bei dem der Fokus auf den VR-Methoden der Planung, Prüfung und der Entscheidung im Fabrikplanungsprozess liegt. Die Möglichkeit der internationalen Anwendung wird ebenfalls dargestellt. Im Zusammenhang mit jeder Phase stehen auch die Entscheidungsprotokolle, welche als generisches Protokoll aufgebaut werden und für die jeweiligen Phasen operationalisiert im *Anhang* zu finden sind.

Der zweite Teil des Hauptteils ist in *Abschnitt 4* ausgearbeitet, bei dem schwerpunktmäßig die Vorgehensweise zur Einordnung von Fabrik- und Produktentstehung beschrieben wird. Hierzu werden zunächst die zu prüfenden Rahmenbedingungen für eine Einordnung vorgestellt und dann die Einordnung in zehn Schritten dargestellt.

Die Validierung der Methodik und der Einordnung erfolgt in *Kapitel 5* an zwei Industriebeispielen: Es wird eine umfassende Einführung und Einordnung der Methodik in der Automobilindustrie beschrieben; des Weiteren wird die Einordnung anhand eines zweiten Produkts und damit eines weiteren Typen der Produktentstehung in der Pharmaindustrie verdeutlicht. So wird die Tauglichkeit der Lösung für die Industrie im Allgemeinen aufgezeigt. Nach der Validierung wird die Erreichung der Zielsetzung geprüft. Im Nachgang werden aus den Erfahrungen der Validierung Erfolgsfaktoren für die Einführung der Methodik gegeben.

Im hier vorliegenden *Kapitel 6* erfolgt eine Zusammenfassung und ein Ausblick auf identifizierte, in diesem Zusammenhang zu bearbeitende Themen.

6.2 Ausblick

Zum Abschluss der Arbeit werden im Rahmen des Ausblicks mögliche Ansätze für weitere Forschungsarbeiten gegeben sowie Notwendigkeiten der Fortführung der vorliegenden Thematik formuliert; dies erfolgt über drei wesentliche Stoßrichtungen, die nachfolgend knapp dargestellt werden.

Fabrik-Marketing

Im Gegensatz zu früheren Zeiten, als die Fabrik aufgrund der vorherrschenden widrigen Arbeitsbedingungen kein vorzuzeigender Ort war, ist sie heute der Öffentlichkeit durchaus zugänglich zu machen [Shön-09; S.91]. Daraus geht der Trend hervor, die Fabrik als Objekt und Instrument des Marketings zu verwenden, wie bereits in *Kapitel 1.3* dargestellt und in der Arbeit berücksichtigt wurde. Jedoch besteht hierzu weiterer Forschungsbedarf, was vor allem die Integration von originären Funktionen der Fabrik und den Aufgaben des Marketings mit Hilfe einer Fabrik betrifft.

Ausgehend von definierten Zielgruppen für das Fabrik-Marketing, welche *Schönbeck* bereits identifiziert hat [Shön-09; S. 92], ist es möglich, spezifische Marketing-Funktionen abzuleiten und in die Fabrikplanung einzusteuern. Damit wird beispielsweise ein Schnittstellenmodell zwischen Marketing und Fabrikplanung erforderlich, welches die Steuerung von Funktionen des Marketings mit denen der Fabrikplanung ausreichend regelt.

Frontloading vom Fabrikbetreiber zum Fabrikplaner

In der Arbeit wurden aus dem Fokus der Produktentstehung heraus vor allem Informationen aus Produktentwicklung und Produktionsplanung für das Frontloading betrachtet. Im alltäglichen Fabrikbetrieb, wobei die Instandhaltung und das Gebäudemanagement eingeschlossen sind, werden vielerlei Informationen über die Beschaffenheit der Fabrikstruktur gewonnen, die für die Planung einer optimalen Struktur hilfreich sind. Der Betreiber erkennt vielfach Planungsfehler, die während der Planung gar nicht ersichtlich sein können.

Deshalb ist eine Berücksichtigung dieser Informationen durch ein Frontloading von Erfahrungen aus dem Fabrikbetrieb eine wissenschaftlich und industriepraktisch zu beleuchtende Komponente der Fabrikplanung.

Vom Produzenten zum Lösungsanbieter – Integration der Fabrikplanung

Das Institut für Informationsmanagement im Ingenieurwesen hat zusammen mit der J&M Management Consulting AG die Studie „Vom Produzenten zum Lösungsanbieter" durchgeführt. Dabei sollte ein Überblick über die aktuelle Situation im Lösungsmarkt dargestellt werden; das bedeutet, dass die Lage der Unternehmen im Umbruch zwischen reinem Produktangebot und dem zusätzlichen Angebot von zugehörigen Dienstleistungen als Gesamtlösung zu beschreiben war [OvEt-12; S. 7f.].

Greift man aus diesem Themenkomplex die Folgen für die Fabrikplanung heraus, können Handlungsbedarfe festgestellt werden, welche sich aus der teilweise noch zu optimierenden Querschnittsfunktion der Fabrikplanung über viele Unternehmensbereiche ergibt, um sie dann auch als Lösungsanbieter zu qualifizieren. Die Fabrikplanung muss demzufolge noch mit weit mehr Themen vernetzt werden als der Planung und späteren Inbetriebnahme von Fabrikstrukturen. Aus dem Wandel zum Lösungsanbieter vieler produzierender Unternehmen ergibt sich vielmehr eine Planung von Service-Strukturen auf einem Fabrikgelände, wenn solche Dienstleistungen am Produktionsort erfolgen sollen; ein Beispiel hierzu wäre das Vermarkten der Produktionsstätte, wie sie oben bereits erklärt wurde. Weitere Ansätze können die verstärkte Einbindung von After-Sales-Aktivitäten in die Fabriken sein, was den Produzenten als umfassenden Lösungsanbieter qualifiziert. Die Fabrikplanung spielt bei allen Aufgaben, die im Bereich von Produktionsstätten zu erbringen sind, eine erhebliche Rolle und muss auf diese neuen Aufgaben ausgerichtet werden.

Inwieweit hierbei die Produktionsunternehmen selbst Aufgaben der Planung und Projektsteuerung übernehmen, ist individuell zu prüfen. Zu betonen ist in diesem Zusammenhang aber die Entwicklung der Bauindustrie zu einem Lösungsanbieter; begonnen wurde dieser Trend durch das schlüsselfertige Bauen, welches zunehmend auch durch entsprechende Vertragsmodelle ausgestattet wurde. Im planerisch-technologischen Bereich wird der Weg zum Lösungsanbieter beispielsweise durch die Qualifizierung von 5-D-Methoden erreicht, welche schließlich in ein Construction Lifecycle Management münden können; dieses beginnt mit der ersten Planung eines Bauwerks und endet mit dem Abriss [5Din-12]. Die Erkenntnisse aus dieser Arbeit können hierzu im Sinne der integralen Vorgehensweise allgemein auf Bauwerke übertragen werden.

E Literaturverzeichnis

[5Din-12] 5-D-Initiative: Potentials. Stuttgart 2012. Abgerufen am 30.05.2012 über http://www.5d-initiative.eu/

[AbEt-08] Abele, Eberhard; Meyer, Tobias; Näher, Ulrich; Strube, Gernot; Sykes, Richard: Global Production. A Handbook for Strategy and Implementation. Springer-Verlag. Berlin 2008.

[Aggt-90] Aggteleky, Béla: Fabrikplanung. Werksentwicklung und Betriebsrationalisierung. Bd. 2. Betriebsanalyse und Feasibility-Studie. Technisch-wirtschaftliche Optimierung von Anlagen und Bauten. 2. Auflage. Carl Hanser Verlag. München 1990.

[AlVe-08] Alavudeen, A.; Venkateshwaran, N.: Computer Integrated Manufacturing. Verlag Prentice-Hall of India. New Delhi 2008.

[AUDI-10] AUDI AG: Richtfest für neuen A3-Karosseriebau. Ingolstadt 22.06.2010. Abgerufen am 10.04.2012 über https://www.audi-mediasevices.com/publish/ms/content/de/public/pressemitteilungen/2010/06/22/richtfest_fuer_neuen.standard.gid-oeffentlichkeit.html

[AUDI-11a] AUDI AG: Audi: In die Sportschuhe, fertig, los! Ingolstadt 11.05.2011. Abgerufen am 25.08.2011 über https://www.audi-mediasevices.com/publish/ms/content/de/public/pressemitteilungen/2011/05/11/audi_in_die_sportschuhe.standard.gid-oeffentlichkeit.html

[AUDI-11b] AUDI AG: Audi Hungaria: Grundsteinlegung für Werksausbau in Györ. Györ/Ingolstadt 07.07.2011. Abgerufen am 10.04.2012 über https://www.audi-mediaservices.com/publish/ms/content/de/public/pressemitteilungen/ 2011/07/07/audi_hungaria_ grundsteinlegung.standard.gid-oeffentlichkeit.html

[BaLW-02] Batres, Rafael; Lu, Ming L.; Wang X. Z.: Integration aspects of concurrent engineering in chemical manufacturing. In: Advances in

Concurrent Engineering. Proceedings of the 9th ISPE International Conference on Concurrent Engineering. Cranfield 2002.

[Baum-11] o.V.: Quality Management mit System. In: baumarkt + bauwirtschaft. Ausgabe 03/2011. Gütersloh 2011. Abgerufen am 23.11.2011 über http://www.baumarkt-online.info/artikel/bmbw_Quality_ Management_mit_System_1086695.html

[Beha-11] Behaneck, Marian: Wege aus der Sackgasse? Das Building Information Modelling (BIM) verändert die Planung und ihren Ablauf. In: Deutsches Ingenieurblatt. Ausgabe 2011/5. Berlin 2011.

[BeKS-07] Berner, Fritz; Kochendörfer, Bernd; Schach, Rainer: Grundlagen der Baubetriebslehre I. Bauwirtschaft. 1. Auflage. B.G. Teubner Verlag. Wiesbaden 2007.

[BeSH-08] Bea, Franz Xaver; Scheurer, Steffen; Hesselmann, Sabine: Projektmanagement. Lucius & Lucius. Stuttgart 2008.

[Blöd-09] Blödorn, Heike: Durchgängiges AVA-System. Bei Bauwerksanierungen Kosten im Griff. In: Deutsches Ingenieurblatt. Ausgabe 2009/3. Berlin 2009.

[BMW-11] BMW AG: Lohnendes Engagement in der Region. Leipzig 2011. Abgerufen am 25.08.2011 über http://www.bmw-werk-leipzig.de/leipzig/deutsch/lowband/com/de/index.html

[Borr-11] Borrmann, André: Building Information Modeling. Vorlesung 1. Folien zur gleichnamigen Vorlesung im Wintersemester 2010/2011. München 2011.

[Brec-11] Brecher, Christian (Hrsg.): Integrative Produktionstechnik für Hochlohnländer. Springer-Verlag. Berlin 2011.

[BrGW-11] Bracht, Uwe; Geckler, Dieter; Wenzel, Sigrid: Digitale Fabrik. Methoden und Praxisbeispiele. Springer-Verlag. Berlin 2011.

[BrKS-12] Bracht, Uwe; König, Alexander; Spies, Jan: Integration des Fabrik-DMU in die Planungsprozesse der Fabrikstrukturplanung. In: wt Werkstattstechnik online. Jahrgang 102 (2012), Heft 3. Düsseldorf 2012.

[BrSp-09] Bracht, Uwe; Spillner, Andrea: Ergebnispräsentation „Untersuchung zum Umsetzungsstand der Digitalen Fabrikplanung bei großen OEM“ im Auftrag des VDA-AK “Digitale Fabrik“. Clausthal 19.03.2009.

[Bush-09] Busch, Antonius: Terminmanagement im Mauerwerksbau: Planung der Planung und Planung der Ausführung. In: Mauerwerk Kalender 2009. Ernst & Sohn. Berlin 2009.

[BuST-10] Busse, Reinhard; Schreyögg, Jonas; Tiermann, Oliver [Hrsg.]: Management im Gesundheitswesen. 2. Auflage. Springer-Verlag. Berlin 2010.

[Dekk-09] Dekkers, Rob (Ed.): Dispersed Manufacturing Network. Challenges for Research and Practice. Springer-Verlag. London 2009.

[DIN-276-1] Deutsches Institut für Normung e.V. (Hrsg.): DIN 276 Kosten im Bauwesen. Teil 1: Hochbau. Berlin Dezember 2008.

[DIN-69901-5] Deutsches Institut für Normung e.V. (Hrsg.): DIN 69901 Projektmanagement – Projektmanagementsysteme. Teil 5: Begriffe. Berlin Januar 2009.

[Ditt-97] Dittert, Klaus: Haftung und Versicherungsschutz für Architekten und beratende Ingenieure. Baurecht und Bauschäden in Theorie und Praxis. Expert-Verlag. Renningen-Malmsheim 1997.

[EaEt-11] Eastman, Chuck; Teicholz, Paul; Sacks, Rafael; Liston, Kathleen: BIM Handbook. A guide to building information modeling for owners, managers, designers, engineers and constractors. 2nd Edition. John Wiley & Sons. Hoboken 2011

[EbHA-04] Ebel, Bernhard (Hrsg.); Hofer, Markus B. (Hrsg.); Al-Sibai, Jumana (Hrsg.): Automotive Management. Strategie und Marketing in der Automobilwirtschaft. Springer-Verlag. Berlin 2004.

[EiSt-09] Eigner, Martin; Stelzer, Ralph: Product Lifecycle Management. Ein Leitfaden für Product Development und Lifecycle Management. 2. Auflage. Springer-Verlag. Berlin 2009.

[Erla-07] Erlach, Klaus: Wertstromdesign. Der Weg zur schlanken Fabrik. Springer-Verlag Berlin 2007.

[FiBr-10] Fischer Dagmar; Breitenbach, Jörg [Hrsg.]: Die Pharmaindustrie. Einblick – Durchblick – Perspektiven. 3. Auflage. Spektrum Akademischer Verlag. Heidelberg 2010.

[Filt-09] Filter, Arno: Prozessintegration und Datensicherheit im Rahmen der Digitalen Fabrik. Dissertation Technische Universität Clausthal. Shaker Verlag. Aachen 2009.

[Form-11] Form, Thomas: Elektronische Fahrzeugsysteme 1. Vorlesung 2 – Produktentwicklungsprozess. Folien zur gleichnamigen Vorlesung im Wintersemester 2011/2012. Braunschweig 2011.

[Fran-00] Francis, Philip H.: Product Creation. The Heart oft he Enterprise from Engineering to E-Commerce. Simon and Schuster. New York 2000.

[FrGT-12] Frese, Erich; Graumann, Matthias; Theuvsen, Ludwig: Grundlagen der Organisation. Entscheidungsorientiertes Konzept der Organisationsgestaltung. 10. Auflage. Gabler Verlag. Wiesbaden 2012.

[Gabl-06] o.V.: Gabler Kompakt-Lexikon Wirtschaft. 3.000 Begriffe nachschlagen, verstehen, anwenden. 9. Auflage. GWV Fachverlage. Wiesbaden 2006.

[GaPW-09] Gausemeier, Jürgen; Plass, Christoph; Wenzelmann, Christoph: Zukunftsorientierte Unternehmensgestaltung. Strategien, Geschäftsprozesse und IT-Systeme für die Produktion von morgen. Carl Hanser Verlag. München 2009.

[GiMo-07] Girmscheid, Gerhard; Motzko, Christoph: Kalkulation und Preisbildung in Bauunternehmen. Grundlagen, Methodik und Organisation. Springer-Verlag. Berlin 2007.

[Girm-10] Girmscheid, Gerhard: Projektabwicklung in der Bauwirtschaft. Wege zur Win-Win-Situation für Auftraggeber und Auftragnehmer. 3. Auflage. Springer-Verlag. Berlin 2010.

[Glos-07] Gloßner, Markus: Integrierte Planungsmethodik für die Presswerkneutypplanung in der Automobilindustrie. Dissertation Universität Karlsruhe (TH). Universitätsverlag Karlsruhe. Karlsruhe 2007.

[Gott-10] Gottwald, Andreas: AUTOMOBIL FORUM Graz. VW-Baukasten für die Welt. In: Automobil Produktion. Online-Artikel. Landsberg

27.10.2010. Abgerufen am 23.11.2011 über http://www.automobil-produktion.de/2010/10/automobil-forum-graz-vw-baukasten-fur-die-welt/

[Gree-07] Green, Robert: Expert CAD management. The Complete Guide. Wiley Publishing. Indianapolis 2007.

[GrFe-11] Grote, Karl-Heinrich (Hrsg.); Feldhusen, Jörg: Dubbel – Taschenbuch für den Maschinenbau. 23. Auflage. Springer-Verlag. Berlin 2011.

[Grim-11] Grimm, Andreas: Baukasten senkt Kosten um ein Fünftel. In: Automobilindustrie. Online-Artikel. Würzburg 06.10.2011. Abgerufen am 23.11.2011 über http://www.automobil-industrie.vogel.de/oems/articles/333856

[Grun-09] Grundig, Claus-Gerold: Fabrikplanung. Planungssystematik – Methoden – Anwendungen. 3. Auflage. Carl Hanser Verlag. München 2009.

[GüBo-11] Günthner, Willibald; Borrmann, André (Hrsg.): Digitale Baustelle – innovativer Planen, effizienter Ausführen. Werkzeuge und Methoden für das Bauen im 21. Jahrhundert. Springer-Verlag. Berlin 2011.

[HeEt-10] Heinen, Tobias; Peter, Kathrin; Erlach, Klaus; Nyhuis, Peter; Lanza, Gisela; Westkämper, Engelbert: Zukunftsthemen der Fabrikplanung. Wohin geht der Trend? – Ergebnisse einer umfangreichen Online-Umfrage des VDI-Fachausschusses „Fabrikplanung“. In: Zeitschrift für wirtschaftlichen Fabrikbetrieb. Jahrgang 105. Ausgabe 5. München 2010.

[HeGD-00] Hering, Ekbert; Gutekunst, Jürgen; Dyllong, Jürgen: Handbuch der praktischen und technischen Informatik. 2. Auflage. Springer-Verlag. Berlin 2000.

[Hers-09] Herschel, Michael: Praxisbuch Klinische Forschung. 1. Auflage. Schattauer. Stuttgart 2009.

[HeVo-03] Hemphill, T. A.; Vonortas, Nicholas: Strategic Research Partnerships. A Managerial Perspective. In: Technology Analysis & Strategic Management. Vol. 15. No. 2. Colchester 2003.

[HeWu-11] Heinen, Tobias; Wulf, Serjosha: Mehr Energieeffizienz in Fabriken. Ein Plädoyer. In: Zeitschrift für wirtschaftlichen Fabrikbetrieb. Jahrgang 106. Ausgabe 7-8. München 2011.

[Helb-10] Helbing, Kurt W.: Handbuch Fabrikprojektierung. Springer-Verlag. Berlin 2010.

[ICH-12a] International Conference on Harmonisation: ICH-Guidelines. Efficacy Guidelines. Genf 2012. Abgerufen am 20.10.2012 über http://www.ich.org/products/guidelines/efficacy/article/efficacy-guidelines.html

[ICH-12b] International Conference on Harmonisation: Global Cooperation Group. Genf 2012. Abgerufen am 20.10.2012 über http://www.ich.org/about/organisation-of-ich/coopgroup.html

[Inst-88] Institution of Civil Engineers [Ed.]: CAD in Reinforced Concrete Detailing and Structural Steelwork. Conference. London 1988.

[Jens-93] Jenson, E. Sidney: The Innovative Product Creation Process. Dissertation. University of Wisconsin-Madison. 1993.

[KaBr-08] Kamiske, Gerd; Brauer Jörg-Peter: Qualitätsmanagement von A bis Z. Erläuterungen moderner Begriffe des Qualitätsmanagements. 6. Auflage. Carl Hanser Verlag. München 2008.

[KaEt-11] Kampker, Achim; Mecklnborg, Alexander; Deutskens, Christoph; Frombach, Ralf; Grefrath, Christian: Synchrone Fabrikplanung. Effiziente Fabrikplanung durch synchrone Gestaltung der Prozesse, Ressourcen und des Industriebaus. In: Zeitschrift für wirtschaftlichen Fabrikbetrieb. Jahrgang 106. Ausgabe 3. München 2011.

[KaEt-12] Kalweit, Andreas (Hrsg.); Paul, Christof (Hrsg.); Peters, Sascha (Hrsg.); Wallbaum, Reiner (Hrsg.): Handbuch für Technisches Produktdesign. Material und Fertigung. Entscheidungsgrundlagen für Designer und Ingenieure. Springer-Verlag. Berlin 2012.

[Kami-10] Kaminski, Ina: Potenziale des Building Information Modeling im Infrastrukturprojekt. Neue Methoden für einen modellbasierten Arbeitsprozess im Schwerpunkt der Planung. Dissertation Universität Leipzig. Books on Demand. Leipzig Feburar 2010.

[KaRe-11] Karniel, Arie; Reich, Yoram: Managing The Dynamics of New Product Development Processes. A New Product Lifecycle Management Paradigm. Springer-Verlag. London 2011.

[KeLa-07] Kerber, Ronald L.; Laseter, Timothy M.: Strategic Product Creation. Deliver Customer Satisfaction from Every Level of Your Company. McGraw-Hill. New York 2007.

[Klug-10] Klug, Florian: Logistikmanagement in der Automobilindustrie. Grundlagen der Logistik im Automobilbau. Springer-Verlag. Berlin 2010.

[KoLV-10] Kochendörfer, Bernd; Liebchen, Jens H.; Viering Markus G.: Bau-Projekt-Management. Grundlagen und Vorgehensweisen. 4. Auflage. Vieweg + Teubner Verlag. Wiesbaden 2010.

[Komu-11] Komus, Ayelt (Hrsg.): BPM Best Practice. Wie führenden Unternehmen ihre Geschäftsprozesse managen. Springer-Verlag. Berlin 2011.

[Kymm-08] Kymmell, Willem: Building Information Modelling. Planning and managing construction projects with 4D CAD and simulations. McGraw-Hill. Columbus 2008.

[LaSh-05] Langen, Werner; Schiffers, Karl-Heinz: Bauplanung und Bauausführung. Eine juristische, baubetriebliche und organisatorische Gesamtdarstellung der Baudurchführung einschließlich des Schlüsselfertigbaus. Werner Verlag. München 2005.

[Lind-09] Lindemann, Udo: Methodische Entwicklung technischer Produkte. Methoden flexibel und situationsgerecht anwenden. 3. Auflage. Springer-Verlag. Berlin 2009.

[LiZh-10] Lian, Wenshan; Zhu, Li: AUTO CAD Assisted Mapping in Building Design. In: Information Computing and Applications. International Conference ICICA. Tangshan, China, October 2010. Proceedings, Part I. Springer-Verlag. Berlin 2010.

[LoEt-10] Locher, Ulrich; Locher, Horst; Koeble, Wolfgang; Frik, Werner: Kommentar zur HOAI. Mit einer Einführung in das Recht der Architekten und Ingenieure. 10. Auflage. Werner Verlag. Köln 2010.

[Long-03] Longmuß, Jörg: Der Referenz-Prozess – eine Leitlinie für den gesamten Produktentstehungsprozess. In: Konstruktion. Zeitschrift für Produktentwicklung und Ingenieur-Werkstoffe. Ausgabe 09/2003. Düsseldorf 2003.

[LoOH-12] Loos, Manuel Norbert; Ovtcharova, Jivka; Heinz, Stefanie: Fabrikplanung im Fokus. Im Spannungsfeld zwischen Anlagen und baulichen Strukturen. In: Bautechnik 89 (2012), Heft 4. Berlin 2012.

[LoOv-12] Loos, Manuel Norbert; Ovtcharova, Jivka: Planungsdaten virtuelle erleben und beurteilen. In: ATZproduktion. Ausgabe 02/2012, 5. Jahrgang. Wiesbaden 2012.

[Lühr-06] Lührig, Tobias: Risikomanagement in der Produktentwicklung der deutschen Automobilindustrie. Von der Konzeptentwicklung bis zum Produktionsanlauf. Dissertation Technische Universität Darmstadt. Shaker Verlag. Aachen 2009.

[MiSn-84] Miles, R. E.; Snow C. C.: Fit, Failure and the Hall of Fame. In: California Management Review. Vol. 26. No. 3. Berkeley 1984.

[MiUK-08] Mitsuishi, Mamoru; Ueda, Kanji; Kimura, Fumihiko (Ed.): Manufacturing Systems and Technologies for the New Frontier. The 41st CIRP Conference on Manufacturing Systems May 26-28 2008 at Tokyo. Springer-Verlag. London 2008.

[OvEt-12] Ovtcharova, Jivka; Burger, Alexander; Brenner, Michael; Reisch, Adrian: Vom Produzenten zum Lösungsanbieter. Bestandsaufnahme und Entwicklungsoptionen für Industrieunternehmen. Karlsruhe 2012.

[Ovtc-10a] Ovtcharova, Jivka: Product Lifecycle Management (PLM). Zusammenfassung. Folien zur gleichnamigen Vorlesung im Wintersemester 2010/2011. Karlsruhe 2010.

[Ovtc-10b] Ovtcharova, Jivka: Virtual Engineering I. Vorlesung 4 – Computer Aided Design. Folien zur gleichnamigen Vorlesung im Wintersemester 2010/2011. Karlsruhe 2010.

[Ovtc-10c] Ovtcharova, Jivka: Virtual Engineering I. Vorlesung 9 – Computer Aided Design 6. Folien zur gleichnamigen Vorlesung im Wintersemester 2010/2011. Karlsruhe 2010.

[Ovtc-10d] Ovtcharova, Jivka: Virtual Engineering II. Vorlesung 9 – Virtual Mock-Up. Folien zur gleichnamigen Vorlesung im Sommersemester 2010. Karlsruhe 2010.

[Ovtc-10e] Ovtcharova, Jivka: Virtual Engineering II. Vorlesung 3 – Virtual, Augmented und Mixed Reality. Grundlagen der Computergrafik. Folien zur gleichnamigen Vorlesung im Sommersemester 2010. Karlsruhe 2010.

[Ovtc-10f] Ovtcharova, Jivka: Virtual Engineering II. Vorlesung 2 – Virtual, Augmented und Mixed Reality. Grundlagen der Computergrafik. Folien zur gleichnamigen Vorlesung im Sommersemester 2010. Karlsruhe 2010.

[Ovtc-10g] Ovtcharova, Jivka: Virtual Engineering I. Vorlesung 10 – Computer Aided Engineering 1. Folien zur gleichnamigen Vorlesung im Wintersemester 2010/2011. Karlsruhe 2010.

[Ovtc-10h] Ovtcharova, Jivka: Virtual Engineering I, Vorlesung 1 - Organisatorisches. Folien zur gleichnamigen Vorlesung im Wintersemester 2010/2011. Karlsruhe 2010.

[Pawe-08] Pawellek, Günther: Ganzheitliche Fabrikplanung. Grundlagen, Vorgehensweise, EDV-Unterstützung. Springer-Verlag. Berlin 2008.

[PfRo-09] Pfetzing, Karl; Rohde, Adolf: Ganzheitliches Projektmanagement. Verlag Dr. Götz Schmidt. Gießen 2009.

[PoLi-08] Ponn, Josef; Lindemann, Udo: Konzeptentwicklung und Gestaltung technischer Produkte. Optimierte Produkte – systematisch von Anforderungen zu Konzepten. Springer-Verlag. Berlin 2008.

[Port-03] Porter, Michael E.: Competitive Advantage. Creating and Sustaining Superior Performance. First Edition. Free Press. New York 2003.

[Port-08] Porter, Michael E.: Wettbewerbsstrategie. Methoden zur Analyse von Branchen und Konkurrenten. 11. Auflage. Campus Verlag. Frankfurt 2008.

[ReGS-10] Reichardt, Jürgen; Gottswinter, Christian; Schulze, Candy Patrick: Lean Production in der Fabrikplanung am Beispiel eines Automobilzulieferers. In: Zeitschrift für wirtschaftlichen Fabrikbetrieb. Jahrgang 105. Ausgabe 4. München 2010.

[Saue-05] Sauer, O.: Agent technology used for monitoring of automotive production. In: Intelligent Production Machines and Systems. Proceedings of the 1st I*PROMS Virtual International Conference, 4-15 July 2005. First Edition. Elsevier. Oxford 2005.

[Send-09] Sendler, Ulrich: Das PLM-Kompendium. Referenzbuch des Produkt-Lebenszyklus-Managements. Springer-Verlag. Berlin 2009.

[Shac-08] Schack, Rainer Jürgen: Methodik zur bewertungsorientierten Skalierung der Digitalen Fabrik. Dissertation. Technische Universität München. Herbert Utz Verlag. München 2008.

[ShBr-10] Schild, Kai; Brück, Henrik: Energie-Effizienzbewertung von Gebäuden. Anforderungen und Nachweisverfahren gemäß EnEV 2009. 1. Auflage. Vieweg + Teubner Verlag. Wiesbaden 2010.

[ShEt-06] Scheer, August-Wilhelm; Boczanski, Manfred; Muth, Michael; Schmitz, Willi-Gerd; Segelbacher, Uwe: Prozessorientiertes Product Lifecycle Management. Springer-Verlag. Berlin 2006.

[ShGa-08] Schenk, Michael; von Garrel, Jörg: Internationalisierung der Fabrikplanung. In: Zeitschrift für wirtschaftlichen Fabrikbetrieb. Jahrgang 103. Ausgabe 1-2. München 2008.

[Shmi-95] Schmigalla, Hans: Fabrikplanung. Begriffe und Zusammenhänge. 1. Auflage. Carl Hanser Verlag. München 1995.

[Shöm-12] Schömann, Sebastian: Produktentwicklung in der Automobilindustrie. Managementkonzepte vor dem Hintergrund gewandelter Herausforderungen. Dissertation Katholische Universität Eichstätt-Ingolstadt. Gabler Verlag. Wiesbaden 2012.

[Shön-09] Schönbeck, Dewi: Branding im Industriebau am Beispiel der Automobilfertigung. Eine gebäudetypologische Betrachtung. Dissertation Universität Stuttgart. Stuttgart 2009.

[Shrö-09] Schröder, Caterina: Studie: Dezentrale Wertschöpfungsstrategien für Autobauer trotz Krise unerlässlich. Wiesbaden 18.02.2009. Abgeru-

fen am 26.08.2011 über
http://www.atzonline.de/index.php;do=show/alloc=1/id=9214

[ShWi-04] Schenk, Michael; Wirth, Siegfried: Fabrikplanung und Fabrikbetrieb. Methoden für die wandlungsfähige und vernetzte Fabrik. Springer-Verlag. Berlin 2004.

[ShWM-10] Schenk, Michael; Wirth, Siegfried; Müller, Egon: Factory Planning Manual. Situation-Driven Production Facility Planning. Springer-Verlag. Berlin 2010.

[ShZi-12] Schreiber, Werner; Zimmermann, Peter: Virtuelle Techniken im industriellen Umfeld. Das AVILUS-Projekt – Technologien und Anwendungen. Springer-Verlag. Berlin 2012.

[SoSt-09] Sorli, Mikel; Stokic, Dragan: Innovating in Product/Process Development. Gaining Pace in New Product Development. Springer-Verlag. London 2009.

[SpBR-09] Spillner, Andrea; Bracht, Uwe; Röhl, Horst: Umsetzung der Digitalen Fabrik – Ergebnisse einer Umfrage zur Fabrikplanung bei großen deutschen Automobilherstellern. In: Tagungsband Digitales Engineering zum Planen, Testen und Betreiben technischer Systeme, 6. Fachtagung zur Virtual Reality, 12. IFF-Wissenschaftstage Magdeburg, 16.-18. Juni 2009.

[Spie-11] Spies, Jan: Fabrik- und Infrastrukturplanung bei Volkswagen. Eine Schlüsselfunktion außerhalb des Kerngeschäfts. Vortrag auf dem 10. Deutschen Fachkongress Fabrikplanung. Ludwigsburg 9. November 2011.

[SpSt-94] Spur, Günther (Hrsg.); Stöferle, Theodor (Hrsg.): Handbuch der Fertigungstechnik. Band 6: Fabrikbetrieb. Carl Hanser Verlag. München 1994.

[StPS-03] Stowasser, Josef M.; Petschenig, Michael; Skutsch, Franz: STOWASSER. Lateinisch-deutsches Schulwörterbuch. Auflage 2003. Oldenbourg Schulbuchverlag. München 2003.

[Tulk-10] Tulke, Jan: Kollaborative Terminplanung auf Basis von Bauwerksinformationsmodellen. Dissertation Bauhaus-Universität Weimar. Verlag der Bauhaus-Universität. Weimar 2010.

[VaEt-09] Vajna, Sandor; Weber, Christian; Bley, Helmut; Zeman, Klaus: CAx für Ingenieure. Eine praxisbezogene Einführung. 2. Auflage. Springer-Verlag. Berlin 2009.

[VDA-09] Verband der Automobilindustrie (Hrsg.): VDA-Empfehlung „3D Datenaustausch in der Fabrikplanung“. Frankfurt Oktober 2009.

[VDI-08] Verein Deutscher Ingenieure (Hrsg.): VDI-Richtlinie 4499 Blatt 1 „Digitale Fabrik – Grundlagen“. Düsseldorf Februar 2008.

[VDI-09] Verein Deutscher Ingenieure (Hrsg.): VDI Richtlinie 3633 Blatt 11 „Simulation von Logistik-, Materialfluss-, und Produktionssystemen – Simulation und Visualisierung“. Düsseldorf Oktober 2009.

[VDI-11] Verein Deutscher Ingenieure (Hrsg.): VDI-Richtlinie 5200 Blatt 1 „Fabrikplanung – Planungsvorgehen“. Düsseldorf Februar 2011.

[VDI-93] Verein Deutscher Ingenieure (Hrsg.): VDI-Richtlinie 3633 Blatt 1 „Simulation von Logistik-, Materialfluss-, und Produktionssystemen – Grundlagen“. Düsseldorf Dezember 1993.

[VDI-80] Verein Deutscher Ingenieure (Hrsg.): VDI-Richtlinie 2220. „Ablauf, Begriffe und Organisation“. Düsseldorf Mai 1980.

[VDMA-09] VDMA Arbeitsgemeinschaft Großanlagenbau; Management Engineers (Hrsg.): Baustellenmanagement: Einsparpotenziale, Trends und Strategien. Ergebnisse einer Gemeinschaftsstudie von Management Engineers und der VDMA Arbeitsgemeinschaft Großanlagenbau. Frankfurt März 2009.

[WaKi-11] Walla, Waldemar; Kiefer, Jens: Life Cycle Engineering – Integration of New Products on Existing Production Systems in Automotive Industry. In: Globalized Solutions for Sustainability in Manufacturing. Proceedings of the 18th CIRP International Conference on Life Cycle Engineering. Braunschweig 2011.

[West-06] Westkämper, Engelbert: Einführung in die Organisation der Produktion. Springer-Verlag. Berlin 2006.

[WiEt-05] Wiendahl, Hans-Peter; Nofen, Dirk; Klußmann, Jan Hinrich; Breitenbach, Frank: Planung modularer Fabriken. Vorgehen und Beispiele aus der Praxis. Carl Hanser Verlag. München 2005.

[Wild-05] Wildemann, Horst: Advanced Purchasing. Leitfaden zur Einbindung der Beschaffungsmärkte in den Produktentstehungsprozess. 5. Auflage. TCW. München 2005.

[Winc-10] Winch, Graham M.: Managing Construction Projects. 2nd Edition. Wiley-Blackwell. Chichester 2010.

[Wöhe-02] Wöhe, Günter: Einführung in die Allgemeine Betriebswirtschaftslehre. 21. Auflage. Verlag Vahlen. München 2002.

[ZeSi-09] Zeid, Ibrahim; Sivasubramanian, R.: CAD/CAM. Theory and Practice. 2nd Edition. McGraw-Hill. New York 2009.

[Zürn-10] Zürn, Michael: Referenzmodell für die Fabrikplanung auf Basis von Quality Gates. Dissertation Universität Stuttgart. Jost-Jetter Verlag. Heimsheim 2010.

F Anhang

Fragebogen zur Umfrage über die Instrumente der Entscheidungsfindung in der Fabrikplanung bei der AUDI AG:

Audi
Planung – Wir gestalten den Vorsprung

Umfrage über die Instrumente der Entscheidungsfindung in der Fabrikplanung

Wie beurteilen Sie das jeweilige Instrument für Entscheidungen in der Fabrikplanung? (Fabrikplanung versteht in diesem Zusammenhang die Erstellung von Fabrikstrukturen, was bei Audi üblicherweise im Rahmen von Strukturprojekten abgewickelt wird)

Bewerten Sie einerseits die momentane und andererseits die zukünftige Wichtigkeit der Instrumente zur Entscheidungsfindung in Fabrikplanungsprojekten:

	gegenwärtige Situation	*zukünftige Situation*
	Sehr wichtig / wichtig / wenig wichtig / unwichtig	Sehr wichtig / wichtig / wenig wichtig / unwichtig
1. Entscheidung anhand eines Zeitplans (Gantt-Diagramm etc.): (Beginn, Dauer, Meilensteine, Ende)	☐☐☐☐	☐☐☐☐
2. Entscheidung anhand von numerischen Angaben (z.B. Kennzahlen, Kosten, etc.):		
a. Kosten grafisch aufbereitet in Form von Diagrammen	☐☐☐☐	☐☐☐☐
b. Kosten dargestellt in Tabellen	☐☐☐☐	☐☐☐☐
c. Kennzahlen grafisch aufbereitet in Form von Diagrammen	☐☐☐☐	☐☐☐☐
d. Kennzahlen dargestellt in Tabellen	☐☐☐☐	☐☐☐☐
3. Entscheidung anhand von 2D-Plänen (Layouts, Ansichten, etc.):	☐☐☐☐	☐☐☐☐
4. Entscheidung anhand von 3D-Darstellungen:		
a. In Form fotorealistischer statischer Darstellungen	☐☐☐☐	☐☐☐☐
b. In Form von Darstellungen in Falschfarben	☐☐☐☐	☐☐☐☐
c. In Form interaktiver Darstellungen (interaktive Bewegung in der VR)	☐☐☐☐	☐☐☐☐
d. In Form eines vorgefertigten Films	☐☐☐☐	☐☐☐☐
5. Entscheidung anhand von gemischten Entscheidungsvorlagen:		
a. Dokument mit 2D Plan und Kosten	☐☐☐☐	☐☐☐☐
b. Dokument mit Zeitplan und Kosten	☐☐☐☐	☐☐☐☐
Zukünftige Entscheidungsinstrumente:		
6. Entscheidung anhand von 4D-Darstellungen: (3D-Visualisierung mit hinterlegtem Zeitplan; das zeitliche Wachstum des Gebäudes kann dargestellt werden)		☐☐☐☐
7. Entscheidung anhand von 5D-Darstellungen: (3D-Visualisierung mit hinterlegter Zeitplan und einer Kostentabelle; das zeitliche Wachstum des Gebäudes kann dargestellt werden und hinter jedem Bauelement des Bauteilkatalogs sind Kosten hinterlegt, sodass die Gesamtkosten und Kosten bestimmter Bauteile, Gebäudeteile ersichtlich werden)		☐☐☐☐
8. Welches Instrument (der genannten oder andere) bevorzugen Sie hinsichtlich der Entscheidungsqualität? (Auch die Nennung mehrerer Instrumente ist möglich)	________	

Ansprechpartner: Manuel Loos (I/PG-53)

Datenbasis bzw. Ergebnisse der Umfrage über die Entscheidungsinstrumente in der Fabrikplanung bei der AUDI AG:

	gegenwärtige Situation											
	Fragen											
Befragte	1	2a	2b	2c	2d	3	4a	4b	4c	4d	5a	5b
1	4	3	4	0	4	4	4	1	1	2	4	4
2	4	4	4	4	4	4	4	4	4	4	4	4
3	4	4	3	4	3	4	3	3	3	3	3	4
4	4	3	3	2	2	3	2	2	2	3	3	2
5	3	2	3	1	2	3	2	1	1	1	4	2
6	4	2	4	2	3	3	3	2	3	3	3	4
7	3	1	4	4	1	4	4	2	3	3	4	4
8	4	2	4	4	4	4	1	4	1	1	1	2
9	4	4	2	1	1	4	1	1	2	2	4	4
10	4	4	4	4	4	4	3	4	3	3	3	3
11	4	4	3	4	3	4	2	2	2	1	2	4
12	4	3	4	4	3	4	2	3	3	2	2	2
13	4	4	4	4	4	4	3	1	1	1	4	4
14	4	4	2	3	2	4	3	3	3	3	3	2
15	4	4	3	3	3	3	2	3	2	2	3	3
16	4	4	4	4	4	4	2	3	1	1	4	4
17	4	4	4	3	2	2	4	1	2	1	2	3
18	4	4	2	4	2	4	3	4	4	2	4	4
19	4	2	3	2	2	4	2	3	1	1	3	4
20	4	3	1	2	1	4	2	2	1	1	3	3
21	4	2	4	1	1	4	2	1	2	1	1	1
22	4	2	3	2	3	4	2	2	2	2	1	1
23	4	3	2	3	2	4	2	2	3	2	3	3
24	2	3	3	3	3	3	2	3	2	2	3	3
25	3	3	4	3	4	3	3	3	4	3	3	4
Mittelwert	3,80	3,12	3,24	2,84	2,68	3,68	2,52	2,40	2,24	2,00	2,96	3,12
Standardabweichung	0,5	0,9	0,9	1,2	1,1	0,6	0,9	1	1	0,9	1	1

	zukünftige Situation													
	Fragen													
Befragte	1	2a	2b	2c	2d	3	4a	4b	4c	4d	5a	5b	6	7
1	4	4	3	4	3	4	4	1	2	3	4	4	3	3
2	4	4	4	4	4	4	4	4	4	4	4	4	4	4
3	4	4	3	4	3	4	3	3	4	4	3	4	2	4
4	4	2	2	4	4	1	3	4	2	4	3	2	2	2
5	4	4	2	4	2	3	3	3	3	2	4	4	3	2
6	4	1	4	1	4	2	4	2	4	4	3	4	4	4
7	3	1	4	4	1	0	4	4	4	2	4	4	4	3
8	4	3	4	4	4	4	1	4	1	1	1	2	4	1
9	4	4	2	3	1	4	1	1	3	3	4	4	2	3
10	4	4	4	4	4	4	3	4	3	3	3	3	2	1
11	4	4	3	4	3	3	4	4	4	4	3	4	4	3
12	4	3	4	4	3	3	2	3	4	2	2	2	3	3
13	4	4	4	4	4	4	3	1	1	1	4	4	1	1
14	4	4	3	3	2	3	3	3	4	4	3	2	4	3
15	4	4	3	4	3	2	2	4	4	3	2	3	4	4
16	4	4	4	4	4	4	2	1	3	1	4	4	4	4
17	4	4	4	3	2	2	4	1	2	1	2	3	3	4
18	4	4	2	4	2	2	3	4	4	2	4	4	4	2
19	4	3	3	2	2	4	3	3	2	1	3	4	1	1
20	4	3	1	2	1	4	2	3	2	1	3	3	2	1
21	4	3	4	1	1	4	2	1	3	1	1	1	1	1
22	4	2	3	2	3	4	3	3	4	3	1	1	3	3
23	4	4	3	4	3	4	2	2	3	3	4	4	2	2
24	4	4	3	4	3	3	4	4	3	4	3	3	3	2
25	4	3	4	3	4	3	4	3	4	4	3	4	2	1
Mittelwert:	3,96	3,36	3,20	3,36	2,80	3,16	2,92	2,80	3,08	2,60	3,00	3,24	2,84	2,48
Standardabweichung	0,2	1	0,9	1	1,1	1,1	1	1,2	1	1,2	1	1	1,1	1,2

Entscheidungsprotokolle für die Meilensteine in Anlehnung an das generische Protokoll aus *Abschnitt 3.2.1*

Entscheidungsprotokoll Meilenstein E1 Zielfestlegung

Entscheidungsprotokoll Meilenstein E1	Projekt:	
Datum:	Uhrzeit:	Ort:
Eingesetzte Hilfsmittel: ☐ Echtzeit-Fabrik-Visualisierung ☐ Film-Fabrik-Visualisierung ☐ Bildschirmpräsentation	Teilnehmer:	

Name	Vorname	Organisationseinheit	(Projekt-) Funktion

	Entscheidungskriterium	Erfüllungsgrad	Abnahme	Bemerkungen / Begründungen
Kosten	Aufwand / Nutzen		☐ ja ☐ nein ☐ mit Einschränkungen	
	Risiko		☐ ja ☐ nein ☐ mit Einschränkungen	
Zeit	Unmittelbare Prozessterminierung		☐ ja ☐ nein ☐ mit Einschränkungen	
	Globale Projektterminierung		☐ ja ☐ nein ☐ mit Einschränkungen	
Qualität	Strukturqualität		☐ ja ☐ nein ☐ mit Einschränkungen	
	Flussqualität		☐ ja ☐ nein ☐ mit Einschränkungen	
	Standardisierungsqualität		☐ ja ☐ nein ☐ mit Einschränkungen	

Sonstige Diskussionspunkte:	
Unterschriften Entscheider:	Protokollant:

Entscheidungsprotokoll E2 Grundlagenermittlung

Entscheidungsprotokoll Meilenstein E2	Projekt:	
Datum:	Uhrzeit:	Ort:
Eingesetzte Hilfsmittel: ☐ Echtzeit-Fabrik-Visualisierung ☐ Film-Fabrik-Visualisierung ☐ Bildschirmpräsentation	Teilnehmer:	

Name	Vorname	Organisationseinheit	(Projekt-) Funktion

	Entscheidungskriterium	Erfüllungsgrad	Abnahme	Bemerkungen / Begründungen
Kosten	Aufwand / Nutzen		☐ ja ☐ nein ☐ mit Einschränkungen	
	Risiko		☐ ja ☐ nein ☐ mit Einschränkungen	
Zeit	Unmittelbare Prozessterminierung		☐ ja ☐ nein ☐ mit Einschränkungen	
	Globale Projektterminierung		☐ ja ☐ nein ☐ mit Einschränkungen	
Qualität	Strukturqualität		☐ ja ☐ nein ☐ mit Einschränkungen	
	Flussqualität		☐ ja ☐ nein ☐ mit Einschränkungen	
	Ästhetik		☐ ja ☐ nein ☐ mit Einschränkungen	
	Standardisierungsqualität		☐ ja ☐ nein ☐ mit Einschränkungen	

Sonstige Diskussionspunkte:	
Unterschriften Entscheider:	Protokollant:

Entscheidungsprotokoll E3 Konzeptplanung

Entscheidungsprotokoll Meilenstein E3		Projekt:		
Datum:		Uhrzeit:	Ort:	
Eingesetzte Hilfsmittel: ☐ Echtzeit-Fabrik-Visualisierung ☐ Film-Fabrik-Visualisierung ☐ Bildschirmpräsentation		Teilnehmer:		

Name	Vorname	Organisationseinheit	(Projekt-) Funktion

	Entscheidungskriterium	Erfüllungsgrad	Abnahme	Bemerkungen / Begründungen
Kosten	Aufwand / Nutzen		☐ ja ☐ nein ☐ mit Einschränkungen	
	Risiko		☐ ja ☐ nein ☐ mit Einschränkungen	
Zeit	Unmittelbare Prozessterminierung		☐ ja ☐ nein ☐ mit Einschränkungen	
	Globale Projektterminierung		☐ ja ☐ nein ☐ mit Einschränkungen	
Qualität	Strukturqualität		☐ ja ☐ nein ☐ mit Einschränkungen	
	Flussqualität		☐ ja ☐ nein ☐ mit Einschränkungen	
	Energieeffizienz		☐ ja ☐ nein ☐ mit Einschränkungen	
	Ergonomische Qualität		☐ ja ☐ nein ☐ mit Einschränkungen	
	Ästhetik		☐ ja ☐ nein ☐ mit Einschränkungen	
	Standardisierungs-qualität		☐ ja ☐ nein ☐ mit Einschränkungen	

Sonstige Diskussionspunkte:	
Unterschriften Entscheider:	Protokollant:

Entscheidungsprotokoll E4 Detailplanung

Entscheidungsprotokoll Meilenstein E4		Projekt:		
Datum:		Uhrzeit:	Ort:	
Eingesetzte Hilfsmittel: ☐ Echtzeit-Fabrik-Visualisierung ☐ Film-Fabrik-Visualisierung ☐ Bildschirmpräsentation		Teilnehmer:		

Name	Vorname	Organisationseinheit	(Projekt-) Funktion

	Entscheidungskriterium	Erfüllungsgrad	Abnahme	Bemerkungen / Begründungen
Kosten	Aufwand / Nutzen		☐ ja ☐ nein ☐ mit Einschränkungen	
	Risiko		☐ ja ☐ nein ☐ mit Einschränkungen	
Zeit	Unmittelbare Prozessterminierung		☐ ja ☐ nein ☐ mit Einschränkungen	
	Globale Projektterminierung		☐ ja ☐ nein ☐ mit Einschränkungen	
Qualität	Strukturqualität		☐ ja ☐ nein ☐ mit Einschränkungen	
	Flussqualität		☐ ja ☐ nein ☐ mit Einschränkungen	
	Energieeffizienz		☐ ja ☐ nein ☐ mit Einschränkungen	
	Ergonomische Qualität		☐ ja ☐ nein ☐ mit Einschränkungen	
	Ästhetik		☐ ja ☐ nein ☐ mit Einschränkungen	
	Standardisierungs-qualität		☐ ja ☐ nein ☐ mit Einschränkungen	

Sonstige Diskussionspunkte:	
Unterschriften Entscheider:	Protokollant:

Entscheidungsprotokoll E5 Realisierungsvorbereitung

Entscheidungsprotokoll Meilenstein E5		Projekt:	
Datum:		Uhrzeit:	Ort:
Eingesetzte Hilfsmittel: ☐ Echtzeit-Fabrik-Visualisierung ☐ Film-Fabrik-Visualisierung ☐ Bildschirmpräsentation		Teilnehmer:	

Name	Vorname	Organisationseinheit	(Projekt-) Funktion

	Entscheidungskriterium	Erfüllungsgrad	Abnahme	Bemerkungen / Begründungen
Kosten	Aufwand / Nutzen		☐ ja ☐ nein ☐ mit Einschränkungen	
	Risiko		☐ ja ☐ nein ☐ mit Einschränkungen	
Zeit	Unmittelbare Prozessterminierung		☐ ja ☐ nein ☐ mit Einschränkungen	
	Globale Projektterminierung		☐ ja ☐ nein ☐ mit Einschränkungen	
Qualität	Strukturqualität		☐ ja ☐ nein ☐ mit Einschränkungen	
	Standardisierungsqualität		☐ ja ☐ nein ☐ mit Einschränkungen	

Sonstige Diskussionspunkte:	
Unterschriften Entscheider:	Protokollant:

Entscheidungsprotokoll E6 Realisierungsüberwachung

Entscheidungsprotokoll Meilenstein E6		Projekt:	
Datum:		Uhrzeit:	Ort:
Eingesetzte Hilfsmittel: ☐ Echtzeit-Fabrik-Visualisierung ☐ Film-Fabrik-Visualisierung ☐ Bildschirmpräsentation		Teilnehmer:	

Name	Vorname	Organisationseinheit	(Projekt-) Funktion

	Entscheidungskriterium	Erfüllungsgrad	Abnahme	Bemerkungen / Begründungen
Kosten	Aufwand / Nutzen		☐ ja ☐ nein ☐ mit Einschränkungen	
	Risiko		☐ ja ☐ nein ☐ mit Einschränkungen	
Zeit	Unmittelbare Prozessterminierung		☐ ja ☐ nein ☐ mit Einschränkungen	
	Globale Projektterminierung		☐ ja ☐ nein ☐ mit Einschränkungen	
Qualität	Strukturqualität		☐ ja ☐ nein ☐ mit Einschränkungen	
	Standardisierungsqualität		☐ ja ☐ nein ☐ mit Einschränkungen	

Sonstige Diskussionspunkte:	
Unterschriften Entscheider:	Protokollant:

Entscheidungsprotokoll E7 Hochlaufbetreuung

Entscheidungsprotokoll Meilenstein E7	Projekt:	
Datum:	Uhrzeit:	Ort:
Eingesetzte Hilfsmittel: ☐ Echtzeit-Fabrik-Visualisierung ☐ Film-Fabrik-Visualisierung ☐ Bildschirmpräsentation	Teilnehmer:	

Name	Vorname	Organisationseinheit	(Projekt-) Funktion

	Entscheidungskriterium	Erfüllungsgrad	Abnahme	Bemerkungen / Begründungen
Kosten	Aufwand / Nutzen		☐ ja ☐ nein ☐ mit Einschränkungen	
	Risiko		☐ ja ☐ nein ☐ mit Einschränkungen	
Zeit	Unmittelbare Prozessterminierung		☐ ja ☐ nein ☐ mit Einschränkungen	
	Globale Projektterminierung		☐ ja ☐ nein ☐ mit Einschränkungen	
Qualität	Strukturqualität		☐ ja ☐ nein ☐ mit Einschränkungen	
	Flussqualität		☐ ja ☐ nein ☐ mit Einschränkungen	
	Energieeffizienz		☐ ja ☐ nein ☐ mit Einschränkungen	
	Ergonomische Qualität		☐ ja ☐ nein ☐ mit Einschränkungen	
	Ästhetik		☐ ja ☐ nein ☐ mit Einschränkungen	
	Standardisierungs-qualität		☐ ja ☐ nein ☐ mit Einschränkungen	

Sonstige Diskussionspunkte:	
Unterschriften Entscheider:	Protokollant:

Reihe Informationsmanagement im Engineering Karlsruhe (ISSN 1860-5990)

Herausgeber
Karlsruher Institut für Technologie
Institut für Informationsmanagement im Ingenieurwesen (IMI)
o. Prof. Dr. Dr.-Ing. Dr. h.c. Jivka Ovtcharova

Band 1 – 2005 Seidel, Michael
Methodische Produktplanung. Grundlagen, Systematik und Anwendung im Produktentstehungsprozess. 2005
ISBN 3-937300-51-1

Band 1 – 2006 Prieur, Michael
Functional elements and engineering template-based product development process. Application for the support of stamping tool design. 2006
ISBN 3-86644-033-2

Band 2 – 2006 Geis, Stefan Rafael
Integrated methodology for production related risk management of vehicle electronics (IMPROVE). 2006
ISBN 3-86644-011-1

Band 1 – 2007 Gloßner, Markus
Integrierte Planungsmethodik für die Presswerkneutypplanung in der Automobilindustrie. 2007
ISBN 978-3-86644-179-8

Band 2 – 2007 Mayer-Bachmann, Roland
Integratives Anforderungsmanagement. Konzept und Anforderungsmodell am Beispiel der Fahrzeugentwicklung. 2008
ISBN 978-3-86644-194-1

Band 1 – 2008 Mbang Sama, Achille
Holistic integration of product, process and resources integration in the automotive industry using the example of car body design and production. Product design, process modeling, IT implementation and potential benefits. 2008
ISBN 978-3-86644-243-6

Band 2 – 2008 Weigt, Markus
Systemtechnische Methodenentwicklung : Diskursive Definition heuristischer prozeduraler Prozessmodelle als Beitrag zur Bewältigung von informationeller Komplexität im Produktleben. 2008
ISBN 978-3-86644-285-6

Die Bände sind unter www.ksp.kit.edu als PDF frei verfügbar oder als Druckausgabe bestellbar.

Reihe Informationsmanagement im Engineering Karlsruhe (ISSN 1860-5990)

Herausgeber
Karlsruher Institut für Technologie
Institut für Informationsmanagement im Ingenieurwesen (IMI)
o. Prof. Dr. Dr.-Ing. Dr. h.c. Jivka Ovtcharova

Band 1 – 2009
Krappe, Hardy
Erweiterte virtuelle Umgebungen zur interaktiven, immersiven Verwendung von Funktionsmodellen. 2009
ISBN 978-3-86644-380-8

Band 2 – 2009
Rogalski, Sven
Entwicklung einer Methodik zur Flexibilitätsbewertung von Produktionssystemen. Messung von Mengen-, Mix- und Erweiterungsflexibilität zur Bewältigung von Planungsunsicherheiten in der Produktion. 2009
ISBN 978-3-86644-383-9

Band 3 – 2009
Forchert, Thomas M.
Prüfplanung. Ein neues Prozessmanagement für Fahrzeugprüfungen. 2009
ISBN 978-3-86644-385-3

Band 1 – 2011
Erkayhan, Şeref
Ein Vorgehensmodell zur automatischen Kopplung von Services am Beispiel der Integration von Standardsoftwaresystemen. 2011
ISBN 978-3-86644-697-7

Band 2 – 2011
Meier, Gunter
Prozessintegration des Target Costings in der Fertigungsindustrie am Beispiel Sondermaschinenbau. 2011
ISBN 978-3-86644-679-3

Band 1 – 2012
Stanev, Stilian
Methodik zur produktionsorientierten Produktanalyse für die Wiederverwendung von Produktionssystemen – 2REUSE. 2012
ISBN 978-3-86644-932-9

Band 2 – 2012
Wuttke, Fabian
Robuste Auslegung von Mehrkörpersystemen. Frühzeitige Robustheitsoptimierung von Fahrzeugmodulen im Kontext modulbasierter Entwicklungsprozesse. 2012
ISBN 978-3-86644-896-4

Die Bände sind unter www.ksp.kit.edu als PDF frei verfügbar oder als Druckausgabe bestellbar.

Reihe Informationsmanagement im Engineering Karlsruhe (ISSN 1860-5990)

Herausgeber
Karlsruher Institut für Technologie
Institut für Informationsmanagement im Ingenieurwesen (IMI)
o. Prof. Dr. Dr.-Ing. Dr. h.c. Jivka Ovtcharova

Band 3 – 2012
Katicic, Jurica
Methodik für Erfassung und Bewertung von emotionalem Kundenfeedback für variantenreiche virtuelle Produkte in immersiver Umgebung. 2012
ISBN 978-3-86644-930-5

Band 1 – 2013
Loos, Manuel Norbert
Daten- und termingesteuerte Entscheidungsmethodik der Fabrikplanung unter Berücksichtigung der Produktentstehung. 2013
ISBN 978-3-86644-963-3

Die Bände sind unter www.ksp.kit.edu als PDF frei verfügbar oder als Druckausgabe bestellbar.